Progress in Mathematics 2

Edited by
J. Coates and
S. Helgason

Frédéric Pham

Singularités des systèmes différentiels de Gauss-Manin

Avec des contributions de
Lo Kam Chan, Philippe Maisonobe
et Jean-Etienne Rombaldi

Springer Science+Business Media, LLC

Author

Frédéric Pham
Université de Nice
Institut de Mathématiques et Sciences Physiques
Parc Valrose
06034 Nice Cedex
France

Library of Congress Cataloging in Publication Data

Pham, Frédéric.
Singularités des systèmes différentiels de Gauss-Manin.

(Progress in mathematics; 2)
Bibliography: p.
CONTENTS: Pham, F. Point de vue algébrique sur les systèmes différentiels linéaires. – Lo, K.C. Exposants de Gauss-Manin. – Pham, F. Microlocalisation. [etc.]
1. Differential equations, Partial. 2. Singularities (Mathematics) 3. Riemann surfaces. 4. Functions, Hypergeometric. I. Lo, Kam Chan, 1953– Exposants de Gauss-Manin. 1979. II. Maisonobe, Philippe, 1955– Solutions du système de Gauss-Manin ... 1979. III. Title. IV. Series: Progress in mathematics (Cambridge); 2. QA374.P49 515'.353 79-25931
ISBN 978-1-4757-1459-3 ISBN 978-1-4757-1457-9 (eBook)
DOI 10.1007/978-1-4757-1457-9

CIP-Kurztitelaufnahme der Deutschen Bibliothek

Pham, Frédéric:
Singularités des systèmes différentiels de Gauss-Manin/Frédéric Pham. Avec des contributions de Lo Kam Chan ...

(Progress in mathematics; 2)
ISBN 978-1-4757-1459-3

Originally published by Birkhäuser Boston 1979

ISBN 978-1-4757-1459-3

Progress in Mathematics 2

Edited by
J. Coates and
S. Helgason

Frederic Pham

Singularités Des Systèmes Différentiels De Gauss-Manin

Springer Science+Business Media, LLC

Progress in Mathematics

Vol. 1: H. Gross, **Quadratic Forms in Infinite-Dimensional Vector Spaces.**
XII, 419 pages. 1979

Vol. 2: F. Pham, **Singularités Des Systèmes Différentiels De Gauss-Manin.**
VI, 328 pages, 1979

In preparation:

C. Okonek, M. Schneider, H. Spindler, **Vector Bundles on Complex Projective Spaces**

This expository treatment of the subject is based on a survey which M. Schneider gave at the Seminaire Bourbaki in November 1978 and on a subsequent course held at the University of Goettingen. It takes into account recent developments and can serve as an introduction to the topical question of classification of holomorphic vector bundles on complex projective spaces. This has become of interest recently to theoretical physicists because of the relationship with instantons.

K. Diederich, **Real Hypersurfaces in C^n**

In this volume, the author gives an expository presentation of the theory of local biholomorphic invariants for real hypersurfaces in C^n.

AVANT-PROPOS

Le contenu de ce livre correspond à mon cours de D.E.A. fait à Nice en 1977-78, augmenté de deux articles de LO Kam Chan d'une part, Philippe MAISONOBE et Jean-Etienne ROMBALDI d'autre part, qui en sont des prolongements naturels.

Je remercie tous ceux qui m'ont aidé à comprendre ce sujet : M. KASHIWARA bien entendu, dont l'influence est capitale sur tous ceux qui travaillent dans ce domaine ; B. MALGRANGE dont les articles, séminaires, conversations ont été pour moi un précieux enseignement ; J. DIEUDONNE dont la lecture critique de mon introduction m'a permis d'y corriger des fautes graves ; J.M. KANTOR et P. SCHAPIRA qui ont fait de même pour de nombreux passages des 1ere et 2ème parties ; L. BOUTET DE MONVEL, Z. MEBKHOUT, J.P. RAMIS sans qui de nombreuses faces de la théorie me seraient restées obscures ; C. HOUZEL qui a accepté de rapporter sur la thèse de LO Kam Chan ; enfin mes auditeurs de Hanoï qui en hiver 1976 ont "essuyé les plâtres" de mes premiers exposés sur le sujet, et en ont fait une rédaction qui a servi d'ébauche à celle-ci.

PLAN DU VOLUME

1. INTRODUCTION — PAR F. PHAM — 1

2. POINT DE VUE ALGEBRIQUE SUR LES SYSTEMES DIFFERENTIELS LINEAIRES (COURS DE D.E.A., 1 ERE PARTIE) — PAR F. PHAM — 25

3. EXPOSANTS DE GAUSS-MANIN (THESE DE 3EME CYCLE PASSEE A NICE LE 22 JUIN 1979) — PAR LO KAM CHAN — 171

4. MICROLOCALISATION (COURS DE D.E.A. 2EME PARTIE) — PAR F. PHAM — 213

5. SOLUTIONS DU SYSTEME DE GAUSS-MANIN D'UN GERME DE FONCTION A POINT CRITIQUE ISOLE — PAR PH. MAISONOBE ET J.E. ROMBALDI — 307

I N T R O D U C T I O N

****

Par

FREDERIC P H A M

I . INTEGRALES HYPERELLIPTIQUES ET EQUATION HYPERGEOMETRIQUE DE GAUSS

1 . Intégrales hyperelliptiques

1.1 Soit $P \in R[x]$ un polynôme unitaire d'une variable x, à coefficients dépendant – p.ex. polynomialement – de variables $t_1, \ldots, t_k$, c.à.d. à coefficients dans l'anneau $R = \mathbb{C}[t_1, \ldots, t_k]$.

On considère une intégrale du type

$$I(t) = \int_\gamma \frac{dx}{\sqrt{P(t,x)}}$$

Quand t varie de façon que les racines du polynôme P ne rencontrent pas le chemin γ, l'intégrale définit une fonction analytique de t (cf. Dieudonné, Calcul Infinitésimal, Chap. VII). Mais le théorème de Cauchy permet de remplacer γ par un chemin homotope de sorte que le domaine d'analyticité primitif de $I(t)$ peut être agrandi par prolongement analytique : de façon précise, le prolongement analytique est possible chaque fois que le mouvement de t (le long d'un chemin donné) peut s'accompagner d'une déformation continue du chemin γ (à extrêmités fixes) qui lui fait éviter les racines $x_i(t)$ du polynôme P ; par conséquent des singularités de $I(t)$ ne peuvent apparaître que dans l'une des deux situations suivantes : ou bien une racine $x_i(t)$ vient buter sur une extrêmité du chemin γ (singularités "en bout") ; ou bien deux ou plusieurs racines $x_i(t)$ viennent se confondre en "pinçant" le chemin γ (singularités "de pincement") : cf. Fig. 1 .

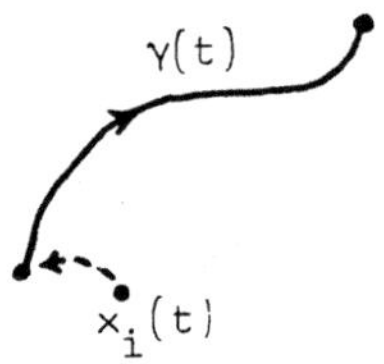

Singularité "en bout"

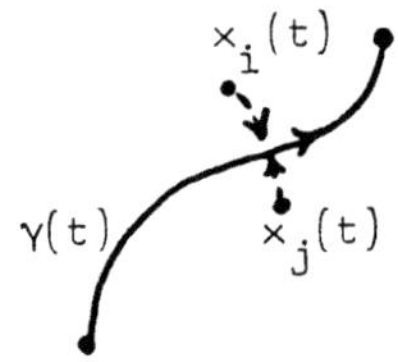

Singularité "de pincement"

Fig. 1

Si γ est un cycle de la surface de Riemann de $\sqrt{P}$, seules existent les singularités "de pincement" , ce qui démontre la

PROPOSITION 1.1 : Supposons que le discriminant $\Delta(t)$ du polynôme P ne s'annule pas identiquement, de sorte que le domaine d'analyticité primitif de $I(t)$ contient des points t pour lequels toutes les racines $x_i(t)$ sont distinctes. Alors si γ est un cycle de la surface de Riemann de $\sqrt{P}$, l'intégrale $I(t)$ peut être prolongée analytiquement le long de tout chemin qui ne rencontre pas l'hyper-surface $\Delta(t) = 0$.

Notons que la fonction analytique ainsi obtenue est en général multiforme sur $\mathbb{C}^k - \{\Delta = 0\}$. Notons aussi que la venue en coïncidence de deux racines est une condition nécessaire mais non suffisante de singularité (deux racines peuvent venir en coïncidence sans "pincer" $\gamma(t)$).

1.2 Système d'équations différentielles vérifié par $I(t)$.

On peut construire un tel système en combinant les deux outils suivants :

1.2.1 Dérivation sous le signe d'intégration :

on obtient

$$D_t\, I(t) = -\frac{1}{2}\int_\gamma \frac{D_t P(t,x)}{P(t,x)^{3/2}}\, dx$$

et en continuant à dériver

$$D_t^\beta\, I(t) = (-1)^{|\beta|}\, \frac{\Gamma(|\beta| - \frac{1}{2})}{\Gamma(-\frac{1}{2})} \int \frac{Q_\beta(t,x)}{P(t,x)^{|\beta| + \frac{1}{2}}}\, dx$$

avec $\beta = (\beta_1,\dots,\beta_k) \in \mathbb{N}^k$, $D_t^\beta = (\frac{\partial}{\partial t_1})^{\beta_1} \dots (\frac{\partial}{\partial t_k})^{\beta_k}$, $Q_\beta \in R[x]$

$|\beta| = \beta_1 + \dots + \beta_k$.

On voit ainsi apparaître des puissances de plus en plus grandes de P au dénominateur. Mais alors intervient le deuxième outil :

1.2.2 Intégration par parties :

Pour tout $\varphi \in R[x]$ et pour tout $p \in \mathbb{N}$ (ou même $\mathbb{Z}$) on a

$$D_x \frac{\varphi}{P^{p+\frac{1}{2}}} = \frac{\varphi'}{P^{p+\frac{1}{2}}} - \left(p + \frac{1}{2}\right) \frac{\varphi P'}{P^{p+\frac{3}{2}}}$$

de sorte qu'on a l'équivalence suivante

$$\frac{\varphi P'}{P^{p+\frac{3}{2}}} \equiv \frac{\varphi'}{(p+\frac{1}{2})P^{p+\frac{1}{2}}} \quad \underline{\text{mod.}}\ D_x \frac{R[x,P^{-1}]}{\sqrt{P}} ,$$

équivalence qui entraîne évidemment l'égalité des intégrales sur γ si γ est un cycle de la surface de la surface de Riemann de $\sqrt{P}$, hypothèse que nous conserverons désormais.

Nous aurons aussi besoin du

1.2.3 Lemme (Van der Waerden, Modern Algebra)

Pour tout polynôme $P \in R[x]$ (R étant un anneau quelconque) , il existe des polynômes $A \in R[x]$ et $B \in R[x]$ tels que $\Delta = AP + BP'$, où Δ désigne le discriminant de P (en fait ce résultat est valable plus généralement pour le résultant de deux polynômes quelconques).

En désignant par R_Δ l'anneau des fractions de R à dénominateurs puissances de Δ , on déduit du lemme 1.2.3 que dans $R_\Delta[x]$ les polynômes P et P' engendrent l'anneau tout entier.

De 1.2.2. et 1.2.3 on va déduire la

1.2.4 PROPOSITION : le R_Δ module de formes différentielles

> $R_\Delta[x\, ,\, P^{-1}]\, \frac{dx}{\sqrt{P}}$ est engendré, modulo les différentielles exactes, par les formes $\frac{dx}{\sqrt{P}}, \frac{x\,dx}{\sqrt{P}}, \ldots, \frac{x^{n-1}dx}{\sqrt{P}}$, où $n+1$ désigne le degré en x du polynôme P.

PREUVE

i) Montrons d'abord que $\frac{R_\Delta[x,P^{-1}]}{\sqrt{P}} \equiv \frac{R_\Delta[x]}{\sqrt{P}}$ mod. $D_x \frac{R_\Delta[x,P^{-1}]}{\sqrt{P}}$

En effet, si $\varphi \in R_\Delta[x]$, le lemme 1.2.3 permet d'écrire

$$\frac{\varphi}{P^{p+\frac{1}{2}}} = \frac{(AP + BP')\varphi}{\Delta\, P^{p+\frac{1}{2}}} = \frac{(A/\Delta)\varphi}{P^{p-\frac{1}{2}}} + \frac{(B/\Delta)\varphi\, P'}{P^{p+\frac{1}{2}}} ,$$

mais le deuxième terme de la somme est équivalent modulo $D_x \frac{R_\Delta[x,P^{-1}]}{\sqrt{P}}$

à $\frac{1}{p+\frac{1}{2}}\ \frac{(B/\Delta)\varphi' + (B/\Delta)'\varphi}{P^{p-\frac{1}{2}}}$.

(appliquer 1.2.2., avec R remplacé par R_Δ) .

On obtient ainsi $\frac{\varphi}{P^{p+\frac{1}{2}}} \equiv \frac{\psi}{P^{p-\frac{1}{2}}}$, et l'on recommence avec ψ ,

etc....

ii) Soit maintenant $\frac{\varphi}{\sqrt{P}} \in \frac{R_\Delta[x]}{\sqrt{P}}$. Pour achever de démontrer la proposition il suffit de montrer qu'on peut remplacer le polynôme φ par un polynôme de degré $< n = \deg_x P'$.

Si $\deg_x \varphi = m \geq n$, on fait la division euclidienne de φ par le polynôme unitaire P' dans $R_\Delta[x]$:

$$\varphi = q\, P' + r \quad , \quad \text{avec} \quad \deg_x r < n \quad ,$$

ce qui donne :

$$\frac{\varphi}{\sqrt{P}} = \frac{qP'}{\sqrt{P}} + \frac{r}{\sqrt{P}} \equiv \frac{-2q'P}{\sqrt{P}} + \frac{r}{\sqrt{P}}$$

(en appliquant 1.2.2 avec $p = -1$ et R remplacé par R_Δ) .

Or si $\varphi = ax^m + \ldots$, on a $qP' = ax^m + \ldots$ de sorte que $q = \frac{a}{n+1} x^{m-n} + \ldots$, et $q'P = \frac{m-n}{n+1} ax^m + \ldots$. En posant

$$\psi = \alpha q P' - 2\beta q' P + r$$

avec $\alpha = \frac{2(m-n)}{2m - n+1}$ et $\beta = \frac{n+1}{2m - n+1}$, on voit donc que $\frac{\varphi}{\sqrt{P}} \equiv \frac{\psi}{\sqrt{P}}$ (car $\alpha + \beta = 1$) , et que $\deg_x \psi < m$. Si $\deg_x \psi \geq n$ on recommence, etc...

<u>1.2.5 COROLLAIRE</u> : Pour tout cycle γ de la surface de Riemann de $\sqrt{P}$, les intégrales

$$I_1(t) = \int_\gamma \frac{dx}{\sqrt{P(t,x)}} \quad , \quad I_2(t) = \int_\gamma \frac{x\,dx}{\sqrt{P(t,x)}}, \ldots, \quad I_n(t) = \int_\gamma \frac{x^{n-1}dx}{\sqrt{P(t,x)}}$$

sont solution d'un système différentiel du premier ordre

$$D_{t_i} I_j(t) = \sum_{\ell=1}^{n} A_{i,j,\ell}\, I_\ell(t)$$

$$(i = 1,\ldots,k \; ; \; j = 1,\ldots,n \; ; \; A_{i,j,\ell} \in R_\Delta)$$

<u>Preuve</u> : Dériver sous le signe d'intégration et intégrer par parties en appliquant 1.2.4.

1.3 Exemples

1.3.1 $\boxed{P = x(x-1)(x-t)}$ $R = \mathbb{C}[t]$, $n = 2$

L'intégrale $I_1(t) = \int_\gamma \frac{dx}{\sqrt{P(t,x)}}$ est solution de l'équation différentielle hypergéométrique de Gauss :

(1) $$[t(t-1)D_t^2 + (1-2t)D_t - \tfrac{1}{4}]\, I_1 = 0$$

(cf. Whittaker & Watson , Modern Analysis,

Exercice : Former, par la méthode 1.2 , le système de deux équations différentielles du premier ordre satisfait par les fonctions $I_1(t)$ et $I_2(t) = \int_\gamma \frac{x\,dx}{\sqrt{P(t,x)}}$, et en déduire que $I_1(t)$ satisfait à l'équation différentielle de Gauss.

Indications pour le calcul : $\Delta = t^2(t-1)^2$.

On peut prendre, dans le lemme 1.2.3 ,

$$A = 6(t^2-t+1)x - 4t^3 + 2t^2 + t - 4$$

$$B = -2(t^2-t+1)x^2 + (6t^3-4t^2-3t+6)x + t^3 - 2t^2 + t ,$$

et... bon courage !

1.3.2 $\boxed{P = x^3 + t_1x + t_2}$ ("polynôme générique du 3e degré")

On trouve le système

$$(2)\quad \begin{cases} D_{t_1} I_1 = -\dfrac{t_1^2}{\Delta} I_1 + \dfrac{9}{2}\dfrac{t_2}{\Delta} I_2 \\[2mm] D_{t_2} I_1 = -\dfrac{9}{2}\dfrac{t_2}{\Delta} I_1 - \dfrac{3t_1}{\Delta} I_2 \\[2mm] D_{t_1} I_2 = \dfrac{3}{2}\dfrac{t_1 t_2}{\Delta} I_1 + \dfrac{t_1^2}{\Delta} I_2 \\[2mm] D_{t_2} I_2 = -\dfrac{t_1^2}{\Delta} I_1 + \dfrac{9}{2}\dfrac{t_2}{\Delta} I_2 \end{cases}$$

(exercice : le démontrer).

avec $\Delta = 4t_1^3 + 27t_2^2$

(et on peut prendre, dans le lemme 1.2.3. , $A = -18t_1x + 27t_2$, $B = 6t_1x^2 - 9t_2x + 4t_1^2$) .

1.3.3. Le polynôme de l'exemple 1.3.1 peut se déduire du polynôme "générique" 1.3.2 par la substitution

$$x \mapsto x - \frac{t+1}{3}$$
$$t_1 = -\frac{t^2-t+1}{3}$$
$$t_2 = \frac{(t+1)(t-2)(1-2t)}{27}$$

On peut ainsi déduire le système différentiel 1.3.1 du système différentiel 1.3.2 (exercice : le faire, et retrouver ainsi l'équation différentielle de Gauss !)

2/ RAPPELS SUR LA FONCTION HYPERGEOMETRIQUE DE GAUSS

La fonction hypergéométrique de Gauss $F(\frac{1}{2}, \frac{1}{2}, 1, t)$ peut être définie par l'intégrale $\frac{I(t)}{\pi}$, où

$$I(t) = \int_1^\infty \frac{dx}{\sqrt{x(x-1)(x-t)}}$$

C'est une intégrale impropre qui converge pour tout t dans le plan coupé $\mathbb{C} - [1, \infty[$, domaine où la convergence est uniforme sur tout compact, de sorte que la fonction $I(t)$ y est analytique. La fonction $\sqrt{P_t(x)}$ (où $P_t(x) = x(x-1)(x-t)$) est analytique dans le plan coupé suivant les segments $[0, t]$ et $[1, \infty[$, et l'on va pouvoir transformer l'intégrale $I(t)$ en une intégrale le long d'un lacet de ce plan coupé : les méthodes standard de la théorie de Cauchy donnent (cf. Fig. 2)

$$\int_\gamma \frac{dx}{\sqrt{P_t(x)}} = \int_\Gamma = \int_{+\infty-i\varepsilon}^{1} + \int_1^{+\infty+i\varepsilon} = 2\int_1^\infty = 2I(t)$$

FIG. 2

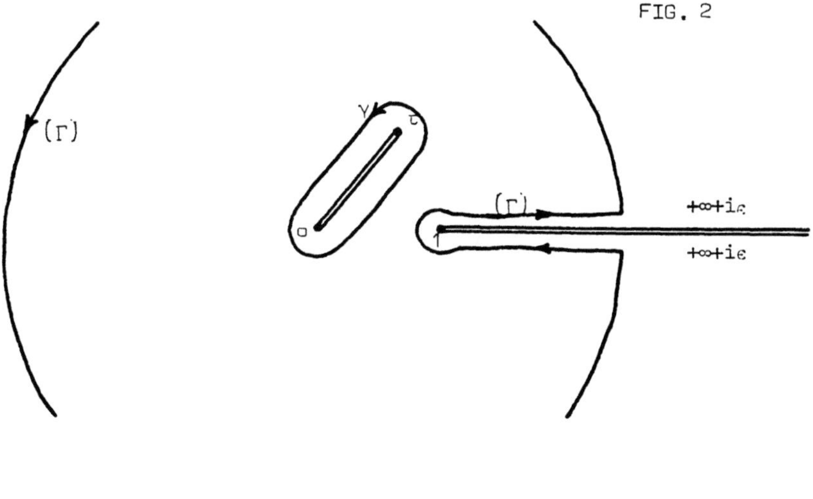

2.1. Etude des singularités de $I(t)$ (méthode directe, ou " transcendante "

Si $t \to 0$ sans traverser la coupure $[\ 1, +\infty\ [$ il n'y a pas de singularité : le cycle γ n'est jamais pincé (Fig. 3) .

FIG. 3

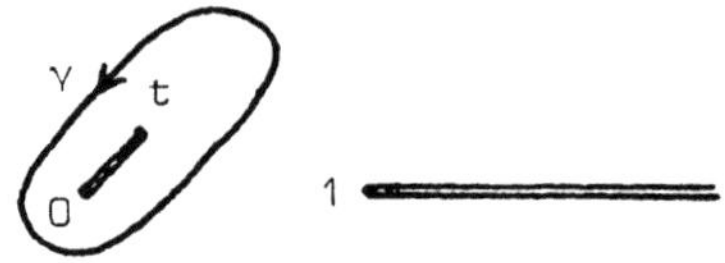

Quand $t \to 1$, le cycle est " pincé " et il y aura une singularité (Fig. 4)

FIG. 4

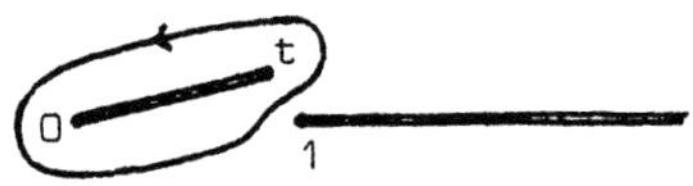

2.1.2. Si $t \to 0$ en traversant la coupure $[\ 1, +\infty\ [$, le lacet γ se déforme et traverse la coupure (cf. Fig. 5)

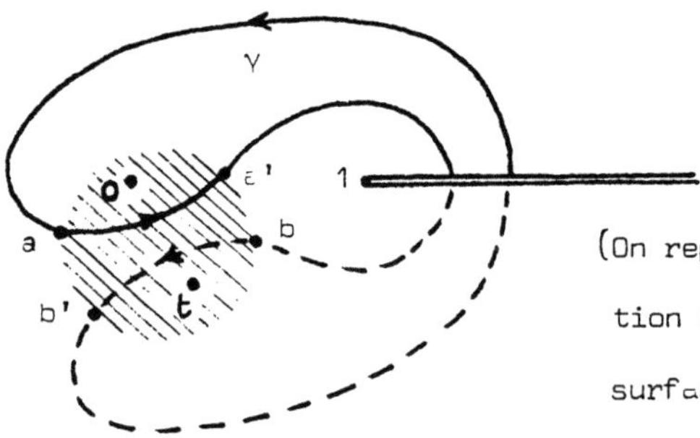

FIG. 5

(On représente en pointillés la situation dans le deuxième feuillet de la surface de Riemann de $\sqrt{P_t}$).

On a donc une singularité. Pour l'étudier, on localise la situation dans un disque (disque D hachuré sur la figure 5). Comme la détermination de $\sqrt{P_t}$ change de signe d'un feuillet à l'autre, l'intégrale sur le segment bb' de la figure 5 (dans le 2ème feuillet) est à peu près égale pour a proche de b', a' proche de b à l'intégrale sur le segment aa' (dans le 1er feuillet). Quant à l'intégrale sur la partie extérieure au disque, elle reste analytique quant $t \to 0$, et ne nous intéresse donc pas pour l'étude des singularités. En déformant un peu la figure, on peut ainsi se ramener à étudier l'intégrale sur un segment comme celui de la Fig. 6 (où l'on a supposé pour fixer les idées t réel > 0)

FIG. 6

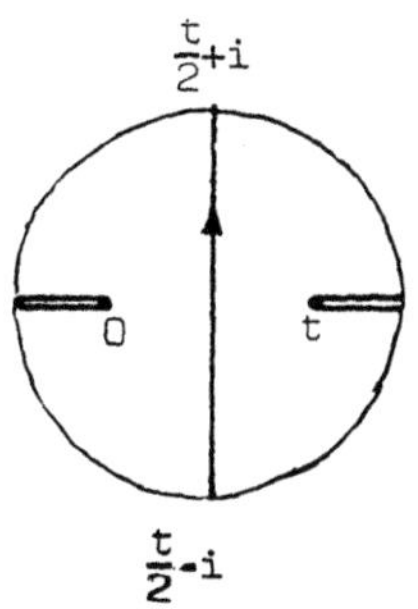

On pose $x = \frac{t}{2} + i\xi$ avec $\xi \in [-1, +1]$. Et on a :

$$P_t(x) = -(\frac{t^2}{4} + i\xi)(\frac{t}{2} + i\xi - 1) .$$

Quand $t \to 0$, $(\frac{t}{2} - 1) + i\xi$ ne s'annule jamais, donc :

$$\frac{1}{\sqrt{P_t(x)}} = \frac{1}{\sqrt{\xi^2 + \frac{t^2}{4}}} \cdot g(\xi, t) \quad \text{avec} \quad g(\xi, t) = \frac{1}{\sqrt{(1 - \frac{t}{2}) - i\xi}}$$

qui est une fonction holomorphe ne s'annulant pas, pour t assez voisin de 0 .

On écrit $g(\xi, t) = 1 + \sum_{n \geq 1} \frac{g^{(n)}(0)}{n!} ((1 - \frac{t}{2}) - i\xi)^n$ et on a :

$$\int_{-1}^{+1} \frac{1}{\sqrt{P_t(x)}} dx = \int_{-1}^{+1} \frac{d\xi}{\sqrt{\xi^2 + \frac{t^2}{4}}} + \sum_{n \geq 1} \frac{g^{(n)}(0)}{n!} \times \int_{-1}^{+1} \frac{((1 - \frac{t}{2}) - i\xi)^n}{\sqrt{\xi^2 + \frac{t^2}{4}}} d\xi$$

Le terme dominant dans le second membre est le premier terme, qui vaut $2 \operatorname{Arg\,sh}(\frac{2}{t})$ et se comporte comme $-2 \operatorname{Log} t$ quand $t \to 0$. Une analyse plus détaillée de l'ensemble des termes conduirait à la conclusion que l'intégrale se comporte comme

$$\varphi_1(t) \operatorname{Log} t + \varphi_2(t)$$

où φ_1 et φ_2 sont des fonctions holomorphes au voisinage de $t = 0$ (exercice : le démontrer).

2.2. Méthode différentielle (ou algébrique)

On sait que $I(t)$ est solution de l'équation hypergéométrique :

$$[\, t(1 - t) D_t^2 + (1 - 2t) D_t - \frac{1}{4} \,] u = 0$$

En multipliant par t cette équation, elle devient :

$$[\, (1 - t) t^2 D_t^2 + (1 - 2t) t D_t - \frac{1}{4} t \,] u = 0 .$$

Or $(t D_t)^2 = t D_t . t D_t = t(D_t + t D_t^2) = t D_t + t^2 D_t^2$.

L'équation devient donc :

(3) $$[\, (1 - t)(t D_t)^2 - t(t D_t) - \frac{1}{4} t \,] u = 0 .$$

C'est une équation différentielle de la forme :

(4) $[\, a(t)(t D_t)^2 + b(t)(t D_t) + c(t) \,] u = 0$, avec $a(t)$, $b(t)$ $c(t)$ analytiques au voisinage de 0 et $a(0) \neq 0$ (équation du type de Fuchs ou à point singulier régulier).

Pour resoudre une telle équation au voisinage de l'origine, on emploie la méthode de Fuchs qui consiste à chercher les solutions sous la forme :

$$u(t) = t^{\alpha}(1 + a_1 t + a_2 t^2 + \ldots + a_n t^n + \ldots) \quad .$$

Pour avoir une solution de cette forme, une condition nécessaire est que $\alpha \in \mathbb{C}$ vérifie l'équation caractéristique :

$$a(0)\, \alpha^2 + b(0)\, \alpha + c(0) = 0 \qquad (a(0) \neq 0) \quad .$$

Cette condition étant satifaite, on détermine les coefficients $a_1, a_2, \ldots, a_n \ldots$ à l'aide de relations de récurrence. On a donc ainsi une solution formelle, et il est facile de montrer qu'elle est convergente (cf. Dieudonné, Calcul Infinitésimal, Chap. XIV).

Or, dans tout ouvert simplement connexe ne rencontrant pas les points singuliers (0 et 1 dans notre exemple), l'équation (4) étant d'ordre 2 admet deux solutions holomorphes linéairement indépendantes. La méthode de Fuchs nous fournit justement deux telles solutions $u_1 = t^{\alpha_1} \varphi_1$, $u_2 = t^{\alpha_2} \varphi_2$ $(\varphi_1 \in \mathbb{C}\{ t \},\ \varphi_2 \in \mathbb{C}\{ t \})$ analytiques dans un petit disque coupé (α_1 et α_2 sont les deux racines de l'équation caractéristique). Si $\alpha_1 - \alpha_2 \notin \mathbb{Z}$, u_1 et u_2 sont linéairement indépendantes et engendrent donc l'espace vectoriel de toutes les solutions. Si $\alpha_1 - \alpha_2 \in \mathbb{Z}$, il peut se faire que u_1 et u_2 soient proportionnelles. En convenant que α_1 est la racine de plus petite partie réelle (c.a.d. $\alpha_2 \in \alpha_1 + \mathbb{N}$) , on montre alors qu'une solution de (4) linéairement indépendante de u_1 peut s'écrire au voisinage de l'origine

$$u_3 = u_1 \operatorname{Log} t + t^{\alpha_2} \varphi_3 \quad , \qquad \varphi_3 \in \mathbb{C}\{ t \} \quad .$$

Dans le cas de l'équation hypergéométrique (3) , l'équation caractéristique s'écrit simplement $\alpha^2 = 0$.

L'espace des solutions est engendré par : $u_1(t) = \varphi_1(t)$, $u_2(t) = u_1(t) \operatorname{Log}(t) + \varphi_2(t)$ avec φ_1 et φ_2 analytiques au voisinage de 0 .

Par exemple l'intégrale $\int_{\gamma_1} \frac{dx}{\sqrt{P_t(x)}}$ sur le lacet γ_1 de la Fig. 7 donnera la solution $u_1(t)$, tandis que l'intégrale sur un lacet tel que γ_2 donnera une solution du type $u_2(t)$ (à un facteur près)

FIG. 7

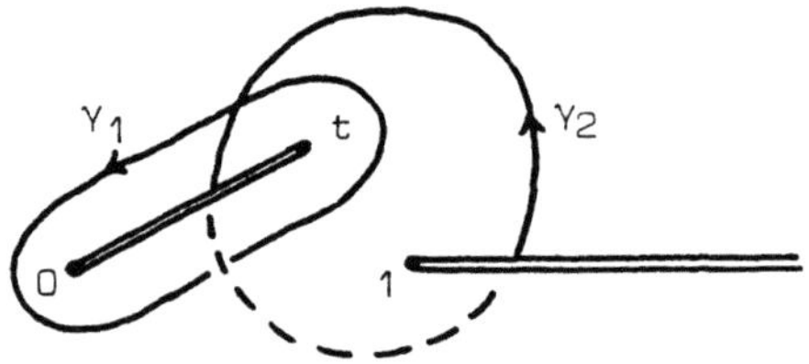

2.3. Résumé

A tout cycle γ de la surface de Riemann de la fonction $\sqrt{P_{t_o}}$ (où t_o est choisi distinct de 0 et de 1) correspond un germe de fonction holomorphe en t_o , solution de l'équation hypergéométrique de Gauss, défini par

$$I_\gamma(t) = \int_\gamma \frac{dx}{\sqrt{P_t(x)}}$$

On définit ainsi une application de l'espace des cycles de la surface de Riemann de $\sqrt{P_{t_o}}$ dans l'espace vectoriel des germes en t_o de solu tions de l'équation hypergéométrique (qui est un espace vectoriel de dimension 2). C'est l'application : $\gamma \longmapsto I_\gamma$

On peut remplacer les cycles γ par leurs classes d'homologie $[\gamma]$, car deux cycles homologues (sur la surface de Riemann) ont même intégrale d'après le Théorème de Cauchy : cet espace d'homologie des cycles est à deux dimensions, on peut prendre comme générateurs les classes des deux cycles γ_1 et γ_2 de la Fig. 7 et l'application $[\gamma] \longmapsto I_\gamma$ est un isomorphisme de l'espace d'homologie sur lespace des solutions de l'équation différentielle.

2.4. Renseignements locaux.

Il résulte de ce qui précède que l'équation différentielle (3) nous donne tous les renseignements, tant globaux que locaux, sur le comportement analytique des intégrales sur tous les cycles possibles de la surface de Riemann de $\sqrt{P}$. Nous en avons extrait en particulier les renseignements locaux sur la nature des singularités en $t = 0$ (et en $t = 1$, où l'analyse serait la même) : quand $t \to 0$ [resp. $t \to 1$] les fonctions $I_\gamma(t)$ se comportent comme $\varphi_1(t) \operatorname{Log} t + \varphi_2(t)$ [resp. $\psi_1(t) \operatorname{Log}(t-1) + \psi_2(t)$] où φ_1 et φ_2 [resp. ψ_1 et ψ_2] sont holomorphes au voisinage de 0 [resp. de 1].

Ce résultat peut aussi s'obtenir par la méthode transcendante 2.1. qui a l'avantage de donner directement les renseignements locaux. Il faut remarquer ici que l'application de la méthode transcendante à des intégrales hyperelliptiques ($\deg_x P_t(x) > 3$) conduirait à un calcul identique au calcul 2.1., tant que les singularités à étudier ne font intervenir que des coalescences de 2 racines seulement du polynôme P_t (pincement " quadratique ordinaire ") : en effet l'analyse locale dans le petit disque D de la figure 4 ne dépend pas du détail de ce qui arrive à l'extérieur de D et donnera encore un comportement en $\varphi_1(t) \operatorname{Log} t + \varphi_2(t)$. En résumé : le comportement logarithmique est une caractéristique du " pincement quadratique ordinaire " et la forme précise du polynôme $P_t(x)$ n'intervient que pour fixer les formes précises des fonctions

$\varphi_1(t)$ et $\varphi_2(t)$ (analytiques en 0) .

Ce caractère universel du comportement local, ainsi révélé par la méthode transcendante, n'est pas du tout évident a priori sur l'équation différentielle (qui est d'ailleurs de plus en plus difficile à écrire quand on fait croître le degré de P_t). La raison en est que la méthode différentielle 2.2. analyse le comportement des intégrales sur les cycles définis globalement sur la surface de Riemann de $\sqrt{P_t}$, et est incapable d'effectuer des opérations du type " localisation dans le disque D " de la Fig. 5 (la trace dans D du cycle γ n'est pas un cycle !).

Il existe un remède à cette incapacité apparente de la méthode différentielle à localiser les problèmes : c'est la notion " d'équation micro-différentielle " (ou " pseudo-différentielle ") ou la " théorie microlocale des systèmes d'équations aux dérivées partielles " .

II . UN PEU D'HISTOIRE

1 . Point de vue de la géométrie algébrique

En écrivant l'intégrand $\frac{dx}{\sqrt{P}}$ du § I.1.1. sous la forme $\omega = \frac{dx}{y}$, où y est solution de l'équation algébrique $y^2 - P(x) = 0$, on peut considérer ω comme une forme différentielle rationnelle sur la courbe algébrique définie par cette équation (courbe " hyperelliptique "). La Proposition 1.2.4. est alors un résultat de finitude de cohomologie sur cette courbe algébrique (il n'y a sur cette courbe qu'un nombre fini de formes différentielles linéairement indépendantes, modulo les différentielles exactes). Le Corollaire 1.2.5. donne ce qu'on appelle les " équations de Picard-Fuchs " de la famille de courbes algébriques.

Ces résultats ne sont pas particuliers aux courbes hyperelliptiques et se généralisent à n'importe quelle famille algébrique de courbes : c'est le point de départ de la géométrie algébrique classique, qui commence avec les travaux de Riemann (vers 1850) et atteint son apogée vers 1930 (travaux de Picard notamment). On est vite conduit à considérer des courbes algébriques sur des corps autres que $\mathbb{C}$ (par exemple une famille, paramétrée par t, de courbes algébriques sur $\mathbb{C}$ peut être considérée comme une courbe algébrique sur le corps $\mathbb{C}(t)$) : c'est le point de départ de la géométrie algébrique moderne, qui tente aussi de généraliser aux dimensions supérieures les résultats des géomètres classiques sur les courbes et les surfaces. Mais après Picard et pendant une longue période, le développement de la géométrie algébrique sur des corps très généraux conduit à oublier le point de vue " différentiel " des équations de Picard-Fuchs, ceci jusqu'à l'article de Manin (1958).

Grâce à l'article de Manin, les équations de Picard-Fuchs redeviennent à la mode, sous le nouveau nom de " connexion de Gauss-Manin " (dû à Grothendieck, je crois) - pourquoi " connexion " ? - sans doute parce que " équations différentielles " sonne moins bien, aux oreilles d'un géomètre, que " connexion sur un fibré vectoriel " ! On donne des généralisations en dimension quelconque (familles de variétés algébriques) : citons notamment les travaux de Griffiths, Katz, etc ... (vers 1968), et l'ouvrage de référence de Deligne (1970), intitulé " Equations différentielles à points singuliers réguliers " (ce titre bien classique est un peu une provocation, par contraste avec le style du contenu).

Parmi les résultats obtenus, citons le théorème de regularité de la connexion de Gauss-Manin (Griffiths 1968, Katz 1970 ...), généralisation du résultat de Fuchs suivant lequel l'équation différentielle (" de Picard-Fuchs ") d'une famille de courbes est à points singuliers réguliers (un premier résultat général qui n'avait pas suffisamment attiré l'attention des géomètres avait été obtenu en 1964 par Nilsson qui définissait une classe de fonctions généralisant à plusieurs variables les fonctions solutions d'équations différentielles du type de Fuchs, et montrait que cette classe de fonctions est stable par intégration partielle).

En 1974 Malgrange remarque que la connexion de Gauss-Manin locale d'un germe de fonction à point critique isolé, étudiée en 1970 par Brieskorn, est intimement liée aux développements asymptotiques d'intégrales oscillantes (généralisant la méthode classique de la " phase stationnaire " Ce pont jeté entre la géométrie algébrique et l'analyse apparaît à l'époque comme une curiosité un peu mystérieuse - d'autant plus mystérieuse, probablement, que la connexion de Gauss-Manin est un peu devenu un chapitre de la géométrie algébrique la plus " pure ", loin des préoccupations analytiques de Gauss.

2 . Point de vue de l'"analyse algébrique " .

Au lieu de considérer $\frac{1}{\sqrt{P(x)}}$ comme une fraction rationnelle sur la courbe $y^2 = P(x)$, on peut **la** considérer comme une " fonction multiforme " d'une variable $x \in \mathbb{C}$. Il se trouve que cette fonction est algébrique, mais il faut remarquer que les calculs faits au § I.1

se transposent sans difficulté au cas d'une intégrale $\int P^{\alpha}(x)\,dx$ ($\alpha \in \mathbb{C}$ quelconque) dont l'intégrand est une fonction multiforme non algébrique. Ceci rejoint d'ailleurs les préoccupations de Gauss qui ne s'intéressait pas particulièrement à l'intégrale du § I.2., mais plus généralement à la <u>fonction hypergéométrique</u>

$$F(\alpha, \beta, \gamma; t) = \frac{\Gamma(\gamma)}{\Gamma(\beta)\,\Gamma(\gamma-\beta)} \int^{\infty} x^{\alpha-\gamma}(x-1)^{\gamma-\beta-1}\,(x-t)^{-\alpha}\,dx$$

(α, β, γ complexes) .

Un formalisme particulièrement bien adapté à ce point de vue est celui de l'"analyse algébrique " de Sato, qui considère qu'un système différentiel (ou système d'équations aux dérivées partielles) est un module de présentation finie sur l'anneau des opérateurs différentiels.

Dans l'exemple du § I.1. nous sommes partis de l'expression $\frac{1}{\sqrt{P}}$ et nous l'avons dérivée, soit par rapport à t (I.1.2.1.) soit par rapport à x (I.1.2.2.) , c.à.d. que nous avons considéré, sur l'anneau $\mathcal{D}_{x,t}$ des opérateurs différentiels (à coefficients polynomiaux) en x et t , le module à gauche

$$\mathcal{D}_{x,t}\frac{1}{\sqrt{P}} \subset \frac{R[x,P^{-1}]}{\sqrt{P}} = M \qquad , \qquad (R = \mathbb{C}[t])$$

L'intégration par parties nous a conduits à regarder ce module M modulo $D_x M$, ce qui nous a donné un $\mathcal{D}_t$-module $M/D_x M$ (module à gauche sur l'anneau des opérateurs différentiels en t) : c'est l'image directe *) du $\mathcal{D}_{x,t}$-module M par la projection

$$\begin{aligned} \mathbb{C} \times \mathbb{C}^k &\longrightarrow \mathbb{C}^k \\ x, t &\longmapsto t \end{aligned}$$

De la proposition 1.2.4. on déduit sans difficulté que cette image directe est un $\mathcal{D}_t$-module de présentation finie : c'est le système différentiel de Picard-Fuchs (ou de Gauss-Manin, si vous préférez) de la fonction $\frac{1}{\sqrt{P}}$.

---

*) Une autre notion générale du formalisme de Sato, celle d'image réciproque d'un système différe,tiel, est illustrée par I.1.3.3. Notons qu en réalité la.théorie de Sato considère les opérateurs différentiels à coefficients analytiques (et non pas polynomiaux).

Dans le développement des idées sur l'étude algébrique des $\mathcal{D}$-modules, un jalon important est le travail de I.N. Bernstein (1972), qui donne des résultats très fins sur le $\mathcal{D}$-module engendré par des puissances arbitraires (et même " indéterminées ") d'un polynôme $P \in \mathbb{C}[x_1, \ldots, x_n]$. Ce travail – motivé au départ par le problème du prolongement analytique, par rapport au paramètre complexe α , de la distribution P_+^{α} pour $P \in \mathbb{R}[x_1, \ldots, x_n]$ – contient aussi en germe toute la théorie locale des intégrales oscillantes, comme on allait s'en apercevoir peu à peu, au travers des articles d'Arnold (qui dès 1972 étudie l'"indicateur d'oscillation " d'une fonction à point critique isolé) et de Malgrange (qui en 1974 et 1975 établit le lien entre " connexion de Gauss-Manin " et " intégrales oscillantes " resp. " polynôme de Bernstein ")... Toutes ces coïncidences apparentes deviennent très naturelles si l'on adopte le point de vue esquissé au début de ce paragraphe.

Le but essentiel du présent cours est de montrer que la " connexion " de Gauss-Manin d'un germe de fonction à point critique isolé est, si l'on adopte le point de vue de Sato, un objet fondamental de l'analyse aussi bien que de la géométrie. Dans la <u>première partie</u>, on esquissera les bases de la théorie algébrique des systèmes d'équations aux dérivées partielles linéaires, pour en arriver dans la <u>deuxième partie</u> au point de vue " <u>microlocal</u> " , c.à.d., à la notion de " <u>système microdifférentiel</u> ": c'est l'outil nouveau de la théorie de Sato, qui lui donne toute son efficacité (grâce aux beaux résultats de Kashiwara notamment) et permet d'en bien comprendre le caractère géométrique (le vocable " analyse algébrique " proposé par Sato tendrait à faire croire que la géométrie est bannie de cette théorie, ce qui n'est pas le cas, bien au contraire).

BIBLIOGRAPHIE POUR L'INTRODUCTION

(I)

DIEUDONNE — Calcul Infinitésimal Hermann, Paris 1968

VAN DER WAERDEN — Modern Algebra Ungar Publ., New York 1950

WHITTAKER & WATSON — A Course of Modern Analysis Uni. Press, Cambridge (rééd. 1965)

GOURSAT — Cours d'Analyse (Tome II) Gauthier-Villars, Paris 1949

CODDINGTON & LEVINSON — Theory of Ordinary Differential Equations Mc Graw Hill, New York 1955

(II)

RIEMANN — Oeuvres

PICARD & SIMART — Traité des fonctions algébriques de deux variables indépendantes Vol I et II , Gauthiers-Villars, Paris 1895-1905

APPELL & GOURSAT — Théorie des fonctions algébriques et de leurs intégrales (Tome I) Gauthier-Villars, Paris 1929

MANIN — Courbes algébriques sur des corps avec différentiation (en Russe) Izv. Akad. Nauk SSSR Ser. Mat. 22 (1958), p. 737-756

DELIGNE — Equations différentielles à points singuliers réguliers (Lecture Notes in Maths, n° 163, Springer-Verlag 1970)

NILSSON — Some growth and ramification properties of certain integrals on algebraic manifolds - Arkiv för Matematik 5, 32, p. 463-476 (1965)

MALGRANGE — Intégrales asymptotiques et monodromie *Ann. Sc. Ec. Norm. Sup.* 7 p. 405-430 (1974)

MALGRANGE — Le polynôme de Bernstein d'une singularité isolée, *in Fourier Integral Operators and Partial Differential Equations* Lecture Notes in Maths n° 459, Springer Verlag 1975

BRIESKORN — Die Monodromie der isolierten Singularitaten von Hyperflächen, *Manuscripta Math* 2 p. 103-161 (1970)

BERNSTEIN — Modules sur l'anneau des opérateurs différentiels (en Russe) *Funkt. Analiz* 5, 2 p. 1-16 (1971)

BERNSTEIN — Prolongement analytique des distributions dépendant d'un paramètre (en Russe) *Funkt. Analiz.* 6, 4 p. 26-40 (1972)

ARNOLD — Intégrales de fonctions rapidement oscillantes et singularités des projections de variétés lagrangiennes (en Russe) *Funkt. Analiz.* 6, 3 p. 61-62 (1972)

POINT DE VUE ALGEBRIQUE SUR LES SYSTEMES DIFFERENTIELS LINEAIRES.

(COURS DE D.E.A., 1ERE PARTIE)

Par F. PHAM.

P L A N

§ 1 : EXEMPLES INTRODUCTIFS .... page 27

§ 2 : DEFINITION D'UN SYSTEME DIFFERENTIEL .... page 29

§ 3 : SOLUTIONS D'UN SYSTEME DIFFERENTIEL .... page 34

§ 4 : L'ANNEAU $\mathcal{D}$ EST NOETHERIEN .... page 41

§ 5 : POINT DE VUE GLOBAL ET INTRINSEQUE : LE FAISCEAU DES OPERATEURS DIFFERENTIELS .... page 48

§ 6 : POINT DE VUE GLOBAL ET INTRINSEQUE : $\mathcal{D}_X$-MODULES COHERENTS .... page 57

§ 7 : CONNEXIONS .... page 69

§ 8 : VARIETE CARACTERISTIQUE .... page 78

§ 9 : INVOLUTIVITE DE LA VARIETE CARACTERISTIQUE .... page 85

§ 10 : SYSTEMES HOLONOMES .... page 90

§ 11 : SINGULARITES REGULIERES DES SYSTEMES DIFFERENTIELS ORDINAIRES .... page 98

§ 12 : IMAGES RECIPROQUES .... page 110

§ 13 : CHOSES VUES A DROITE ET A GAUCHE .... page 124

§ 14 : IMAGES DIRECTES DE $\mathcal{D}$-MODULES .... page 136

§ 15 : SYSTEMES DE GAUSS-MANIN .... page 153

BIBLIOGRAPHIE pour la PREMIERE PARTIE .... page 168

1 . Exemples introductifs

1.1 Considérons dans l'espace à n dimensions le systèmes de deux équations aux dérivées partielles à une inconnue u :

$$(1) \quad \begin{cases} D_{x_1} u = 0 \\ (x_1 D_{x_2} + x_2 D_{x_3} + \dots + x_{n-1} D_{x_n})u = 0 \end{cases} .$$

Je dis que ce système est équivalent au système

$$(1') \quad \begin{cases} D_{x_1} u = 0 \\ D_{x_2} u = 0 \\ \dots\dots \\ D_{x_n} u = 0 \end{cases}$$

En effet, on a les relations de commutation

$$[D_{x_i}, D_{x_j}] = 0 \ , \ [D_{x_i}, x_j] = \delta_{ij} \text{ (symbole de Kronecker).}$$

On a donc, en notant $P = x_1 D_{x_2} + x_2 D_{x_3} + \dots + x_{n-1} D_{x_n}$:

$[D_{x_1}, P] = D_{x_2}$; $[D_{x_2}, P] = D_{x_3}$; ... $[D_{x_{n-1}}, P] = D_{x_n}$.

Or, il est clair que si u est solution de $Pu = 0$, $Qu = 0$, il est aussi solution de $[P, Q]u = 0$ quels que soient les opérateurs différentiels P et Q . On en déduit que (1) ===> (1') , et la réciproque est évidente.

Remarquons que le raisonnement ci-dessus est valable quel que soit l'espace fonctionnel dans lequel on cherche la solution u : il s'agit en fait d'un raisonnement purement algébrique, qui se résume à dire que dans l'anneau $\mathcal{D}$ des opérateurs différentiels, l'idéal à gauche engendré par D_{x_1} et P coïncide avec l'idéal à gauche endendré par $D_{x_1}, D_{x_2}, \ldots, D_{x_n}$.

1.2 Considérons à une variable l'équation différentielle ordinaire d'ordre m :

$$(2) \qquad (D_x^m + a_1(x)\, D_x^{m-1} + a_2(x)\, D_x^{m-1} + \ldots + a_m(x))u = 0$$

où $a_1, a_2, \ldots, a_m$ sont des fonctions analytiques.

En remplaçant l'inconnue u par le système d'inconnues $u_1 = u$, $u_2 = D_x u$, $u_3 = D_x^2 u, \ldots, u_m = D_x^{m-1} u$, on ramène l'équation (2) au système de m équations différentielles d'ordre 1 :

$$(2') \qquad D_x \begin{pmatrix} u_1 \\ u_2 \\ \cdot \\ \cdot \\ \cdot \\ u_m \end{pmatrix} = A(x) \begin{pmatrix} u_1 \\ u_2 \\ \cdot \\ \cdot \\ \cdot \\ u_m \end{pmatrix}$$

avec
$$A(x) = \begin{pmatrix} 0 & 1 & & & \mathbf{0} \\ & 0 & 1 & & \\ & \mathbf{0} & & \ddots & 1 \\ -a_m(x), & -a_{m-1}(x), & \ldots, & & -a_1(x) \end{pmatrix}$$

Là encore l'équivalence (2) $\Longleftrightarrow$ (2') se démontre indépendamment de l'espace fonctionnel dans lequel on cherche les solutions. Mais alors que dans l'exemple 1.1. l'équivalence se traduisait algébriquement par l'égalité de deux idéaux à gauche (idéaux des opérateurs différentiels qui annulent u) maintenant elle se traduit par l'égalité de deux $\mathcal{D}$-modules : $\mathcal{D}u$ d'une part, $\mathcal{D}u_1 + \mathcal{D}u_2 + \ldots + \mathcal{D}u_m$ d'autre part.

2 . Définition d'un système différentiel

2.1. Notations. On se donne une fois pour toutes un polycylindre fermé K de $\mathbb{R}^n$ ou $\mathbb{C}^n$:

$$K = \{ x = (x_1, x_2, \ldots, x_n) \in \mathbb{C}^n \text{ ou } \mathbb{R}^n \mid |x_1| \leq r_1 , |x_2| \leq r_2, \ldots |x_n| \leq r_n \}$$

où $r_1, r_2, \ldots, r_n$ sont des nombres réels positifs ou nuls. On désigne par $\mathcal{O} = \mathcal{O}(K)$ l'anneau des fonctions analytiques sur K à valeurs complexes, c.a.d. l'anneau des séries entières $f \in \mathbb{C}[[x_1, x_2, \ldots, x_n]]$ dont le " polyrayon de convergence " $(r'_1, r'_2, \ldots , r'_n)$ est strictement plus grand que le polyrayon de K (c.a.d. $r'_1 > r_1, \ldots, r'_n > r_n$) . Autrement dit $\mathcal{O}(K)$ est la limite inductive $\varinjlim_{U \supset K} \mathcal{O}(U)$, suivant les ouverts U contenant K , de l'anneau $\mathcal{O}(U)$ des fonctions analytiques dans l'ouvert U . En particulier si K est réduit à l'origine $(r_1 = r_2 = \ldots = r_n = 0)$, $\mathcal{O}(K) = \mathbb{C}\{ x_1, x_2, \ldots, x_n \}$.

On désigne par $\mathcal{D} = \mathcal{D}(K)$ l'anneau des opérateurs différentiels à coefficients dans $\mathcal{O} = \mathcal{O}(K)$, c.a.d. l'anneau (non commutatif !) des opérateurs de la forme

$$P = \sum_{|\alpha| \leq m} a_\alpha D^\alpha \qquad (a_\alpha \in \mathcal{O})$$

avec $\alpha = (\alpha_1, \alpha_2, \ldots, \alpha_n) \in \mathbb{N}^n$, $|\alpha| = \alpha_1 + \alpha_2 + \ldots + \alpha_n$,
$D^\alpha = D_{x_1}^{\alpha_1} D_{x_2}^{\alpha_2} \ldots D_{x_n}^{\alpha_n}$.

2.2 <u>DEFINITION</u> . On appelle <u>système différentiel</u> (sur le polycylindre K) la donnée d'un $\mathcal{D}$-<u>module à gauche</u> M de <u>présentation finie</u>, c.a.d. tel qu'il existe une suite exacte de $\mathcal{D}$-modules à gauche

$$(3) \qquad \mathcal{D}^p \xrightarrow{\ \rho\ } \mathcal{D}^q \xrightarrow{\ u\ } M \longrightarrow 0 \quad .$$

L'homomorphisme ρ (de $\mathcal{D}$-modules à gauche) est défini par une matrice $(R_{ij} \in \mathcal{D})_{\substack{i=1,\ldots p \\ j=1,\ldots q}}$, avec

$$\rho(P_1, P_2, \ldots, P_p) = \Big(\sum_{i=1}^{p} P_i R_{ij}\Big)_{j=1,\ldots q} \quad .$$

2.3 <u>Traduction en langage classique</u> . A une présentation (3) d'un $\mathcal{D}$-module à gauche M on associera le système de p équations aux dérivées partielles à q inconnues $u_1, u_2, \ldots, u_q$:

$$(4) \qquad \sum_{j=1}^{q} R_{ij} u_j = 0 \qquad i = 1, 2, \ldots p \quad .$$

Inversement, étant donné un système d'équations aux dérivées partielles (4) , on considère $u_1, u_2, \ldots, u_q$ comme un système de générateurs d'un $\mathcal{D}$-module à gauche M , <u>générateurs liés par les relations</u> (4) <u>et cel-</u>

<u>les-là seules qui s'en déduisent</u> :

$$\sum_{j=1}^{q} Q_j u_j = 0 \iff \exists P_1, P_2, \ldots, P_p : Q_j = \sum_{i=1}^{p} P_i R_{ij} .$$

C'est bien là ce que signifie l'exactitude de la suite (3) , si l'on note u_j l'image dans M du j-ème vecteur de base (0, 0,...1 j-ème place, 0,..., 0) de $\mathcal{D}^q$

2.4 <u>Interprétation des exemples du § 1</u> .

2.4.1. Si $q = 1$, on a affaire classiquement à un système de p équations aux dérivées partielles à une fonction inconnue u . Le module M est alors le quotient de $\mathcal{D}$ par un idéal à gauche $\mathfrak{J}$, et à chaque système de générateurs de cet idéal correspondra une présentation de M : ainsi dans l'exemple 1.1. ,

$$\mathfrak{J} = \mathcal{D} D_{x_1} + \mathcal{D} P = \mathcal{D} D_{x_1} + \mathcal{D} D_{x_2} + \ldots + \mathcal{D} D_{x_n} ,$$

et l'on a les deux présentations

$$\begin{array}{lccccccc}
(1) & \mathcal{D}^2 & \xrightarrow{\rho = (D_{x_1}, P)} & \mathcal{D} & \longrightarrow & M & \longrightarrow & 0 \\
 & & & \| & & \| & & \\
(1') & \mathcal{D}^n & \xrightarrow{\rho = (D_{x_1}, D_{x_2}, \ldots, D_{x_n})} & \mathcal{D} & \longrightarrow & M & \longrightarrow & 0
\end{array}$$

2.4.2. Dans l'exemple 1.2 on a les deux présentations

$$\begin{array}{lcccccc}
(2) & \mathcal{D} & \xrightarrow{\quad R \quad} & \mathcal{D} & \xrightarrow{\quad u \quad} & M & \longrightarrow 0 \\
 & & & \Big\uparrow \sigma & & \Big\| & \\
(2') & \mathcal{D}^m & \xrightarrow{D_x \mathbb{1} - A(x)} & \mathcal{D}^m & \xrightarrow{(u_1, \ldots, u_m)} & M & \longrightarrow 0
\end{array}$$

où $R = D_x^m + a_1(x) D_x^{m-1} + \ldots + a_m(x)$,

et σ est l'homomorphisme qui au j-ème vecteur de base de $\mathcal{D}^m$ associe D_x^{m-1} :

$$\sigma(P_1, \ldots, P_m) = P_1 + P_2 D_x + \ldots + P_m D_x^{m-1} .$$

Dire que les deux présentations (2) et (2') définissent le même module quotient M (via l'homomorphisme <u>surjectif</u> σ) c'est dire que

$\sigma^{-1}(\mathcal{D}R) = \mathcal{D}^m.(D_x 1 - A(x))$.

Or, le premier membre [resp. second membre] de cette égalité est l'ensemble des $(P_1, P_2, \ldots, P_m) \in \mathcal{D}^m$ tels que :

(i) $\exists\, Q \in \mathcal{D} : P_1 + P_2 D_x + \ldots + P_m D_x^{m-1}$

$$= Q(a_m + a_{m-1} D_x + \ldots + a_1 D_x^{m-1} + D_x^m)$$

<u>resp</u>.

(ii) $\exists\, (Q_1, Q_2, \ldots, Q_m) \in \mathcal{D}^m$:

$$\begin{aligned}
P_1 &= Q_m a_m + Q_1 D_x \\
P_2 &= Q_m a_{m-1} + Q_2 D_x - Q_1 \\
P_3 &= Q_m a_{m-2} + Q_3 D_x - Q_2 \\
&\cdots\cdots \\
P_{m-1} &= Q_m a_2 + Q_{m-1} D_x - Q_{m-2} \\
P_m &= Q_m a_1 + Q_m D_x - Q_{m-1} .
\end{aligned}$$

L'implication (i) $\Rightarrow$ (ii) se démontre en posant $Q_m = Q$ et en déterminant $Q_{m-1}, Q_{m-2}, \ldots, Q_1$ succesivement par récurrence. L'implication (ii) $\Rightarrow$ (i) est évidente.

3 . Solutions d'un système différentiel.

Pour parler de solution d'un système différentiel, il faut se donner "l'espace fonctionnel" $\mathcal{F}$ dans lequel on cherche les solutions : $\mathcal{F}$ pourra être un espace de fonctions, de distributions, etc... en tous cas, ce devra être un $\mathcal{D}$-module.

3.1. Classiquement, si l'on se donne un système différentiel

$$(4) \qquad \sum_{j=1}^{q} R_{ij}\, u_j = 0 \qquad i = 1,2,\ldots,p$$

résoudre ce système dans $\mathcal{F}$ c'est trouver un q-uple $(f_1,f_2,\ldots,f_q) \in \mathcal{F}^q$ qui substitué à $(u_1,u_2,\ldots,u_q)$ dans (4) donne l'élément nul de $\mathcal{F}$ pour tout $i = 1,2,\ldots,p$.

Une telle substitution correspond, dans le langage du § 2, à la donnée d'un homomorphisme $f : \mathcal{D}^q \longrightarrow \mathcal{F}$ (l'homomorphisme qui au j-ème vecteur de base de $\mathcal{D}^q$ associe f_j), et dire que la substitution donne 0 revient à dire que l'homomorphisme f s'annule sur l'image de ρ, définissant donc un homomorphisme

$$\bar{f} : M = \mathcal{D}^q / \operatorname{Im}(\rho) \longrightarrow \mathcal{F}$$

On obtient ainsi la notion intrinsèque de solution d'un système différentiel :

3.2. DEFINITION : une solution d'un système différentiel M, à valeurs dans un $\mathscr{D}$-module à gauche $\mathscr{F}$, est un homomorphisme de $\mathscr{D}$-modules à gauche $\bar{f} : M \longrightarrow \mathscr{F}$

Remarque : Il faut bien se garder de mélanger le "langage classique" 3.1 et le "langage intrinsèque" 3.2 : ainsi on peut dire que $(f_1,f_2,\dots,f_q)$ est solution de (4) (langage classique), ou bien que $\bar{f}$ est solution de M (langage intrinsèque), mais cela n'aurait aucun sens de dire par exemple que "$(f_1,f_2,\dots,f_q)$ est solution de M", car un q-uple $(f_1,f_2,\dots,f_q)$ ne détermine un homomorphisme $\bar{f} \in \mathrm{Hom}_{\mathscr{D}}(M,\mathscr{F})$ qu'une fois qu'on s'est donné un système de générateurs $u_1,u_2,\dots,u_q$ de M.

3.3. Solutions génériques.

Une solution $\bar{f} \in \mathrm{Hom}_{\mathscr{D}}(M,\mathscr{F})$ de M à valeurs dans un $\mathscr{D}$-module $\mathscr{F}$ sera dite générique si 'homomorphisme $\bar{f}$ est injectif.
Dans le langage classique associé à une présentation (3) de M, cela veut dire que les éléments $f_1,f_2,\dots,f_q$ de $\mathscr{F}$ qui définissent $\bar{f}$ ne vérifient dans $\mathscr{F}$ aucune autre relation sur $\mathscr{D}$ que celles qui se déduisent de (4) : on dira encore que $(f_1,f_2,\dots,f_q)$ est solution générique de (4).
En d'autres termes, une solution générique correspond à la donnée d'un isomorphisme

$$\bar{f} : M \xrightarrow{\sim} \bar{f}(M) = \mathscr{D}f_1 + \dots + \mathscr{D}f_q \subset \mathscr{F}$$

EXEMPLES :

3.3.0. La solution générique !

On prend $\mathcal{F} = M$, $\bar{f} = 1\!\!1_M$!

Dans l'interprétation classique, cela signifie qu'on fait dans (4) la "substitution identique" $(f_1, f_2, \ldots, f_q) = (u_1, u_2, \ldots, u_q)$, c.à.d. que l'homomorphisme f de 3.1 n'est autre que l'homomorphisme $u : \mathcal{D}^q \longrightarrow M$ de la présentation (3).

Cet exemple "idiot" n'en a pas moins une certaine importance psychologique, un peu comme la notion de "point générique" en géométrie algèbrique.

3.3.1. Soit $\mathcal{F}$ l'espace des distributions sur $\mathbb{R}^n$, et soit δ la distribution de Dirac à l'origine.

Affirmation : δ est solution générique du système

$$\begin{cases} x_1 u = 0 \\ x_2 u = 0 \\ \cdots\cdot \\ x_n u = 0 \end{cases}$$

Autrement dit on a un isomorphisme

$$\mathcal{D}/\mathcal{D}x_1 + \mathcal{D}x_2 + \ldots + \mathcal{D}x_n \xrightarrow{\sim} \mathcal{D}\delta \subset \mathcal{F}$$

défini en associant à $1 \in \mathcal{D}$ l'élément $\delta \in \mathcal{F}$

Preuve : Il est clair que $x_1\delta = x_2\delta = \ldots = x_n\delta = 0$.

Par ailleurs, tout $P \in \mathcal{D}$ s'écrit de façon unique sous la forme

$P = \sum_{|\alpha| \leq m} D^\alpha b_\alpha$ (déduite de la forme "habituelle"

$P = \sum_{|\alpha| \leq m} a_\alpha D^\alpha$ en faisant passer les D^α à gauche).

En isolant dans chaque $b_\alpha \in \mathcal{O}$ le terme constant des termes divisibles par $(x_1, x_2, \ldots, x_n)$, on peut donc écrire P sous la forme

$$P = \sum_{i=1}^{n} P_i\, x_i + R$$

où $P_i \in \mathcal{D}$, et $R \in \mathbb{C}[D_{x_1}, D_{x_2}, \ldots, D_{x_n}]$ (opérateur différentiel à coefficients constants).

L'équation $P\delta = 0$ équivaut à $R\delta = 0$, et on est ramené à montrer que le seul opérateur différentiel à coefficients constants qui annule δ est l'opérateur nul, ce qui est un exercice facile de théorie des distributions.

3.3.2. Nous allons maintenant donner une autre présentation du module $\mathcal{D}\delta$, en nous plaçant pour simplifier dans le cas n=1.

Lemme : $\mathcal{D}\delta = \mathcal{D}\delta'$, où δ' est la dérivée de δ .

Bien évidemment $\delta' \in \mathcal{D}\delta$. Mais inversement, en dérivant l'équation $x\delta = 0$ on trouve $\delta + x\delta' = 0$ de sorte que $\delta = -x\delta' \in \mathcal{D}\delta'$, et le lemme est démontré.

On obtiendra donc une autre présentation de $\mathcal{D}\delta$ en prenant δ' comme générateur, et en cherchant à expliciter les relations que vérifie

Affirmation : δ' est solution générique du système

$$\begin{cases} x^2u = 0 \\ (xD+2)u = 0 \end{cases}$$

Autrement dit on a un isomorphisme

$$\mathcal{D}/\mathcal{D}x^2 + \mathcal{D}(xD+2) \xrightarrow{\sim} \mathcal{D}\delta' = \mathcal{D}\delta \subset \mathcal{F}$$

défini en associant à $1 \in \mathcal{D}$ l'élément $\delta' \in \mathcal{F}$

Preuve : Nous allons déduire cette affirmation de 3.3.1 par un raisonnement purement algébrique (il s'agit d'un problème de changement de générateurs dans un $\mathcal{D}$-module à gauche, qui peut être traité sans aucune référence à la notion de distribution).

Puisque $\delta' = D\delta$, $Q\delta' = 0$ équivaut d'après 3.3.1 à $QD \in \mathcal{D}x$.

En écrivant Q sous la forme

$Q = Px^2 + R_1x + R_0$, où $P \in \mathcal{D}$ tandis que R_0 et $R_1 \in \mathbb{C}[D]$, on trouve

$QD = Px^2D + R_1xD + R_0D = (PDx - 2P + R_1D)x - R_1 + R_0D.$

Ainsi, $QD \in \mathcal{D}x \iff R_1 = R_0D$, c.à.d. que

$Q = Px^2 + R_0(Dx+1) = Px^2 + R_0(xD+2)$, ce qui fallait démontrer.

Remarque : Ce qui précède montre que changer de générateurs dans un $\mathcal{D}$-module est une opération qui est loin d'être triviale, et qui peut donner des présentations d'aspects bien différents : ainsi le même module M peut être présenté par $\mathcal{D}/\mathcal{D}x$ (3.3.1 dans le cas n=1) ou par $\mathcal{D}/\mathcal{D}x^2 + \mathcal{D}(xD+2)$(cf.3.3.2) ; on remarquera que l'idéal par lequel on quotiente dans cette deuxième présentation ne peut pas être engendré par un seul générateur (exercice : le démontrer).

On ne rencontre jamais ce genre de phénomènes en algèbre commutative : un module M <u>monogène</u> sur un anneau <u>commutatif</u> A s'écrit <u>d'une seule façon</u> comme quotient de A par un idéal I (l'idéal annulateur du générateur ne dépend pas - dans le cas commutatif - du choix de ce générateur).

3.3.3. Considérons dans le disque unité du plan complexe l'équation $(zD - \alpha)u = 0$, où $\alpha \in \mathbb{C}$. Dans l'espace $\mathcal{F}$ des fonctions holomorphes dans le disque coupé, cette équation admet pour solution la fonction $z^\alpha = e^{\alpha \log z}$.

<u>Affirmation</u> :

i) Si $\alpha \in \mathbb{C}-\mathbb{N}$, la fonction z^α est solution générique de l'équation $(zD-\alpha)u = 0$.

ii) Si $\alpha = n \in \mathbb{N}$, la fonction z^n n'est pas solution générique de cette équation, mais est solution générique du système de deux équations

$$\begin{cases} (zD-n)u = 0 \\ D^{n+1}u = 0 \end{cases}$$

<u>Preuve</u> : (parmi beaucoup d'autres !) : on pourra utiliser le

<u>Lemme</u> : Tout opérateur différentiel Q d'ordre m peut s'écrire sous la forme :

$$Q = c_0(z) + (c_1 D + c_2 D^2 + \ldots + c_m D^m) + P(zD-\alpha)$$

où $c_0 \in \mathcal{O}$; $c_1, c_2, \ldots, c_m \in \mathbb{C}$, $P \in \mathcal{D}$.

(exercice : démontrer ce lemme).

i) Si $Qz^{\alpha} = 0$ avec $\alpha \in \mathbb{C}-\mathbb{N}$, en décomposant Q comme dans le lemme on trouve

$$c_0(z)z^{\alpha} + c_1\alpha\, z^{\alpha-1} + c_2\alpha\,(\alpha-1)z^{\alpha-2} + \ldots + c_m\,\alpha(\alpha-1)\ldots(\alpha-m+1)z^{\alpha-m} = 0$$

ce qui entraîne bien $c_0(z) = 0$, $c_1 = c_2 = \ldots = c_m = 0$

puisque les $(\alpha-1)(\alpha-2)\ldots$ sont tous $\neq 0$.

ii) Si $Qz^n = 0$ avec $n \in \mathbb{N}$ le raisonnement est le même si Q est d'ordre $\leq n$. Sinon il faut prendre soin au préalable de remplacer Q par le reste de sa division par D^{n+1}.

<u>Remarque</u> :

i) Si $\alpha \notin \mathbb{Z}$, le module $\mathscr{D}z^{\alpha}$ est égal à $\mathcal{O}[z^{-1}].z^{\alpha}$ muni de sa structure évidente de $\mathscr{D}$-module.

Il en résulte que $\mathscr{D}z^{\alpha} = \mathscr{D}z^{\beta} \Leftrightarrow \alpha-\beta \in \mathbb{Z}$.

ii) Si $\alpha \in \mathbb{N}$, $\mathscr{D}z^{\alpha} = \mathcal{O}$ avec sa structure évidente de $\mathscr{D}$-module.

Si $\alpha \in \{-1,-2,\ldots\}$, $z^{\alpha} = \mathcal{O}[\frac{1}{z}]$ avec sa structure évidente de $\mathscr{D}$-module.

Là encore on prendra soin de remarquer les diverses présentations dont on peut munir un même $\mathscr{D}$-module.

4 . L'anneau $\mathcal{D}$ est noethérien.

Les exemples 3.3.1, 3.3.2, 3.3.3 sort des illustrations du phénomène suivant : on se donne un élément f d'un $\mathcal{D}$-module $\mathcal{F}$ (espace de fonctions, de distributions...) ; le $\mathcal{D}$-module engendré par f dans $\mathcal{F}$ est évidemment isomorphe à $\mathcal{D}/\mathcal{I}$, où $\mathcal{I}$ est l'annulateur de f (idéal à gauche des opérateurs différentiels qui annulent f) ; on observe que cet idéal $\mathcal{I}$ est de type fini, c.à.d. admet un système fini de générateurs. Ce phénomène est général, car nous allons montrer que l'anneau $\mathcal{D}$ est noethérien.

4.1. Rappel de définitions et de résultats classiques.

4.1.1. Un module (à gauche) M sur un anneau A est dit noethérien si toute suite croissante de sous-modules est stationnaire.
Rappelons quelques conséquences immédiates de cette définition :

i) M est noethérien si et seulement si tout sous-module de M est de type fini ;

ii) Si M est noethérien, tout sous-module, tout module-quotient de M est noethérien ;

iii) dans une suite exacte de modules

$$0 \longrightarrow M' \longrightarrow M \longrightarrow M'' \longrightarrow 0$$

si M' et M" sont noethériens, M l'est aussi.

4.1.2. L'anneau A est dit <u>noethérien</u> (à gauche) s'il l'est comme module (à gauche) sur lui-même. D'après i), cela revient à dire que tout idéal (à gauche) de A est de type fini.

<u>Supposons l'anneau A noethérien</u>. Alors,

i) <u>un A-module M est noethérien si et seulement s'il est de type fini</u>.

En effet, M noethérien doit être de type fini d'après 4.1.1. i). Inversement, dire que M est de type fini c'est dire que M est un quotient de A^q, et la conclusion résulte de 4.1.1. ii) et iii).

On en déduit aussi que dans la suite exacte

$$0 \longrightarrow \text{Ker } u \longrightarrow A^q \xrightarrow{u} M \longrightarrow 0$$

Ker u est noethérien, donc de type fini, ce qui donne une présentation

$$A^p \longrightarrow A^q \xrightarrow{u} M \longrightarrow 0$$

Autrement dit,

ii) <u>si M est de type fini il est de présentation finie</u>.

<u>4.1.3. Exemples d'anneaux noethériens</u>.

<u>i) Théorème de Hilbert</u> : si A est un anneau <u>commutatif</u> noethérien, l'anneau $A[X_1, X_2, \ldots, X_n]$ des polynômes à n indéterminées est aussi noethérien.

Corollaire : l'anneau $\mathbb{C}[X_1,X_2,\ldots,X_n]$ est noethérien.

ii) L'anneau $\mathcal{O} = \mathcal{O}(K)$ est noethérien.

Si le polycylindre K se réduit à un point, de sorte que $\mathcal{O} = \mathbb{C}\{x_1,\ldots,x_n\}$, la démonstration du caractère noethérien de $\mathcal{O}$ se fait par récurrence sur n, grâce au théorème de préparation de Weierstrass qui permet l'utilisation du théorème de Hilbert.

Si le polycylindre K est de polyrayon strictement positif, la démonstration (due à J. Frisch) est beaucoup plus difficile (elle utilise les théorèmes A et B de Cartan, dont nous reparlerons au § 6).

4.2. Cas de l'anneau des opérateurs différentiels.

L'idée est de ramener l'étude de l'anneau (non commutatif) à celle de l'anneau commutatif $\mathcal{O}[\xi_1,\ldots,\xi_n]$ des polynômes à n indéterminées à coefficients dans $\mathcal{O}$: ici comme précédemment, $\mathcal{D} = \mathcal{D}(K)$, $\mathcal{O} = \mathcal{O}(K)$, où K est un polycylindre donné ; le fait que $\mathcal{O}[\xi_1,\ldots,\xi_n]$ soit noethérien résulte de 4.1.3 i) et ii).

Pour $m \in \mathbb{N}$, on notera $\mathcal{D}^{(m)}$ l'espace vectoriel des opérateurs différentiels d'ordre inférieur ou égal à m, c.à.d.

$$\mathcal{D}^{(m)} = \{P = \sum_{|\alpha| \leq m} c_\alpha D^\alpha \ , \ c_\alpha \in \mathcal{O}\}$$

Evidemment,

$$\mathcal{O} = \mathcal{D}^{(0)} \subset \mathcal{D}^{(1)} \subset \mathcal{D}^{(2)} \quad \dots \quad , \mathcal{D} = \bigcup_{n \in \mathbb{N}} \mathcal{D}^{(m)},$$

et $\mathcal{D}^{(m)} . \mathcal{D}^{(\ell)} \subset \mathcal{D}^{(m+\ell)}$: on dit qu'on a <u>une filtration de l'anneau</u> $\mathcal{D}$.

4.2.1. <u>Symbole d'un opérateur différentiel.</u>

A chaque $P \in \mathcal{D}^{(m)}$, $P = \sum_{|\alpha| \leq m} c_\alpha D^\alpha$ on associe son "<u>symbole d'ordre m</u>".

$$\sigma_m(P) = \sum_{|\alpha| = m} c_\alpha \xi^\alpha \quad :$$

c'est un élément de l'espace vectoriel, que nous noterons $\mathcal{O}[\xi_1, \dots, \xi_n]_m$, des polynômes <u>homogènes de degré</u> m en $\xi_1, \dots, \xi_n$

<u>Propriétés du symbole</u> :

i) σ_m est une application linéaire <u>surjective</u> de $\mathcal{D}^{(m)}$ dans $\mathcal{O}[\xi_1, \xi_2, \dots, \xi_n]_m$.

ii) Si $P \in \mathcal{D}^{(m)}$, $Q \in \mathcal{D}^{(\ell)}$, de sorte que $P.Q \in \mathcal{D}^{(m+\ell)}$,

on a $\sigma_{m+\ell}(P.Q) = \sigma_m(P)\, \sigma_\ell(Q)$.

(attention : ii) n'est pas tout à fait évident ; il faut utiliser les relations de commutation des D^α avec les éléments de $\mathcal{O}$).

4.2.2. Idéal gradué associé à un idéal de $\mathcal{D}$.

Soit $\mathcal{I}$ un idéal (à gauche) de $\mathcal{D}$, et soit $I_m = \sigma_m(\mathcal{I} \cap \mathcal{D}^{(m)})$ l'espace vectoriel des $\sigma_m(P)$, $P \in \mathcal{I} \cap \mathcal{D}^{(m)}$

Il résulte de 4.2.1. i) et ii) que :

(i) $$\mathcal{O}[\xi_1,\xi_2,\ldots,\xi_n]_\ell \cdot I_m \subset I_{m+\ell}$$

de sorte que la somme directe d'espaces vectoriels

(ii) $$I = \bigoplus_{m=0}^{\infty} I_m$$

est un idéal de l'anneau $\mathcal{O}[\xi_1,\xi_2,\ldots,\xi_n]$.

Comme cet anneau est noethérien l'idéal I admet un nombre fini de générateurs $\varphi_1,\varphi_2,\ldots,\varphi_k$, que l'on pourra toujours supposer homogènes, de degrés respectifs $m_1,m_2,\ldots,m_k$:

en effet, si l'on part d'un système de générateurs non homogènes on peut les remplacer par le système de toutes leurs parties homogènes, qui sont encore dans I d'après (ii). Alors,

(iii) si m est assez grand l'inclusion (i) est une égalité pour tout ℓ (prendre $m \geq \mathrm{Sup}(m_1,m_2,\ldots,m_k)$).

Les propriétés (i) (ii) (iii) ci-dessus définissent ce qu'on appelle un idéal gradué sur l'anneau gradué $\mathcal{O}[\xi_1,\xi_2,\ldots,\xi_n]$: c'est l'idéal gradué associé à l'idéal $\mathcal{I} \subset \mathcal{D}$, et on le note $I = \mathrm{Gr}\,\mathcal{I}$.

4.2.3. $\mathscr{D}$ est noethérien.

Par définition de $I = \text{Gr}\,\mathscr{I}$, on peut choisir des $P_1,P_2,\dots,P_k \in \mathscr{I}$ tels que $\sigma_{m_1}(P_1) = \varphi_1$, $\sigma_{m_2}(P_2) = \varphi_2,\dots,\sigma_{m_k}(P_k) = \varphi_k$.

Je dis que $P_1,P_2,\dots,P_k$, engendrent $\mathscr{I}$. En effet, soit $P\in\mathscr{I}$ un opérateur différentiel d'ordre m. Si $m = 0$, $P\in\mathcal{O}\cap\mathscr{I} = I_0$, qui est engendré par définition par ceux des $P_1,\dots,P_k$ qui sont d'ordre 0. Supposons donc, par hypothèse de récurrence, que $\mathscr{I}\cap\mathscr{D}^{(m-1)}$ soit engendré par $P_1,\dots,P_k$ (c.à.d. par ceux d'entre eux qui sont d'ordre $\leq m-1$). Puisque $\varphi_1,\varphi_2,\dots,\varphi_k$ engendrent I, $\sigma_m(P)$ va pouvoir s'écrire

$$\sigma_m(P) = a_1\, \sigma_{m_1}(P_1) + a_2\, \sigma_{m_2}(P_2) +\dots+ a_k\, \sigma_{m_k}(P_k),$$

où $a_1,a_2,\dots,a_k$ sont des polynomes homogènes en ξ , de degrés respectifs $m-m_1$, $m-m_2,\dots,m-m_k$ ($a_i=0$ si $m < m_i$). Ecrivant $a_i = \sigma_{m-m_i}(A_i)$, on en tire compte tenu de 4.2.1 ii)

$$P = A_1\, P_1 + A_2\, P_2 +\dots+ A_k\, P_k + R$$

où $R\in\mathscr{I}\cap\mathscr{D}^{(m-1)}$, ce qui permet de conclure grâce à l'hypothèse de récurrence.

4.2.4. Remarque

Le symbole d'ordre m de P est nul si $P \in \mathscr{D}^{(m')}$, $m' < m$. Si l'on prend pour m l'ordre de P, c.à.d. le plus petit entier tel que $P \in \mathscr{D}^{(m)}$, le symbole $\sigma_m(P)$ n'est pas nul (sauf si P=0 !) et s'appelle le symbole principal de P : on le note $\sigma(P)$.

5 . Point de vue global et intrinsèque : le faisceau des opérateurs différentiels.

Les considérations de ce paragraphe et du suivant nous seront utiles quand nous aurons à traiter de problèmes globaux, ou quand nous voudrons dégager des notions intrinsèques (c.à.d. invariantes par changement de coordonnées).

5.1. Construction de l'anneau $\mathcal{D}$ des opérateurs différentiels.

Au § 2 nous avons défini - de façon un peu succinte - l'anneau des opérateurs différentiels comme l'anneau des opérateurs de la forme

$$(*) \qquad P = \sum_{|\alpha| < m} c_\alpha D^\alpha , \quad c_\alpha \in \mathcal{O}$$

$\mathcal{O}$ étant l'anneau des fonctions analytiques.

Pour préciser cette définition, on peut adopter deux points de vue.

i) Point de vue "opérationnel" :

Un opérateur différentiel est une application $\mathbb{C}$-linéaire

$$P : \mathcal{O} \longrightarrow \mathcal{O}$$

obtenue comme somme d'itérées d'applications du type suivant :

$g : \mathcal{O} \longrightarrow \mathcal{O}$ (multiplication par une fonction $g \in \mathcal{O}$)

$D_{x_i} : \mathcal{O} \longrightarrow \mathcal{O}$ (dérivation par rapport à
$g \longrightarrow \frac{\partial g}{\partial x_i}$ l'une des coordonnées x_i)

ii) Point de vue "abstrait".

L'algèbre $\mathcal{D}$ des opérateurs différentiels est la $\mathbb{C}$-algèbre associative engendrée comme $\mathbb{C}$-espace vectoriel par tous les "mots" que l'on peut écrire avec les lettres $D_{x_1}, D_{x_2}, \ldots, D_{x_n}$ d'une part, les éléments $g \in \mathcal{O}$ d'autre part, modulo toutes les relations qui se déduisent par associativité des relations

$$(**) \quad \begin{cases} D_{x_i} D_{x_j} = D_{x_j} D_{x_i}, & i,j = 1,2,\ldots n \\ D_{x_i} g = g D_{x_i} + \frac{\partial g}{\partial x_i}, & i = 1,2,\ldots n \end{cases}$$

ainsi que des relations exprimant la loi d'anneau dans $\mathcal{O}$

L'équivalence des points de vue i) et ii) se démontre facilement en remarquant d'une part que les relations (**) sont compatibles avec l'interprétation "opérationnelle", d'autre part que dans un point de vue comme dans l'autre tout P s'écrit de façon unique sous la forme (*) (dans le point de vue i), les c_α peuvent être reconstruits à partir de l'opérateur P par la formule

$$c_\alpha = \frac{1}{\alpha!} P(x^\alpha) \;).$$

5.2. <u>Opérateurs différentiels sur les ouverts de $\mathbb{R}^n$ ou $\mathbb{C}^n$</u>.

En effectuant la construction 5.1 pour l'anneau $\mathcal{O} = \mathcal{O}(U)$ des fonctions analytiques sur un ouvert U de $\mathbb{R}^n$ ou $\mathbb{C}^n$, on obtient l'anneau $\mathcal{D}(U)$ des opérateurs différentiels sur cet ouvert.

5.2.1. <u>Restrictions</u> :

Pour tout couple d'ouverts emboités $V \subset U$, l'homomorphisme de restriction des fonctions

$$\rho_u^v : \mathcal{O}(U) \longrightarrow \mathcal{O}(V)$$

s'étend de facon évidente en un homomorphisme de restriction des opérateurs différentiels

$$\rho_u^v : \mathcal{D}(U) \longrightarrow \mathcal{D}(V)$$

tel que $\rho_u^v(D^\alpha) = D^\alpha$.

On obtient ainsi sur l'espace $E_n = \mathbb{R}^n$ ou $\mathbb{C}^n$ <u>le faisceau $\mathcal{D}_{E_n}$ des opérateurs différentiels</u> : il est bien clair que c'est un faisceau, déduit du faisceau $\mathcal{O}_{E_n}$ des fonctions analytiques par la construction 5.1 qui commute aux restrictions.

5.2.2. <u>Changements de coordonnées</u>.

Tout isomorphisme analytique

$$h : U \longrightarrow V$$
$$x \longmapsto y = h(x)$$

entre deux ouverts U, V de E_n induit un isomorphisme d'anneaux

$$h^* : \mathcal{O}(V) \longrightarrow \mathcal{O}(U)$$
$$g \longmapsto g \circ h$$

qui s'étend en un isomorphisme des anneaux d'opérateurs différentiels

$$h^* : \mathcal{D}(V) \longrightarrow \mathcal{D}(U)$$
$$P \longmapsto h^*(P) = h^* \circ P \circ h^{*-1}$$

En particulier la loi de transformation des D_{x_i} correspond à leur interprétation comme dérivations, c.à.d. comme champs de vecteurs :

$$h^{*-1}(D_{x_i}) = \sum_{j=1}^{n} h^{*-1}\left(\frac{\partial h_j}{\partial x_i}\right). D_{y_j}$$

5.3. Opérateurs différentiels sur une variété.

Soit X une variété analytique (réelle ou complexe) de dimension n.

Pour définir l'anneau $\mathcal{D}(X)$ des opérateurs différentiels sur la variété X, on pourrait avoir l'idée de reprendre la construction 5.1 avec $\mathcal{O} = \mathcal{O}(X)$ (anneau des fonction analytiques sur X), en remplaçant $D_{x_1}, D_{x_2}, \dots, D_{x_n}$ par tous les champs de vecteurs (analytiques) sur X - bien entendu la relation de commutation $D_{x_i} D_{x_j} = D_{x_j} D_{x_i}$ de (**) devra être remplacée par $\xi\eta - \eta\xi = [\xi, \eta]$ (crochet des deux champs de vecteurs ξ et η).

Mais voici de quoi être perplexe :

Exemple 5.3.1.

Soit $X = \mathbb{C}/\Gamma$ la variété analytique complexe à une dimension ("courbe elliptique") quotient du plan complexe par un réseau de translations Γ. Il résulte du théorème de Liouville que $\mathcal{O}(X) = \mathbb{C}$ (les seules fonctions analytiques sur X sont les constantes), d'autre part les seuls champs de vecteurs analytiques sur X sont les multiples constants de $\frac{d}{dz}$.

Comme toutes les fonctions $\mathcal{O}(X)$ sont constantes, $\frac{d}{dz}$ opère trivialement sur $\mathcal{O}(X)$, de sorte que la construction 5.1 i) donnerait $\mathcal{D}(X) = \mathbb{C}$ (opérateurs de multiplication par des constantes) alors que la construction 5.1 ii) donne $\mathcal{D}(X) = \mathbb{C}\,[\frac{d}{dz}]$, ce qui est plus satisfaisant car on a bien envie qu'un champ de vecteurs soit un opérateur différentiel !

Notre embarras va être résolu par la modification suivante du point de vue 5.1 i) : au lieu de définir un opérateur différentiel sur X comme endomorphisme de $\mathcal{O}(X)$, on va le définir comme endomorphisme du faisceau $\mathcal{O}_X$ des fonctions analytiques sur X.

5.3.2. Rappels.

$\mathcal{O}_X$ est le faisceau sur X qui à chaque ouvert $U \subset X$ associe l'anneau $\mathcal{O}_X(U)$ des fonctions analytiques sur cet ouvert.

Si U est muni d'une carte analytique $h : U \longrightarrow W \subset E_n$ qui l'envoie homéomorphiquement sur un ouvert W de E_n, l'anneau $\mathcal{O}_X(U)$ est l'ensemble des fonctions de la forme g o h, où $g \in \mathcal{O}_{E_n}(W)$: toute carte analytique h définit ainsi un isomorphisme d'anneaux

$$h^* : \mathcal{O}_{E_n}(W) \longrightarrow \mathcal{O}_X(U).$$

Un endomorphisme $\mathbb{C}$-linéaire du faisceau $\mathcal{O}_X$, noté

$$P \in \mathrm{End}_{\mathbb{C}}(\mathcal{O}_X),$$

est la donnée pour tout ouvert $U \subset X$ d'un endomorphisme $\mathbb{C}$-linéaire $P(U) : \mathcal{O}_X(U) \longrightarrow \mathcal{O}_X(U)$ commutant aux restrictions,

c.à.d : $\rho_u^v P(U) = P(V)\, \rho_u^v$.

5.3.3. DEFINITION : On appelle opérateur différentiel sur la variété analytique X un endomorphisme $\mathbb{C}$-linéaire $P \in \mathrm{End}_{\mathbb{C}}(\mathcal{O}_X)$ vérifiant pour toute carte analytique $h : U \xrightarrow{\sim} W \subset E_n$ la propriété suivante :

(***) $$h^{*-1} \circ P(U) \circ h^* \in \mathcal{D}_{E_n}(W)$$

L'ensemble des opérateurs différentiels sur X est un anneau noté $\mathcal{D}(X)$.

Remarque : En vertu de 5.2.1. et 5.2.2. il suffit de vérifier la propriété (***) pour un atlas de la variété X (famille de cartes dont les domaines U recouvrent X).
En particulier si X est un ouvert de E_n on retrouve bien la définition 5.2. des opérateurs différentiels.

Exercice : Vérifier que pour l'èxemple 5.3.1. on a bien

$$\mathcal{D}(X) = \mathbb{C}\left[\frac{d}{dz}\right].$$

5.3.4. <u>Faisceau des opérateurs différentiels sur une variété.</u>

Pour tout ouvert $\Omega \subset X$ on a une notion évidente de restriction à Ω d'un endomorphisme $P \in \mathrm{End}_{\mathbb{C}}(\mathcal{O}_X)$: c'est l'endomorphisme du faisceau $\mathcal{O}_\Omega$

$$P \mid \Omega \in \mathrm{End}_{\mathbb{C}}(\mathcal{O}_\Omega)$$

qui à tout ouvert $U \subset \Omega$ associe $(P|\Omega)(U) = P(U)$.

Or, il est clair d'après 5.2.1 que la propriété (***) se conserve par restriction, et on vient de voir que si elle est satisfaite sur les ouverts d'un recouvrement elle est satisfaite sur tous les ouverts : autrement dit, la propriété d'être un opérateur différentiel est une propriété locale des endomorphismes $P \in \mathrm{End}_{\mathbb{C}}(\mathcal{O}_\Omega)$, de sorte que la correspondance $\Omega \hookrightarrow \mathscr{D}(\Omega)$ définit sur X un <u>faisceau, le faisceau</u> $\mathscr{D}_X$ <u>des opérateurs différentiels</u>.

5.4. <u>Signification intrinsèque du symbole.</u>

5.4.1. <u>Filtration du faisceau des opérateurs différentiels.</u>

Il est clair que l'ordre d'un opérateur différentiel est une notion intrinsèque (invariante par changement de coordonnées 5.2.2.) et stable par restriction, ce qui permet de définir sur une variété analytique X <u>le faisceau</u> $\mathscr{D}_X^{(m)}$ <u>des opérateurs différentiels d'ordre</u> $\leq m$.

Le faisceau $\mathcal{D}_X$ est ainsi filtré par les sous-faisceaux

$$\mathcal{O}_X = \mathcal{D}_X^{(0)} \subset \mathcal{D}_X^{(1)} \subset \ldots \subset \mathcal{D}_X^{(m)} \subset \ldots$$

avec $\mathcal{D}_X = \bigcup_{m \in \mathbb{N}} \mathcal{D}_X^{(m)}$

où l'union s'entend au sens de la limite inductive des faisceaux, c.à.d. ici le faisceau associé au préfaisceau $U \leadsto \bigcup_{m \in \mathbb{N}} \mathcal{D}_X^{(m)}(U)$ (on prendra garde que si l'ouvert U a une infinité de composantes connexes, l'ordre d'un opérateur différentiel sur U peut ne pas être borné, de sorte que $\mathcal{D}(U)$ n'est pas l'union des $\mathcal{D}^{(m)}(U)$, $m \in \mathbb{N}$).

5.4.2. Gradué associé à cette filtration.

Comme le produit de deux opérateurs différentiels $P \in \mathcal{D}_X^{(m)}(U)$, $Q \in \mathcal{D}_X^{(\ell)}(U)$ est dans $\mathcal{D}_X^{(m+\ell)}(U)$, tandis que leur commutateur $[P,Q]$ est dans $\mathcal{D}_X^{(m+\ell-1)}(U)$, la somme directe

$$\bigoplus_{m \in \mathbb{N}} \mathcal{D}_X^{(m)}(U) / \mathcal{D}_X^{(m-1)}(U)$$

est ainsi munie d'une structure d'anneau commutatif.

On a ainsi un préfaisceau d'anneaux commutatifs, et on note $\mathrm{Gr}\,\mathcal{D}_X$ le faisceau d'anneaux associé :

$$\mathrm{Gr}\mathcal{D}_X = \bigoplus_{m \in \mathbb{N}} \mathrm{Gr}_m \mathcal{D}_X, \quad \mathrm{Gr}_m \mathcal{D}_X = \mathcal{D}_X^{(m)} / \mathcal{D}_X^{(m-1)}.$$

L'homomorphisme canonique de passage au quotient

$$\sigma_m : \mathcal{D}_X^{(m)} \longrightarrow \mathrm{Gr}_m \mathcal{D}_X$$

s'appelle le "symbole d'ordre m".

La fibre de chacun des faisceaux ci-dessus en un point $x \in X$ se calcule facilement dans une carte locale, et l'on retrouve lès calculs du § 4, notamment :

$$(\mathrm{Gr}\,\mathscr{D}_X)_x = \mathrm{Gr}(\mathscr{D}_{X,x}) = \mathscr{O}_{X,x}\,[\xi_1,\xi_2,\dots,\xi_n],$$

où $\xi_i = \sigma_1(D_{x_i})$, D_{x_i} = Dérivation par rapport à la i-ème coordonnée dans la carte locale.

5.4.3. <u>Exercice</u> :

Démontrer que pour tout ouvert connexe $U \subset X$

$(\mathrm{Gr}_1\,\mathscr{D}_X)(U)$ est le $\mathscr{O}_X(U)$-module des champs de vecteurs tangents à U.

5.4.4. <u>Remarque</u> :

Un vecteur tangent peut s'interpréter comme une fonction linéaire sur l'espace vectoriel cotangent. De même, un champ de vecteurs tangents (sur un ouvert U) peut s'interpréter comme une fonction (linéaire par rapport à fibre, analvtique par rapport à la base) sur le fibré vectoriel cotangent T^*U.

Cette remarque permet de bien comprendre la façon dont les symboles" réagissent à des changements de coordonnées.

6. Point de vue global et intrinsèque : $\mathscr{D}_X$ - Modules cohérents.

Dans les premiers paragraphes nous avons considéré des modules sur l'anneau noethérien $\mathscr{D} = \mathscr{D}(K)$ [resp. $\mathscr{O} = \mathscr{O}(K)$] , anneau des opérateurs différentiels [resp. des fonctions analytiques] sur un polycylindre K.

S'agissant d'un module M sur un anneau noethérien, les propriétés suivantes sont équivalentes :

M est de présentation finie $\Leftrightarrow$ M est de type fini ($\Leftrightarrow$ M est noethérien).

Mais si l'on se met à faire varier le polycylindre K en considérant des faisceaux de modules, des phénomènes étranges peuvent apparaître

Exemple 6.1. Soit $\mathscr{I}^S \subset \mathscr{O}_{\mathbb{C}}$ le faisceau des fonctions analytiques qui s'annulent sur un sous-ensemble fermé $S \subset \mathbb{C}$:

$$\mathscr{I}^S(U) = \{f \in \mathscr{O}_C(U) \mid f|S\cap U = 0\}$$

(il est immédiat que le préfaisceau d'idéaux ainsi défini est un faisceau d'idéaux, car la condition pour une fonction de s'annuler sur S est une condition locale).

Pour tout disque fermé $K \subset \mathbb{C}$, posons $\mathscr{I}^S(K) = \varinjlim_{U \supset K} \mathscr{I}^S(U)$.

Deux cas peuvent se présenter :

i) K contient des points d'accumulation de S ;

alors $\mathscr{I}^S(K) = 0$ d'après le théorème des zéros isolés des fonctions analytiques d'une variable.

ii) K ne contient que des points isolés de S, en nombre fini puisque K est compact : $x_1, x_2, \ldots, x_k$; alors $\mathscr{I}^S(K) = (z-x_1)(z-x_2)\ldots(z-x_k)\ \mathcal{O}_{\mathbb{C}}(K)$.

Prenons par exemple pour S une suite de points tendant vers l'origine. Alors pour tout disque K de centre 0, si petit soit-il, $\mathscr{I}^S(K)=0$, pourtant le faisceau $\mathscr{I}^S|K$ n'est pas nul ! (en effet,

$$\mathscr{I}^S_x = \begin{cases} (z-x)\ \mathcal{O}_{\mathbb{C},x} & \text{pour } x \in S \cap K,\ x \neq 0 \\ \mathcal{O}_{\mathbb{C},x} & \text{pour } x \notin S \cap K). \end{cases}$$

Cette pathologie du faisceau $\mathscr{I}^S$ s'accompagne d'une autre pathologie : bien que chaque $\mathscr{I}^S(K)$ soit un $\mathcal{O}$ (K)-module de type fini, $\mathscr{I}^S$ en tant que faisceau n'est pas de type fini sur $\mathcal{O}_{\mathbb{C}}$, même localement.

DEFINITION 6.1. Un faisceau de modules M sur un faisceau d'anneaux $\mathscr{A}$ (sur un espace topologique X) est dit de type fini s'il est engendré comme faisceau de $\mathscr{A}$-modules par un nombre fini de sections globales $u_1, u_2, \ldots, u_q \in M(X)$: tout $m \in M_x$ (fibre de M en un point quelconque x) doit pouvoir s'écrire $m = \sum_{i=1}^{q} a_i\ u_{i,x}$, où $(a_1, a_2, \ldots, a_q) \in \mathscr{A}^q_x$, et $u_{i,x}$ désigne le germe en x de la section u_i. Cette propriété se résume en disant qu'on a un épimorphisme de faisceaux de $\mathscr{A}$-modules

$$\mathscr{A}^q \xrightarrow{u} M \longrightarrow 0. \tag{6.1}$$

M est dit <u>localement de type fini</u> si tout point $x \in X$ admet un voisinage ouvert U tel que $M|U$ soit de type fini comme faisceau de $\mathscr{A}|U$-modules.

<u>Exercice 6.1</u>. Montrer que le faisceau $\mathscr{I}^S$ de l'exemple 6.1, considéré comme faisceau de $\mathcal{O}_{\mathbb{C}}$-modules, est localement de type fini si et seulement si S est un ensemble discret (à moins que $S = \mathbb{C}$, auquel cas $\mathscr{I}^S = 0$).

<u>Exemple 6.2</u>. Reprenons l'exemple 6.1, et considérons le faisceau quotient $\mathscr{F}^S = \mathcal{O}_{\mathbb{C}}/\mathscr{I}^S$.

On déduit de 6.1 que

$$\mathscr{F}^S(U) = \begin{cases} \mathcal{O}_{\mathbb{C}}(U) \text{ si } S\cap U \text{ n'est pas discret} \\ \mathbb{C}^{S\cap U} \text{(ensemble des fonctions sur } S\cap U) \\ \quad \text{si } S\cap U \text{ est discret.} \end{cases}$$

Cette fois $\mathscr{F}^S$ est de type fini comme faisceau de $\mathcal{O}_{\mathbb{C}}$-modules (car c'est un faisceau quotient de $\mathcal{O}_{\mathbb{C}}$), mais il a une autre pathologie (si S n'est pas discret): <u>il n'est pas de présentation finie, même localement</u>.

<u>DEFINITION 6.2</u>. : Un faisceau de modules M sur un faisceau d'anneaux $\mathscr{A}$ est dit de <u>présentation finie</u> (sur l'espace topologique X) s'il existe une suite exacte de faisceaux de $\mathscr{A}$-modules

$$(6.2) \qquad \mathscr{A}^p \xrightarrow{\rho} \mathscr{A}^q \xrightarrow{u} M \longrightarrow 0$$

M est dit <u>localement de présentation finie</u> si tout point $x \in X$ admet un voisinage ouvert U tel que $M|U$ soit de présentation finie comme faisceau de $\mathscr{A}|U$-modules.

6.3. Cohérence.

Résumons-nous : pour éviter des pathologies comme celles de l'exemple 6.1 on a essayé d'imposer localement une condition (6.1) ; mais celle-ci s'est révélée insuffisante (exemple 6.2), ce qui conduit à imposer localement une condition (6.2)... pourquoi s'arrêter là ? Sur un faisceau d'anneaux $\mathscr{A}$ quelconque il n'y aurait en effet pas de raisons de s'arrêter là. Mais imaginons que $\mathscr{A}$ ait la propriété suivante :

(C) | Tout homomorphisme $\rho : \mathscr{A}^p|U \longrightarrow \mathscr{A}^q|U$ a un noyau localement de type fini.

Alors la propriété (6.2) locale suffit évidemment à assurer l'existence de "résolutions" locales aussi longues que l'on veut

$$\mathscr{A}^{q_r}|V \longrightarrow \cdots \longrightarrow \mathscr{A}^{q_2}|V \longrightarrow \mathscr{A}^{q_1}|V \longrightarrow M|V \longrightarrow 0$$

(sur des ouverts V assez petits, dont la taille dépendra peut-être de la longueur de la résolution) ce qui nous donne une bonne raison de ne pas chercher plus loin que la condition (6.2) locale.

La condition (C) se traduit en disant que $\mathscr{A}$ est un faisceau cohérent d'anneaux.

Théorème : $\mathscr{O}_X$ et $\mathscr{D}_X$ sont des faisceaux cohérents d'anneaux.

Pour le cas de $\mathscr{O}_X$, ce théorème de démonstration très difficile est dû à Oka. Le cas de $\mathscr{D}_X$ s'en déduit sans difficulté notable (cf. "Séminaire de Grenoble" I).

La notion de cohérence d'un faisceau d'anneaux $\mathscr{A}$ est un cas particulier de la notion de cohérence d'un faisceau de $\mathscr{A}$-modules M : un faisceau de $\mathscr{A}$-modules (nous dirons pour abréger "un $\mathscr{A}$-Module") M est dit cohérent s'il est localement de type fini et si tout homomorphisme u : $\mathscr{A}^q_U \longrightarrow M|U$ a un noyau localement de type fini.

Dans une suite exacte courte de $\mathscr{A}$-Modules si deux des termes sont cohérents le troisième l'est aussi . En particulier une somme directe finie de Modules cohérents est cohérente, ce qui montre que la condition (C) ci-dessus peut bien être prise comme condition de cohérence de $\mathscr{A}$ (considéré comme Module sur lui-même). On en déduit aussi le résultat fondamental suivant :

sur un anneau cohérent $\mathscr{A}$, un $\mathscr{A}$-Module M est cohérent si et seulement s'il est localement de présentation finie.

Conclusion pratique : On appelle système différentiel sur une variété analytique X un $\mathscr{D}_X$-Module cohérent à gauche M.
La proposition ci-dessous va montrer que les $\mathscr{D}_X$ [resp. $\mathscr{O}_X$] -Modules cohérents sont exempts des pathologies constatées dans les exemples 6.1, 6.2, et notamment que la donnée de M(K) sur un polycylindre K suffisamment petit contient toute l'information locale sur le faisceau M ; de plus M(K) est de présentation finie, et l'on retrouve ainsi la notion de système différentiel introduite au § 2.

Le fait que M(K) contienne toute l'information locale sur le faisceau M nous permettra de continuer à travailler avec la notion de système différentiel introduite au § 2, n'ayant recours au langage des faisceaux que lorsque nous ne pourrons pas faire autrement. Le lecteur peut s'arrêter à cette conclusion et sauter le reste du paragraphe, sauf s'il a envie de comprendre pourquoi les polycylindres jouent un rôle privilégié.

Remarque : les conclusions i) ii) de la proposition ci-dessous sont vraies pour tout polycylindre K dans le cas des $\mathcal{O}_X$-Modules cohérents ; malheureusement on ne sait pas s'il en est de même des $\mathcal{D}_X$-Modules cohérents, et l'on est obligé de se limiter aux polycylindres K assez petits.

PROPOSITION 6.4.

1°) - Soit M un $\mathcal{O}_X$-Module [resp. un $\mathcal{D}_X$-Module à gauche] cohérent.

Soit $K \subset X$ un polycylindre [resp. un polycylindre assez petit] - par polycylindre on entend un compact analytiquement isomorphe à un polycylindre de $\mathbb{C}^n$ ou $\mathbb{R}^n$.

Posons $M(K) = \varinjlim_{V \text{ ouvert} \supset K} M(V)$

Alors

i) M(K) est un $\mathcal{O}(K)$ [resp. $\mathcal{D}(K)$]-module noethérien ;

ii) pour tout $x \in K$ l'homomorphisme de $\mathcal{O}_X$-modules

$$M(K) \otimes_{\mathcal{O}(K)} \mathcal{O}_x \longrightarrow M_x$$

est un isomorphisme.

2°) - Réciproquement si M est un $\mathcal{O}_X$ [resp. $\mathcal{D}_X$] -Module vérifiant les conditions i) et ii) sur une famille de polycylindres K dont les intérieurs recouvrent X, M est un $\mathcal{O}_X$ [resp. $\mathcal{D}_X$] -Module cohérent.

On pourra trouver la preuve de cette proposition dans le "Séminaire de Grenoble" I. Je me bornerai ici à en commenter les points essentiels.

6.4.1. L'homomorphisme de la condition ii) est celui qui se déduit de l'application $\mathcal{O}(K)$-bilinéaire

$$\begin{array}{ccc} M(K) \times \mathcal{O}_x & \longrightarrow & M_x \\ m & \longmapsto & g_x\, m_x \end{array}$$

par la propriété universelle du produit tensoriel.

On remarquera que la condition d'isomorphisme ii) n'est pas satisfaite par les exemples 6.1, 6.2 (qui satisfont en revanche à la condition i)) : par exemple on a vu que $\mathcal{I}^S(K)$ est nul si K contient des points d'accumulation de S, de sorte que $\mathcal{I}^S(K) \underset{\mathcal{O}(K)}{\otimes} \mathcal{O}_x$ est nul, ce qui n'est pas le cas de $\mathcal{I}^S_x$ si x n'est pas un point d'accumulation de S.

Intuitivement, <u>la condition</u> ii) <u>signifie que</u> M(K) <u>contient toute l'information locale sur le faisceau M</u>.

6.4.2. L'implication

[M de présentation finie $\Rightarrow$ M(K) de type fini donc noethérien] n'est pas si évidente qu'on pourrait le croire naïvement. En effet le fait que le <u>faisceau</u> M (de $\mathcal{O}_X$-modules, disons) soit engendré sur l'ouvert U - et donc sur K - par un nombre fini de sections $u_1,\dots,u_q \in M(U)$ n'entraîne nullement que M(U) soit engendré par $u_1,\dots,u_q$ comme $\mathcal{O}(U)$-module.

Voici un contre-exemple : sur $U = \mathbb{C}^2 - \{0\}$,

soit M le faisceau de $\mathcal{O}_U$-modules donné par la présentation

$\mathcal{O}_U \xrightarrow{z_1} \mathcal{O}_U \longrightarrow M \longrightarrow 0$ (faisceau quotient de $\mathcal{O}_U$ par l'Idéal des fonctions nulles sur la droite $z_1 = 0$) ; une section globale $\bar{g} \in M(U)$ ne provenant pas d'une $g \in \mathcal{O}(U)$ peut être construite par exemple en considérant sur les deux ouverts

$U_i = \{z \in \mathbb{C}^2 \mid z_i \neq 0\}$ $(i = 1,2)$ les deux fonctions $g_i \in \mathcal{O}(U_i)$ que voici : $g_1 = 0$, $g_2 = \frac{1}{z_2}$; ces deux fonctions diffèrent dans $U_1 \cap U_2$ par un élément de l'idéal $z_1 \mathcal{O}(U_1 \cap U_2)$ (à savoir $\frac{1}{z_2} = z_1 \cdot \frac{1}{z_1 z_2}$) de sorte que leurs classes modulo (z_1) se recollent pour définir une section globale $\bar{g} \in M(U)$; mais g ne peut pas être la classe d'un $g \in \mathcal{O}(U)$, sinon il existerait une fonction g égale à $\frac{1}{z_2}$ sur la droite $(z_1 = 0)$ et analytique dans $\mathbb{C}^2 - \{0\}$ donc - ce qui est absurde - analytique dans tout $\mathbb{C}^2$ (d'après le "théorème des singularités inexistantes", qui dit qu'une fonction de plusieurs variables complexes ne peut pas être singulière sur un ensemble de codimension complexe > 1).

6.4.3. La propriété qui rend l'implication 6.4.2 vraie pour les polycylindres K est (dans le cas des $\mathcal{O}_X$-Modules) un théorème classique et difficile de la théorie des fonctions de plusieurs variables complexes, le

THEOREME B de CARTAN : tout $\mathcal{O}_X$-Module cohérent N a une cohomologie triviale sur les polycylindres :

$$H^p(K,N) = 0 \text{ pour } p = 1,2,\ldots \text{ si } K \text{ est un polycylindre.}$$

"Rappelons" pour le piéton ce que signifie la nullité de $H^1(K,N)$:

pour tout recouvrement ouvert (V_i) de K, toute 1-cochaîne alternée (c.à.d. toute famille $(g_{ij} \in N(V_i \cap V_j))_{i,j}$ telle que $g_{ij} = -g_{ji}$) qui est un cocycle, c.à.d. qui vérifie la condition

$$g_{ij} + g_{jk} + g_{ki} = 0 \text{ en restriction à } V_i \cap V_j \cap V_k,$$

est un cobord, c.à.d. qu'il existe une famille $(g_i \in N(V_i))$ telle que $g_{ij} = g_i \,|\, V_i \cap V_j - g_j \,|\, V_i \cap V_j$.

$H^1(K,N)=0$

Exercice : Vérifier que dans le contre-exemple 6.4.2 on a $H^1(U,\mathcal{I}) \neq 0$ si $\mathcal{I}$ désigne l'Idéal $z_1 \mathcal{O}_U$.

L'implication 6.4.2 est très facile à déduire du théorème B de Cartan : en appliquant à une suite exacte courte de faisceaux de modules

$$0 \longrightarrow N \longrightarrow P \longrightarrow M \longrightarrow 0$$

le foncteur "section sur K" on obtient dans tous les cas une suite exacte

$$0 \longrightarrow N(K) \longrightarrow P(K) \longrightarrow M(K) \longrightarrow H^1(K,N)$$

(le foncteur "section" est "exact à gauche", et admet H^1 comme "premier foncteur dérivé à droite") ;

en particulier toute présentation d'un $\mathcal{O}_U$-Module M

$$\mathcal{O}_U^p \longrightarrow \mathcal{O}_U^q \xrightarrow{u} M \longrightarrow 0$$

permet de construire une suite exacte courte

$$0 \longrightarrow N \longrightarrow \mathcal{O}_U^q \longrightarrow M \longrightarrow 0$$

où $N = \operatorname{Ker} u$ est cohérent d'après 6.3 ; d'après le théorème B de Cartan $H^1(K,N) = 0$, ce qui donne une suite exacte

$$0 \longrightarrow N(K) \longrightarrow \mathcal{O}_U^q(K) \longrightarrow M(K) \longrightarrow 0$$

de sorte que M(K) est bien de type fini.

6.4.4. Pour démontrer ii) pour un $\mathcal{O}_X$-Module cohérent M, on considère la présentation de M(K)

$$\mathcal{O}^p(K) \longrightarrow \mathcal{O}^q(K) \longrightarrow M(K) \longrightarrow 0$$

déduite comme précédemment -(grâce au théorème B de Cartan)d'une présentation du faisceau M sur un ouvert $U \supset K$:

$$\mathcal{O}_U^p \longrightarrow \mathcal{O}_U^q \longrightarrow M|U \longrightarrow 0$$

On a ainsi pour tout $x \in K$ un morphisme de suites exactes (homomorphisme de restriction)

$$\begin{array}{ccccccc}
\mathcal{O}^p(K) & \longrightarrow & \mathcal{O}^q(K) & \longrightarrow & M(K) & \longrightarrow & 0 \\
\downarrow & & \downarrow & & \downarrow & & \\
\mathcal{O}_x^p & \longrightarrow & \mathcal{O}_x^q & \longrightarrow & M_x & \longrightarrow & 0
\end{array}$$

En appliquant à la suite du haut le foncteur (exact à droite !) $\mathcal{O}_x \underset{\mathcal{O}(K)}{\otimes}$, on obtient un morphisme de suites exactes

$$\begin{array}{ccccccc}
\mathcal{O}_x^p & \longrightarrow & \mathcal{O}_x^q & \longrightarrow & \mathcal{O}_x \underset{\mathcal{O}(K)}{\otimes} M(K) & \longrightarrow & 0 \\
\Big\downarrow \| & & \Big\downarrow \| & & \downarrow & & \\
\mathcal{O}_x^p & \longrightarrow & \mathcal{O}_x^q & \longrightarrow & M_x & \longrightarrow & 0
\end{array}$$

d'où l'isomorphisme cherché se déduit par le lemme des cinq.

6.4.5. Tous les raisonnements qui précèdent (6.4.3 et 6.4.4) supposent le polycylindre K assez petit pour que le faisceau M y soit muni d'une présentation globale. Mais dans le cas des faisceaux cohérents de $\mathcal{O}_X$-modules cette condition est réalisée sur tout polycylindre, en vertu du

THEOREME A de CARTAN : Sur un polycylindre K, tout $\mathcal{O}_X$-Module cohérent M est engendré par ses sections globales.

Comme K est compact et que M est localement de type fini sur K, on en déduit que M peut être engendré sur K par un nombre fini $u_1,\ldots,u_q$ de sections globales, c.à.d. que le Théorème A équivaut à l'existence d'un épimorphisme de faisceaux

$$u : \mathcal{O}_K^q \longrightarrow M|K \longrightarrow 0 ,$$

d'où l'on déduit une présentation globale de $M|K$ en vertu du théorème d'Oka.

6.4.6. La démonstration de la propriété i) pour les $\mathcal{D}_X$-Modules cohérents est tout à fait analogue à 6.4.3 : du Théorème B de Cartan on déduit immédiatement que $H^i(K,N) = 0$ $(i=1,2,\ldots)$ non seulement si N est un $\mathcal{O}_X$-Module cohérent mais également si N est une limite inductive de $\mathcal{O}_X$-Modules cohérents, donc en particulier si N est un $\mathcal{D}_X$-Module muni au voisinage de K d'une présentation globale (ou plus généralement d'une "bonne filtration" : cf. § 8). Le même argument de passage à la limite inductive permet de démontrer la propriété ii) pour un $\mathcal{D}_X$-Module, la sachant vraie pour les $\mathcal{O}_X$-Modules.

Dans tous les cas on devra prendre soin - du moins dans l'état actuel de notre ignorance - de choisir K assez petit pour qu'au voisinage de K

1°) M soit muni d'une présentation globale

2°) le noyau N de l'épimorphisme u correspondant à cette présentation soit muni d'une "bonne filtration" globale.

Ces restrictions sur K pourraient être levées si le Théorème A de Cartan s'étendait aux $\mathcal{D}_X$-Modules, ce que l'on ne sait pas à l'heure actuelle.

6.4.7. Remarque : la condition ii) dans le cas des $\mathcal{D}_X$-Modules peut s'écrire indifféremment au moyen de

$\mathcal{O}_X \otimes_{\mathcal{O}(K)} M(K)$ (comme nous l'avons fait) ou de

$\mathcal{D}_X \otimes_{\mathcal{D}(K)} M(K)$, qui lui est égal en tant que $\mathcal{O}_X$-module

(le § 13 précisera la notion de produit tensoriel sur l'anneau $\mathcal{D}$).

7. Connexions.

Nous appellerons <u>connexion</u> sur une variété analytique X un $\mathscr{D}_X$-Module cohérent M qui est un $\mathcal{O}_X$-Module <u>localement libre de type fini</u> (pour la structure de $\mathcal{O}_X$-Module induite par l'injection $\mathcal{O}_X \subset \mathscr{D}_X$.

En fait, nous verrons au § 10 que l'hypothèse "localement libre" est superflue, car elle découle des autres hypothèses.

Tout l'intérêt de la notion de connexion apparaît déjà dans le cas particulier suivant :

7.1. <u>X est un ouvert connexe de $\mathbb{C}$</u>.

Soit U un disque ouvert de X, sur lequel $M|U$ est engendré comme $\mathcal{O}_U$-Module par m sections indépendantes $u_1, u_2, \ldots, u_m \in M(U)$ On peut alors écrire

(7.1.1) $$Du_i = \sum_{j=1}^{m} a_{ij}\, u_j \quad (i = 1,2,\ldots,m)$$

où $D = \frac{d}{dz}$, et $a_{ij} \in \mathcal{O}(U)$.

Le système d'équations (7.1.1) détermine complètement la structure de $\mathscr{D}(U)$-module de $M(U)$, et pour tout $v \in M(U)$, $v = \sum_{i=1}^{m} b_i\, u_i$ ($b_i \in \mathcal{O}(U)$) on a

(7.1.2) $$Dv = \sum_{i=1}^{m} \left(\frac{db_i}{dz} u_i + b_i \sum_{j=1}^{m} a_{ij}\, u_j\right).$$

On appelle <u>section horizontale</u> de la connexion M au dessus de l'ouvert U un élément $v \in M(U)$ tel que $Dv = 0$. D'après l'équation (7.1.2) l'ensemble des section horizontales de M au dessus de U s'identifie à l'ensemble des solutions holomorphes du système différentiel

$$(7.1.3) \qquad \frac{db_i}{dz} = - \sum_{j=1}^{m} a_{ji}\, b_j$$

et forme donc, d'après un résultat classique d'analyse, <u>un espace vectoriel de dimension</u> m que nous noterons $\underline{\underline{M}}(U)$ (rappelons que U est simplement connexe !).

On en déduit immédiatement la

<u>PROPOSITION 7.1.</u> Les sections horizontales (locales) de la connexion M forment sur X un faisceau localement constant $\underline{\underline{M}}$ d'espaces vectoriels de dimension $m = \text{rang}_{\mathcal{O}_X}(M)$.

<u>Exercice</u> : démontrer la proposition (c'est immédiat, il s'agit seulement d'avoir compris la notion de faisceau).

<u>Remarque 7.1.1.</u> Dans le disque U on peut choisir une base du $\mathbb{C}$-espace vectoriel $\underline{\underline{M}}(U)$, ce qui réalise des <u>isomorphismes</u>

$\underline{\underline{M}}(U) \approx \mathbb{C}^m$ (isomorphisme d'espaces vectoriels)

$M(U) \approx \mathcal{O}(U)^m$ (isomorphisme de $\mathcal{D}(U)$-modules, où $\mathcal{O}(U)^m$ est muni de la structure banale de $\mathcal{D}(U)$-module :

$$D(f_1, f_2, \ldots, f_m) = \left(\frac{df_1}{dz}, \frac{df_2}{dz}, \ldots, \frac{df_n}{dz}\right))$$

De cette remarque on déduit immédiatement la

PROPOSITION 7.1.1. :

i) On a l'égalité $M = \mathcal{O}_X \otimes_{\mathbb{C}_X} \underline{M}$ (où $\mathbb{C}_X$ est le faisceau constant $\mathbb{C}$ sur X), qui peut être vue comme égalité de faisceaux de $\mathcal{D}_X$-modules, en donnant au second membre la structure de $\mathcal{D}_X$-module découlant de celle de $\mathcal{O}_X$.

ii) Inversement, l'égalité ci-dessus permet d'associer une connexion M de rang m à tout faisceau localement constant $\underline{\underline{M}}$ d'espaces vectoriels de dimension m.

Corollaire 7.1.1 : $\mathrm{Hom}_{\mathcal{D}_X}(M,\mathcal{O}_X) = \mathrm{Hom}_{\mathbb{C}}(\underline{M},\mathbb{C}_X)$.

Autrement dit l'espace des solutions analytiques d'une connexion M sur un ouvert arbitraire $U \subset X$ s'identifie à l'espace vectoriel dual de l'espace des sections horizontales de cette connexion.

Les généralités qui précèdent vous auront convaincus, j'espère, que la notion de connexion est localement tout à fait triviale : le prototype le plus simple de connexion est le "système de De Rham", $\mathcal{O}_X$ muni de sa structure banale de $\mathcal{D}_X$-Module, et toute connexion est localement isomorphe à une somme directe finie de systèmes de De Rham. Mais globalement la notion de connexion est d'une grande richesse, comme va le montrer l'exemple suivant (d'une grande importance pour la suite).

7.2. Etude d'un exemple.

Soit à étudier, dans le plan complexe $\mathbb{C}$, l'équation différentielle

$$(zD-\alpha)^m u = 0 \qquad (\alpha \in \mathbb{C})$$

c.à.d. le $\mathscr{D}_{\mathbb{C}}$-Module cohérent $M = \mathscr{D}_{\mathbb{C}} / \mathscr{D}_{\mathbb{C}}(zD-\alpha)^m$.

Toutes les affirmations suivantes sont proposées en exercice au lecteur.

7.2.1. Restreint à $X = \mathbb{C} - \{0\}$, $M|X$ est un $\mathcal{O}_X$-Module libre engendré par les sections globales

$u_1 = u$, $u_2 = (zD-\alpha)u$, $u_3 = (zD-\alpha)^2 u, \ldots, u_m = (zD-\alpha)^{m-1}\ u$.

C'est donc une connexion sur $X = \mathbb{C} - \{0\}$.

7.2.2. Sur un disque de X ou n'importe quel ouvert simplement connexe u), l'équation différentielle admet les m solutions analytiques suivantes :

$$u \longmapsto g_1 = z^{\alpha} \cdot \frac{(\text{Log } z)^{m-1}}{(m-1)!}$$

$$u \longmapsto g_2 = z^{\alpha} \cdot \frac{(\text{Log } z)^{m-2}}{(m-2)!}$$

$$\cdots$$

$$u \longmapsto g_m = z^{\alpha}$$

(Log z est une détermination du logarithme choisie arbitrairement).

Ces solutions sont linéairement indépendantes, et engendrent donc l'espace vectoriel des solutions analytiques sur l'ouvert simplement connexe U.

7.2.3. Que concluez-vous au sujet de l'existence de sections horizontales globales de la connexion $M|X$?

7.3. Cas général : X est une variété quelconque.

Tous les énoncés 7.1 peuvent être repris sans modification quand X est une variété quelconque connexe à n dimensions. Sur un ouvert $U \subset X$ muni d'un système de coordonnées locales $x_1, x_2, \dots, x_n$, et où $M|U$ est engendré comme $\mathcal{O}_U$-Module par m sections indépendantes $u_1, u_2, \dots, u_m$, on a un système d'équations (analogues à (7.1.1)) :

$$(7.3.1) \quad D_{x_k} u_i = \sum_{j=1}^{m} a_{ij}^{(k)} u_j \quad (i = 1,2,\dots,m \; ; \; k = 1,2,\dots,n)$$

et (7.1.2) devient

$$(7.3.2) \quad D_{x_k} v = \sum_{i=1}^{m} \left(\frac{\partial b_i}{\partial x_k} u_i + b_i \sum_{j=1}^{m} a_{ij}^{(k)} u_j\right).$$

On appelle section horizontale de la connexion M au dessus d'un ouvert U un élément $v \in M(U)$ tel que $D_{x_k} v = 0$ pour tout $k = 1,2,\dots,n$ (c.à.d., en langage intrinsèque, tel que $\xi v = 0$ pour tout champ de vecteurs ξ sur U). D'après le système d'équations (7.3.2), l'ensemble des sections horizontales de M au dessus de l'ouvert U s'identifie à l'ensemble des solutions holomorphes du système d'équations aux dérivées partielles du premier ordre

$$(7.3.3) \quad \frac{\partial b_i}{\partial x_k} = - \sum_{j=1}^{m} a_{ji}^{(k)} b_j$$

Compte tenu des relations entre les $a_{ji}^{(k)}$ qui expriment la commutativité de $D_{x_1}, D_{x_2}, \ldots, D_{x_n}$ entre eux (exercice : écrire ces relations) il est facile de démontrer pour le système d'équations (7.3.3) un théorème d'existence et d'unicité des solutions analogues au cas d'une seule variable.

Supposons que U soit un polycylindre ouvert, et donnons-nous une condition initiale $b_i(0,0,\ldots,0) = b_i^{(0)}$ $(i = 1,2,\ldots,m)$.

Restreint à la droite $x_2 = x_3 = \ldots = x_n = 0$, le système (7.3.3) se réduit au système différentiel ordinaire

$$(*1)\quad \frac{d}{dx_1} b_i(x_1,0,\ldots,0) = - \sum_{j=1}^{m} a_{ji}^{(k)}(x_1,0,\ldots,0)\, b_j(x_1,0,\ldots,0)$$

qui admet une solution (analytique) unique pour la condition initiale donnée. Dans un deuxième temps, on considérera x_1 comme un paramètre et l'on construira $b_i(x_1,x_2,0,\ldots,0)$ comme l'unique solution du système différentiel ordinaire (à une variable x_2)

$$(*2)\quad \frac{\partial}{\partial x_2} b_i(x_1,x_2,0,\ldots,0) = - \sum_{j=1}^{m} a_{ji}^{(k)}(x_1,x_2,0,\ldots,0)\, b_j(x_1,x_2,0,\ldots,0)$$

ɔour la condition initiale en $x_2 = 0$ donnée par l'étape précédente l'analyticité de la solution $b_i(x_1,x_2,0,\ldots,0)$ résulte du théorème le dépendance analytique dans les conditions initiales pour un système ifférentiel ordinaire).

n continuant par récurrence, on construit ainsi un unique m-uple e fonctions analytiques $b_i(x_1,x_2,\ldots,x_n)$ satisfaisant à un système 'équations aux dérivées partielles (*1) (*2)...(*n), à priori plus aible que (7.3.3). Le fait que les b_i ainsi construits soient solutions ɜ (7.3.3) peut se déduire des conditions de compatibilité entre les

$a_{ji}^{(k)}$ par un calcul direct pénible. On peut aussi procéder sans calculs, en remarquant que la construction précédente démontre l'existence et l'unicité d'un $v \in M(U)$ solution du système d'équations

$$(*1) \qquad D_{x_1} v \mid (x_2 = \ldots = x_n = 0) = 0$$

$$(*2) \qquad D_{x_2} v \mid (x_3 = \ldots = x_n = 0) = 0$$

$$\ldots$$

$$(*n) \qquad D_{x_n} v = 0$$

pour une condition initiale $v^{(0)} = v(0,0,\ldots,0)$ donnée.

En multipliant l'équation ($*$n) par $D_{x_{n-1}}$ on trouve $D_{x_{n-1}} D_{x_n} v = 0$, ce qui s'écrit encore $D_{x_n} D_{x_{n-1}} v = 0$, de sorte que l'élément $w = D_{x_{n-1}} v$ est solution de l'équation $D_{x_n} w = 0$ avec la condition initiale $w|(x_n=0) = 0$ (d'après $*$n-1). On en déduit (d'après l'unicité) $w = 0$, c.à.d. $D_{x_{n-1}} v = 0$, et l'on démontrerait de même par récurrence que $D_{x_{n-2}} v = 0,\ldots,D_{x_1} v = 0$.

Remarque : La notion de "connexion" ici introduite coïncide avec ce que les géomètres différentiels appellent un "fibré vectoriel muni d'une connexion intégrable" : notre Module M est le $\mathcal{O}_X$-Module des sections d'un fibré vectoriel sur X, et la structure de $\mathcal{D}_X$-Module de M correspond à la donnée sur ce fibré d'une "connexion intégrable" au sens de la géométrie différentielle (la condition d'intégrabilité correspond chez nous à la condition automatique $[D_{x_i}, D_{x_j}] = 0$).

7.4. Monodromie d'une connexion

Pour tout faisceau localement constant $\underline{\underline{M}}$ d'espaces vectoriels sur un espace topologique X on a les résultats suivants, analogues à ceux de la théorie de Cauchy des fonctions analytiques d'une variable (et dont la démonstration est identique)

Soit $\lambda : [0,1] \longrightarrow X$ un chemin d'origine $\lambda(0) = x_0$ et d'extrêmité $\lambda(1) = x_1$. Alors

i) pour tout $u_0 \in \underline{\underline{M}}_{x_0}$, il existe un et un seul $u \in \lambda^{-1}(\underline{\underline{M}})$ tel que $u(0) = u_0$;

ii) l'élément $u(1) \in \underline{\underline{M}}_{x_1}$ ne dépend que de la classe d'homotopie du chemin λ.

Il est clair que l'application qui à u_0 fait correspondre $u(1)$ est un <u>isomorphisme d'espaces vectoriels</u>

$$\lambda_* : \underline{\underline{M}}_{x_0} \longrightarrow \underline{\underline{M}}_{x_1}$$

En particulier si λ est un lacet on obtient ainsi un automorphisme d'espace vectoriel

$$\lambda_* : \underline{\underline{M}}_{x_0} \longrightarrow \underline{\underline{M}}_{x_0}$$

appelé <u>automorphisme de monodromie associé au lacet</u> λ (ou à sa classe d'homotopie).

<u>DEFINITION</u> : On appelle <u>automorphisme de monodromie d'une connexion</u> M (associé à un lacet λ) l'automorphisme de monodromie du faisceau $\underline{\underline{M}}$ des sections horizontales de cette connexion.

<u>Exercice</u> : Calculer d'automorphisme de monodromie de la connexion $M|X$ de l'exemple 7.2, associé au lacet λ : $[0,1]\ni t \longmapsto e^{2i\pi t} \in \mathbb{C} - \{0\}$. Il sera commode de commencer par calculer la matrice de monodromie de l'espace des solutions, c.à.d. la matrice de monodromie du faisceau $\underline{\underline{M}}' = \mathrm{Hom}_{\mathcal{D}}(M|X, \mathcal{O}_X)$, dans la base de $\underline{\underline{M}}'_1$ formée par les germes au point 1 des fonctions $g_1, g_2, \ldots, g_m$. On en déduira par transposition la matrice de monodromie de $M|X$ dans la base duale.

8. Variété caractéristique

Nous reprenons les notations du § 2 : $\mathcal{D}$ = anneau des opérateurs différentiels sur un polycylindre K ; $\mathcal{O}$=anneau des fonctions analytiques sur ce même polycylindre.

8.1. Cas d'un $\mathcal{D}$-module monogène.

Soit $M = \mathcal{D}/\mathcal{I}$, $\mathcal{I}$ idéal à gauche de $\mathcal{D}$. Nous avons défini au § 4 l'idéal gradué associé à $\mathcal{I}$: $I = \mathrm{Gr}\,\mathcal{I}$= idéal homogène engendré dans $\mathrm{Gr}\,\mathcal{D} = \mathcal{O}[\xi_1,\ldots,\xi_n]$ par les symboles principaux de tous les $P \in \mathcal{I}$.

Remarque 8.1.1. Les symboles $\sigma(P_1),\ldots,\sigma(P_k)$ d'un système de générateurs $P_1,\ldots,P_k$ de $\mathcal{I}$ ne forment pas nécessairement un système de générateurs de I.

Exemple : Dans l'exemple 1.1, $\mathcal{I}$ est engendré par D_{x_1} et $x_1 D_{x_2} +\ldots+ x_{n-1} D_{x_n}$ dont les symboles sont ξ_1 et $x_1\xi_2 +\ldots+ x_{n-1}\xi_n$, et ne suffisent pas à engendrer $I = (\xi_1,\xi_2,\ldots,\xi_n)$.

Remarque 8.1.2. I dépend en général du choix de la présentation de M comme quotient de $\mathcal{D}$.

Exemple : Reprenons l'exemple 3.1, avec n=1 :

$$M = \mathcal{D}\delta = \mathcal{D}/\mathcal{D}x$$

$$= \mathcal{D}\delta' = \mathcal{D}/\mathcal{D}x^2 + \mathcal{D}(xD+2)$$

Dans la première présentation $\mathcal{I} = \mathcal{D}x$, de sorte que

$P \in \mathcal{I} \Leftrightarrow P = Qx \Rightarrow \sigma(P) = \sigma(Q).x \Rightarrow I = \mathcal{O}[\xi]\, x$

Dans la seconde présentation, $\mathscr{I} = \mathscr{D}x^2 . + \mathscr{D}(xD+2)$,

$P \in \mathscr{I} \Leftrightarrow P = Qx^2 + R(xD+2)$

Lemme : Les opérateurs Q et R dans la décomposition ci-dessus peuvent être choisis de façon que Sup(ord Q, ord R + 1) = ord P.

Corollaire : avec un tel choix de Q et R, on a en désignant par m l'ordre de P :

$$\sigma_m(P) = \sigma_m(Q)x^2 + \sigma_{m-1}(R) \times \xi .$$

de sorte que $I = \mathcal{O}[\xi]x^2 + \mathcal{O}[\xi]x.\xi \neq \mathcal{O}[\xi].x$

Preuve du lemme. Soit r = Sup(ord Q, ord R + 1)

Dire que ord P < r, c'est dire que $\sigma_r(Q)x^2 + \sigma_{r-1}(R)\, x\xi = 0$,

donc que $\sigma_r(Q)x + \sigma_{r-1}(R)\xi = 0$, de sorte qu'il existe un $\varphi \in \mathcal{O}[\xi]$ tel que $\sigma_r(Q) = \varphi.\xi$, $\sigma_{r-1}(R) = -\varphi.x$.

On peut écrire

$$Q = \Phi D + Q', \quad \text{ord } Q' < r$$

$$(\sigma_{r-1}(\Phi) = \varphi)$$

$$R = -\Phi x + R', \text{ ord } R' < r-1$$

En reportant dans l'expression de P, on s'aperçoit que les termes en Φ disparaissent, et il reste

$$P = Q'x^2 + R'(xD + 2)$$

. . .

8.1.2. Affirmation : Bien que I dépende du choix de la présentation, la variété des zéros de I, elle, n'en dépend pas.

On l'appelle variété caractéristique de M, et nous la noterons V(M). Notons que le mot "variété" est utilisé ici selon l'usage de la géométrie algèbrique, et ne signifie pas que V(M) soit sans singularité.
Avant de démontrer l'affirmation ci-dessus, nous allons considérer le cas général d'une présentation quelconque de M.

8.2. Cas général.

Donnons-nous une présentation d'un $\mathscr{D}$-module M :

$$\mathscr{D}^p \xrightarrow{\rho} \mathscr{D}^q \xrightarrow{u} M \longrightarrow 0$$

et notons $M^{(m)}$ l'image par u de $\mathscr{D}^{(m)q}$ où $\mathscr{D}^{(m)}$ désigne l'ensemble des opérateurs différentiels d'ordre $\leq$ m.
Les $M^{(m)}$ ainsi construits forment ce qu'on appelle une "bonne filtration" du $\mathscr{D}$-module M, c.à.d. une suite de sous $\mathscr{O}$-modules emboîtés

$$M^{(0)} \subset M^{(1)} \subset M^{(2)} \subset \dots , \qquad \bigcup_m M^{(m)} = M$$

telle que

i) $\mathscr{D}^{(r)} M^{(m)} \subset M^{(m+r)}$

ii) $\exists m_0, \forall r \; \mathscr{D}^{(r)} M^{(m_0)} = M^{(m_0+r)}$

iii) chaque $M^{(m)}$ est un $\mathscr{O}$-module noethérien.

Exercice : Le conoyau M de la présentation ci-dessus vérifie en fait la condition ii) pour tout m_0. Par contre, le noyau Ker u, muni de sa filtration induite de sous-Module de $\mathscr{D}^q$, vérifie ii) à partir d'un certain m_0 que l'on précisera.

Etant donné une filtration (vérifiant i)) d'un $\mathscr{D}$-module M, on définit le module gradué associé à cette filtration

$$\mathrm{Gr}\, M = \bigoplus_{m=0}^{\infty} M^{(m)}/M^{(m-1)}$$

(c'est un module sur l'anneau $\mathrm{Gr}\mathscr{D} = \mathcal{O}[\xi_1,\ldots,\xi_n]$).

Exercice 8.2.0. Vérifier l'équivalence des propriétés suivantes :

a) la filtration est "bonne", c.à.d. vérifie aussi ii) et iii)

b) Gr M est un $\mathrm{Gr}\mathscr{D}$-module noethérien.

Démontrer que ces propriétés impliquent que M est un $\mathscr{D}$-module noethérien (le raisonnement est semblable à 4.2.3.).

8.2.1. PROPOSITION : Soit I = Ann Gr M l'annulateur du module Gr M, c.à.d. l'idéal de Gr $\mathscr{D}$ formé par les φ tels que $\varphi\bar{u} = 0$ pour tout $\bar{u} \in \mathrm{Gr}\, M$.
On forme la racine de I, c.à.d. l'idéal

$$\sqrt{I} = \{a \in \mathcal{O}[\xi_1,\ldots,\xi_n] \mid \exists k \in \mathbb{N},\ a^k \in I\}$$

Alors $\sqrt{I}$ ne dépend que de M et pas du choix de la bonne filtration.

Exercice : Dans le cas d'une présentation du type 8.1, vérifier que l'idéal I = Ann Gr M coïncide avec l'idéal I = Gr $\mathscr{I}$.

Preuve de la proposition :

Il est clair que I est un idéal homogène, et il en est donc de même de $\sqrt{I}$.
Soit donc a un élément homogène d'ordre m de I, et soit $A \in \mathscr{D}$ un opérateur d'ordre m de symbole a : $\sigma_m(A) = a$. Dire que $a \in \sqrt{I}$, c'est dire qu'il existe un entier $k \in \mathbb{N}$ tel que a^k annule Gr M, c.à.d. pour tout $\ell \in \mathbb{N}$

$$A^k M^{(\ell)} \subset M^{(\ell+km-1)}$$

d'où par récurrence

$$A^{pk}\, M^{(\ell)} \subset M^{(\ell+kpm-p)}$$

de sorte que, pour tout $s \in \mathbb{N}$

$$(*) \qquad A^{s}\, M^{(\ell)} \subset M^{(\ell+sm-r(s))} \text{ avec } \lim_{s \to +\infty} r(s) = +\infty$$

Réciproquement, si (*) est satisfait on a $a^{s}\, \mathrm{Gr}\, M = 0$ dès que $r(s) \geq 1$ donc $a \in \sqrt{I}$

Il suffit donc, pour démontrer la proposition, de montrer que la condition (*) est indépendante du choix de la bonne filtration de M, ce qui est évident grâce au lemme suivant :

<u>Lemme d'équivalence des bonnes filtrations</u> :
Pour tout couple de bonnes filtrations $\{M^{(m)}\}$, $\{\dot{M}'^{(m)}\}$ d'un $\mathcal{D}$-module M, il existe des entiers $\lambda, \mu \in \mathbb{N}$ tels que pour tout $\ell \in \mathbb{N}$ on ait
$M^{(\ell)} \subset M'^{(\ell+\lambda)}$ et $M'^{(\ell)} \subset M^{(\ell+\mu)}$.

<u>Exercice</u> : Démontrer ce lemme.

8.3 <u>Point de vue global et intrinsèque</u>.

Tout ce qui précède se transpose sans difficulté au cas où M est un $\mathcal{D}_X$-Module cohérent sur une variété analytique X. On a une notion de "<u>bonne filtration</u>" de M, semblable à celle introduite en 8.2 sauf que la condition

iii) $M^{(m)}$ est un $\mathcal{O}$-module noethérien

doit être remplacée par

iii') $M^{(m)}$ est un $\mathcal{O}_X$-Module cohérent.

L'existence <u>locale</u> de bonnes filtrations se déduit immédiatement du fait que M est localement de présentation finie.
Sur tout ouvert U assez petit on peut donc se donner une bonne filtration de $M|U$ et construire le Module gradué Gr $M|U$ associé à cette bonne filtration. On montre immédiatement (grâce à la proposition 6.4) que Gr $M|U$ est un Gr $\mathcal{D}_U$-Module cohérent, de sorte que son annulateur I, ainsi que la racine $\sqrt{I}$ de cet annulateur, sont des Idéaux cohérents (sur U). Le raisonnement 8.2.1 montre que $\sqrt{I}$ ne dépend pas du choix de la présentation locale, et définit donc globalement sur X un Idéal cohérent attaché canoniquement au $\mathcal{D}_X$-Module à gauche M. La variété des zéros de cet Idéal cohérent est un sous-ensemble analytique de T^*X appelé <u>variété caractéristique du système différentiel</u> M, et que nous noterons V(M).

Notons bien que puisque l'idéal $\sqrt{I}$ est engendré par des polynômes homogènes en ξ , la variété caractéristique V(M) est "conique", c.à.d. invariante par les homothéties $\xi \longmapsto \lambda\xi$, et peut être considérée comme une <u>famille analytique</u> (paramétrée par $x \in X$) de <u>cônes algèbriques</u> $V(M)_x \subset T^*_xX$.

8.4 <u>Remarque</u> :

<u>Dans le cas complexe</u> le théorème des zéros de Hilbert (ou plus exactement une version analytico-algèbrique du théorème de Hilbert-Ruckert) nous apprend que si une fonction de $\mathcal{O}[\xi_1,\ldots,\xi_n]$ s'annule sur la variété des zéros de I cette fonction appartient à $\sqrt{I}$. La donnée de la variété caractéristique équivaut donc dans ce cas à la donnée de $\sqrt{I}$.

Dans le cas réel au contraire, on risque de perdre beaucoup d'information en remplaçant l'idéal $\sqrt{I}$ par sa variété des zéros, et on a souvent intérêt à remplacer celle-ci par la variété des zéros de l'idéal complexifié (variété caractéristique dans une complexification du fibré cotangent $T^{*}X$).

9. Involutivité de la variété caractéristique.

9.1. Crochet de Poisson de deux symboles.

Soient $P \in \mathcal{D}^{(\ell)}$, $Q \in \mathcal{D}^{(m)}$, de sorte que $[P,Q] \in \mathcal{D}^{(\ell+m-1)}$

Lemme : Le symbole d'ordre $\ell + m-1$ de $[P,Q]$ ne dépend que des symboles $\sigma_\ell(P) = f$, $\sigma_m(Q) = g$, et est donné par la formule

$$\sigma_{\ell+m-1}([P,Q]) = \sum_{i=1}^{n} \left(\frac{\partial f}{\partial \xi_i}\frac{\partial g}{\partial x_i} - \frac{\partial f}{\partial x_i}\frac{\partial g}{\partial \xi_i}\right)$$

DEFINITION. Le second membre de la formule ci-dessus s'appelle le crochet de Poisson des deux fonctions f et g, et se note $\{f,g\}$.

Preuve du lemme : le lemme est très facile à vérifier par calcul direct pour $\ell \leq 1$, $m \leq 1$. Comme le calcul dans le cas général est un peu compliqué il est plus commode de procéder par récurrence, en remarquant que le crochet de Poisson a les propriétés suivantes :

i) bilinéarité et antisymétrie

ii) $\{f,gh\} = \{f,g\}\,h + g\{f,h\}$

et que le commutateur de deux opérateurs satisfait aux mêmes propriétés, ce qui permet de se ramener au cas $\ell \leq 1$, $m \leq 1$ en décomposant les opérateurs en sommes de produits d'opérateurs d'ordre moins élevé.

9.2. En appliquant le lemme précédent à P et $Q \in \mathcal{I}$, idéal à gauche de $\mathcal{D}$, on voit que l'idéal gradué associé $I = \mathrm{Gr}\,\mathcal{I}$ a la propriété dite d'involutivité :

(9.2.1.) $$\boxed{f \in I,\ g \in I \ \Rightarrow\ \{f,g\} \in I}$$

Ceci rend vraisemblable le théorème suivant (qui est en réalité un théorème très difficile, que nous admettrons) :

THEOREME :

L'idéal $\sqrt{I}$ de la Proposition 9.2.1. a la propriété d'involutivité.

Le reste de ce paragraphe est consacré à l'étude de quelques conséquences géométriques de la propriété d'involutivité.

Remarquons d'abord que la propriété ii) du crochet de Poisson, jointe à la linéarité, signifie que l'application

$H_f : \mathcal{O}[\xi_1,\dots,\xi_n] \longrightarrow \mathcal{O}[\xi_1,\dots,\xi_n]$ définie par $H_f(g) = \{f,g\}$

est une dérivation de l'anneau $\mathcal{O}[\xi_1,\dots,\xi_n]$, et peut donc être considérée comme un champ de vecteurs sur la variété T^*X : on l'appelle "champ hamiltonien" de la fonction f, et son expression dans les coordonnées locales (x,ξ) est évidemment

$$H_f = \sum_i \frac{\partial f}{\partial \xi_i}\, \partial_{x_i} - \frac{\partial f}{\partial x_i}\, \partial_{\xi_i}.$$

La propriété d'involutivité de $\sqrt{I}$ peut donc se formuler ainsi :

(9.2.2.) $$\boxed{f \in \sqrt{I} \ \Rightarrow\ H_f(\sqrt{I}) \subset \sqrt{I}}$$

En géométrie analytique complexe un idéal réduit tel que $\sqrt{I}$ s'identifie (d'après le théorème des zéros de Hilbert-Rückert) à l'idéal des fonctions qui s'annulent sur V(M) (variété des zéros de $\sqrt{I}$). D'autre part, les dérivations qui laissent stable cet idéal sont les champs de vecteurs tangents à V(M) (on vérifiera immédiatement que dans le cas d'une variété lisse cette définition coïncide avec la notion géométrique de vecteur tangent). Ainsi donc la propriété (9.2.2) admet dans le cas complexe la traduction géométrique suivante :

(9.2.3) $\boxed{f|V(M) = 0 \Rightarrow H_f \text{ est tangent à } V(M)}$

9.3 Un peu de géométrie symplectique.

Il résulte de la façon même dont ont été introduites les notions ci-dessus (crochet de Poisson, champ hamiltonien...) - comme symboles d'opérations définies intrinsèquement sur les opérateurs différentiels - qu'il s'agit d'opérations intrinsèques dans le fibré cotangent T^*X. Nous allons maintenant les définir directement, sans passer par les opérateurs différentiels.

Le fibré cotangent $\Xi = T^*X$ est muni d'une 1-forme canonique $\Theta = \sum_{i=1}^{n} \xi_i \, dx_i$ [pour vérifier que Θ ne dépend pas du choix des coordonnées locales $x_1,\ldots,x_n$ dans X, on peut remarquer que $\xi_i = \sigma_1(D_{x_i})$, de sorte que la matrice de transformation de $(\xi_1,\ldots,\xi_n)$ est inverse de la la matrice de transformation de $dx_1,\ldots,dx_n)$] . On pose :

$$\omega = d\Theta = \sum_{i=1}^{n} d\xi_i \wedge dx_i \ :$$

c'est la 2-forme canonique sur Ξ.

Pour tout point $\underline{\xi} \in \Xi$, l'espace vectoriel tangent $T_{\underline{\xi}}\,\Xi$ est ainsi muni d'une forme bilinéaire antisymétrique $\omega_{\underline{\xi}}$. Dans la base de $T_{\underline{\xi}}\,\Xi$ correspondant au système de coordonnées locales $(x_1,\xi_1,x_2,\xi_2,\ldots,x_n,\xi_n)$ sur Ξ, la matrice de cette forme bilinéaire

ω_{ξ} s'écrit

$$\Omega = \begin{pmatrix} \begin{array}{cc|cc} 0 & -1 & & \\ +1 & 0 & & \\ \hline & & 0 & -1 \\ & & +1 & 0 \end{array} & & & 0 \\ & & \ddots & \\ 0 & & & \begin{array}{|cc|} \hline 0 & -1 \\ +1 & 0 \\ \hline \end{array} \end{pmatrix}$$

Comme le déterminant de cette matrice n'est pas nul, la forme bilinéaire est non dégénérée, c.à.d. qu'elle définit un isomorphisme entre $T_{\underline{\xi}}\,\Xi$ et son dual $T^*_{\underline{\xi}}\,\Xi$:

$$\begin{array}{ccc} T_{\underline{\xi}}\,\Xi & \xrightarrow{\tilde{\omega}_{\xi}} & T^*_{\underline{\xi}}\,\Xi \\ v & \longmapsto & (w \mapsto \omega_{\underline{\xi}}(v,w)) \end{array}$$

En faisant varier $\underline{\xi} \in \Xi$, on obtient ainsi un <u>isomorphisme</u> entre le fibré tangent et le fibré cotangent

$$T\Xi \xrightarrow{\tilde{\omega}} T^*\Xi$$

Lemme 9.3.1. : Pour toute fonction f sur Ξ

$$\boxed{\varpi(H_f) = df}$$

Preuve : Dans le système de coordonnées locales $(x_1,\xi_1,x_2,\xi_2,\ldots,x_n,\xi_n)$ sur Ξ, le champ hamiltonien H_f a pour coordonnées $(\frac{\partial f}{\partial \xi_1}, -\frac{\partial f}{\partial x_1}, \ldots, \frac{\partial f}{\partial \xi_n}, -\frac{\partial f}{\partial x_n})$, tandis que la différentielle df a pour coordonnées $(\frac{\partial f}{\partial x_1}, \frac{\partial f}{\partial \xi_1}, \ldots, \frac{\partial f}{\partial x_n}, \frac{\partial f}{\partial \xi_n})$. Ces deux vecteurs se déduisent bien l'un de l'autre par l'application $\tilde{\omega}$, donnée par la matrice Ω.

9.4. Traduction infinitésimale de la propriété d'involutivité.

Plaçons-nous en un point lisse $\underline{\xi}$ de la variété caractéristique. Alors l'ensemble des différentielles $df_{\underline{\xi}}$ des fonctions nulles sur V(M) coïncide avec l'espace conormal à V(M) au point $\underline{\xi}$, c.à.d. avec l'espace des formes linéaires sur $T_{\underline{\xi}}\Xi$, nulles sur $T_{\underline{\xi}}$ V(M). Par l'isomorphisme $\tilde{\omega}_{\underline{\xi}}$, cet espace est transformé en l'espace $T_{\underline{\xi}} V(M)^{\perp}$, complément orthogonal de $T_{\underline{\xi}}$ V(M) (pour la forme bilinéaire $\tilde{\omega}_{\underline{\xi}}$). Compte tenu du lemme 9.3.1, la propriété d'involutivité (9.2.3) se traduit donc dans l'espace $T_{\underline{\xi}}\Xi$ par la propriété

(9.4.1) $$\boxed{T_{\underline{\xi}} V(M)^{\perp} \subset T_{\underline{\xi}} V(M)}$$

Corollaire : La variété caractéristique est de dimension $\geq$ n.

En effet si dim V(M) = p, la propriété (9.4.1) implique $2n-p \leq p$.

10. Systèmes holonomes.

10.1 Variétés lagrangiennes ("holonomes", dans la terminologie de Sato).

N.B. Dans toute cette section, le mot "variété" est pris au sens d'ensemble analytique réduit de dimension pure. Une variété est donc égale à l'adhérence de sa partie lisse.

Une variété $V \subset T^*X$ est dite

involutive resp. isotrope

si en chacun de ses points lisses $\underline{\xi} \in V_{lisse}$ on a l'inclusion

$$(T_{\underline{\xi}} V)^{\perp} \subset T_{\underline{\xi}} V \qquad \text{resp.} \qquad T_{\underline{\xi}} V \subset (T_{\underline{\xi}} V)^{\perp}$$

où $(\ \ )^{\perp}$ désigne comme au n°9.4 le complément orthogonal par rapport à la forme bilinéaire ω.

Une variété V est dite lagrangienne (ou "holonome", dans la terminologie récente de Sato) si elle est à la fois involutive et isotrope, c.à.d. si en tout point $\underline{\xi} \in V_{lisse}$ on a l'égalité

$$T_{\underline{\xi}} V = (T_{\underline{\xi}} V)^{\perp} .$$

De même que l'involutivité implique dim $V \geq n$ (=dim X), l'isotropie implique dim $V \leq n$, et l'holonomie implique dim $V = n$. De plus il est clair que V est holonome si et seulement si elle est involutive de dimension minimale (ou isotrope de dimension maximale).

Lemme : Soit $V \subset T^* X$ une variété isotrope conique, et soit $\pi : T^* X \longrightarrow X$ la projection canonique. Alors tout point lisse $\underline{\xi} \in V$ est conormal - en tant que vecteur cotangent à X - à l'image de l'application tangente $T_{\underline{\xi}}(\pi|V)$.

Preuve : Supposant le covecteur $\underline{\xi}$ non nul (sinon il n'y a rien à démontrer), on peut munir X d'un système de coordonnées locales $(x_1,x_2,\ldots,x_n)$ centré au point $\pi(\xi)$, tel que $\underline{\xi} = dx_1$. Dans le système de coordonnées $(x_1,\ldots,x_n\ ;\ \xi_1,\ldots,\xi_n)$ canoniquement associé à $(x_1,\ldots,x_n)$, ξ est donc le point de coordonnées $(0,\ldots,0\ ;\ 1,0,\ldots,0)$, et V étant conique contient donc l'axe des ξ_1.

Par conséquent $\frac{\partial}{\partial\xi_1} \in T_{\underline{\xi}} V$, d'où par l'hypothèse d'isotropie

$$\frac{\partial}{\partial\xi_1} \in (T_{\underline{\xi}}V)^{\perp}.$$

En appliquant à cette relation l'isomorphisme $\tilde{\omega}_{\underline{\xi}}^{-1}$ du n°9.3 on trouve que dx_1 est conormal à V au point $\underline{\xi}$, c.à.d. s'annule sur $T_{\underline{\xi}}V$ en tant que vecteur cotangent à T^*X.

Considéré maintenant comme vecteur cotangent à X, dx_1 est donc conormal à l'image de $T_{\underline{\xi}} V$ par l'application tangente $T_{\underline{\xi}}\pi$, ce qu'il fallait démontrer.

Corollaire : Soit V un germe (dans $T^* V$) de variété conique lisse, tel que la projection $\pi|V$ soit de rang constant r (donc une subimmersion, ayant pour image $\pi(V)$ un germe de sous-variété lisse de X de dimension r. Alors

$$V \text{ est } \begin{cases} \text{isotrope} & V \subset T^*_{\pi(V)} X \\ \underline{\text{resp.}} & \Leftrightarrow \\ \text{holonome} & V = T^*_{\pi(V)} X \end{cases}$$

En effet "holonome" équivaut à "isotrope de dimension n", et le fibré conormal à une sous-variété de X est toujours de dimension n.

<u>PROPOSITION</u> : Plaçons-nous dans le cadre de la géomètrie analytique <u>complexe</u>, et soit $V \subset T^*X$ une <u>variété conique holonome irréductible</u>. Alors $\pi(V)$ est une variété irréductible, et V n'est autre que le fibré conormal à cette variété : $V = T^*_{\pi(V)} X$,

- en appelant fibré conormal à une variété de X l'adhérence dans T^*X du fibré conormal à la partie lisse de cette variété.

<u>Preuve</u> : $\pi(V)$ est un-ensemble analytique (irréductible) en vertu du théorème de Remmert sur l'image propre d'un ensemble analytique <u>complexe</u> (ici $\pi : T^*X \longrightarrow X$ n'est pas propre mais comme V est conique on peut remplacer le fibré vectoriel T^*X par son fibré projectif associé P^*X, dont la projection est propre).

Soit V_0 l'ensemble des points de V où le corollaire ci-dessus s'applique, c.à.d. les points lisses où $\pi|V$ est de rang égal à la dimension r de $\pi(V)$. Cet ensemble V_0 est évidemment ouvert dans V, et il est <u>dense</u> car complémentaire d'un sous-ensemble analytique dans la variété <u>irréductible complexe</u> V. Par conséquent $\pi(V_0)$ est dense dans $\pi(V)$, et d'après le corollaire ci-dessus c'est une sous-variété lisse <u>immergée</u> de dimension r : autrement dit l'application $\pi|V_0 : V_0 \longrightarrow \pi(V)$ est une application ouverte d'image dense. Soit $\pi(V)_o$ l'intersection de cette image avec la partie lisse de $\pi(V)$.

C'est encore un ouvert dense de $\pi(V)$, et toujours d'après le corollaire on a l'égalité

$$V \cap \pi^{-1}(\pi(V)_o) = T^*_{\pi(V)_o} X ,$$

d'où l'égalité cherchée

$$V = T^*_{\pi(V)} X$$

se déduit en prenant l'adhérence des deux membres (toujours grâce au théorème de densité du complément d'un sous-ensemble analytique dans un ensemble analytique complexe irréductible).

10.2 Systèmes holonomes.

On appelle système holonome sur une variété analytique complexe [resp. réelle] X un système différentiel M sur X dont la variété caractéristique [resp. sa complexifiée] est de dimension n = dim X.

Comme la variété caractéristique d'un système différentiel est toujours involutive, les systèmes holonomes sont donc ceux dont la variété caractéristique complexifiée est holonome au sens 10.1.

Exemples. Tous les exemples de systèmes différentiels introduits dans les paragraphes précédents sont holonomes. Pour avoir un exemple de système non holonome il suffit de considérer une seule équation aux dérivées partielles (à une inconnue) dans un espace X de dimension ≥ 2 : la variété caractéristique complexifiée est alors de codimension 1, c.à.d. de dimension $2n - 1 > n$ (exercice : le démontrer).

Remarque : Avant que Sato ne propose cette terminologie plus concise, les "systèmes holonomes" étaient appelés "systèmes surdéterminés maximaux" "surdéterminés", parce qu'il faut se donner au moins autant d'équations que d'inconnues ; "maximaux", parce qu'on se donne "le plus possible" d'équations, de façon à rendre minimale la dimension de la variété caractéristique.

10.3 Lieu singulier d'un système holonome.

Sur une variété analytique complexe X, connexe de dimension n, donnons-nous un système différentiel holonome M, de variété caractéristique V. Chaque composante irréductible V_α de V peut s'écrire, d'après la proposition 10.1

$$V_\alpha = T^*_{S_\alpha} X$$

où $S_\alpha = \pi(V_\alpha)$ est un sous-ensemble analytique irréductible de X.
En particulier si $S_\alpha = X$, $V_\alpha = T^*_X X$ est la section nulle du fibré cotangent.

DEFINITION : On appelle lieu singulier de M l'ensemble analytique

$$S = \bigcup_{\dim S_\alpha < n} S_\alpha .$$

PROPOSITION 10.3 : En dehors de son lieu singulier, un système holonome est ou bien nul, ou bien une connexion au sens du § 7.

Preuve : Au dessus du complémentaire du lieu singulier, deux cas sont possibles : ou bien la variété caractéristique est vide, auquel cas le système M est nul (exercice : le démontrer), ou bien la variété caractéristique est la section nulle du fibré cotangent, ce que nous supposons désormais.

Dans un système de coordonnées locales $(x_1,x_2,\dots,x_n)$ de X, auquel correspond canoniquement le système de coordonnées $(x_1,x_2,\dots,x_n\ ;\ \xi_1,\xi_2,\dots,\xi_n)$ de T^*X, la variété caractéristique est donc définie par les équations $\xi_1 = \xi_2 = \dots = \xi_n = 0$, de sorte que d'après le théorème des zéros

$$\sqrt{I} = (\xi_1,\xi_2,\dots,\xi_n)\,\mathcal{O}_X\,[\xi_1,\xi_2,\dots,\xi_n]$$

(X a été supposée complexe !).

D'après 8.2.1 (relation (*)), cela signifie que pour toute bonne filtration locale $(M^{(\ell)})$ de M on a pour tout i = 1,2,...,n :

$$(*)\qquad \forall\,\ell\in\mathbb{N},\ D^s_{x_i}\,M^{(\ell)}\subset M^{(\ell+sm-r_i(s))},\quad \lim_{s\to\infty} r_i(s) = +\infty\ .$$

Comme d'autre part la définition iii) d'une bonne filtration nous dit que $(D_{x_1},D_{x_2},\dots,D_{x_n})\,M^{(\ell)} = M^{(\ell+1)}$ pour tout ℓ assez grand, la relation (*) implique que $M^{(\ell)} = M^{(\ell+1)}$ pour tout ℓ assez grand, c.à.d. que la filtration est stationnaire.

Par conséquent le Module M, égal à $M^{(\ell)}$ pour ℓ assez grand, est un $\mathcal{O}_X$-Module cohérent (définition 8.3 i') d'une bonne filtration).
Pour achever la démonstration de la proposition 10.3 il reste à démontrer le

Lemme 10.3.1. : Soit $\mathcal{O} = \mathbb{C}\,\{x_1,x_2,\dots,x_n\}$ et soit $\mathcal{D}$ l'anneau des opérateurs différentiels à coefficients dans $\mathcal{O}$.
Tout $\mathcal{D}$-module M de type fini sur $\mathcal{O}$ est libre sur $\mathcal{O}$

Preuve : En désignant par (x) l'idéal maximal de $\mathcal{O}$, le module quotient $M/(x)M$ est de type fini sur $\mathbb{C} = \mathcal{O}/(x)\mathcal{O}$; c'est donc un $\mathbb{C}$-espace vectoriel de dimension finie, dont on choisira une base $\bar{e}_1, \bar{e}_2, \ldots, \bar{e}_m$, avec $\bar{e}_i$ = classe de $e_i \in M$. D'après le lemme de Nakayama les éléments $e_1, e_2, \ldots, e_m$ forment un système de générateurs de M sur $\mathcal{O}$, et il reste à montrer que ce système est libre.

Soit donc une relation non triviale

$$\sum_{i=1}^{m} a_i e_i = 0 , \ a_i \in \mathcal{O} \quad (a_i \text{ non tous nuls}).$$

et soit $\nu_i = \text{ord } a_i$ $(= \sup \{\nu' | \ a_i \in (x)\nu\})$.

Il est clair que tous les ν_i doivent être > 0, sinon

$$\sum_{i=1}^{m} a_i(0) \bar{e}_i = 0$$

serait une relation de dépendance linéaire de $\bar{e}_1, \bar{e}_2, \ldots, \bar{e}_n$ sur $\mathbb{C}$.

Soit donc $\nu = \inf \{\nu_i | \ i = 1,2,\ldots n\}$ $(\nu > 0)$.

Nous allons montrer qu'en dérivant la relation de dépendance linéaire supposée entre les e_i on peut en déduire une autre d'ordre $\nu-1$, ce qui par récurrence nous fera aboutir à une contradiction ;

on trouve en dérivant :

$$0 = D_{x_j} \left(\sum_{i=1}^{m} a_i e_i \right) = \sum_{i=1}^{m} \frac{\partial a_i}{\partial x_j} e_i + \sum_{i=1}^{m} a_i D_{x_j} e_i$$

$$= \sum_{i=1}^{m} \frac{\partial a_i}{\partial x_j} e_i + \sum_{i=1}^{m} \sum_{=1}^{m} a_i b^j_{i\ell} e_\ell$$

$$= \sum_{i=1}^{m} \left(\frac{\partial a_i}{\partial x_j} + \sum_{\ell=1}^{m} a_\ell b^j_{\ell i} \right) e_i .$$

Si l'on a pris soin de choisir j de façon qu'un a_i d'ordre ν dépende effectivement de x_j, la relation obtenue est d'ordre $\nu-1$, ce qui démontre le lemme.

11. Singularités régulières des systèmes différentiels ordinaires.

11.1. Considérons à l'origine de $\mathbb{C}$ le système de m équations différentielles ordinaires à coefficients méromorphes :

(1) $Du_i = \sum_{j=1}^{m} a_{ij} u_j$, $a_{ij} \in \mathcal{K} = \mathcal{O}[z^{-1}]$, corps des germes de fonctions méromorphes à l'origine de $\mathbb{C}$ (ici $\mathcal{O} = \mathbb{C}\{z\}$)

Le système (1) peut être considéré comme définissant une structure de $\mathcal{D}$-module sur le $\mathcal{K}$-espace vectoriel à m dimensions

$$M = \mathcal{K}u_1 \oplus \mathcal{K}u_2 \oplus \ldots \oplus \mathcal{K}u_m.$$

Pour étudier un tel système, la théorie classique cherche par des changements de base du $\mathcal{K}$-espace vectoriel M à obtenir un sytème (1) le plus simple possible.

11.2. En théorie classique, une équation différentielle scalaire d'ordre m

(2) $(a_0 D^m + a_1 D^{m-1} + \ldots + a_{m-1} D + a_m)u = 0$, $a_i \in \mathcal{O}$

se ramène à un système (1) par le procédé bien connu. Mais ce passage de (2) à (1) peut s'accompagner d'une perte d'information : en effet deux équations (2) déduites l'une de l'autre en multipliant tous les a_i par une même puissance de z donnent le même système (1), bien que les $\mathcal{D}$-modules qu'elles définissent ne soient pas isomorphes. Par exemple le $\mathcal{D}$-module défini par l'équation $zDu = 0$ (qui a pour solution générique u = la distribution de Heaviside) n'est pas isomorphe à celui défini par l'équation $Du = 0$ (qui a pour solution générique u = la fonction constante) : le premier a de la torsion sur $\mathcal{O}$ (l'élément non nul $v = Du$ est annulé par z) alors que le second n'en a pas. La théorie classique ne s'intéresse pas à ce genre de différences car elle cherche à étudier les solutions (holomorphes) de (2) <u>en dehors de</u> $z = 0$.

11.3. Le passage de (2) à (1) n'est donc pas, comme dans le cas de l'exemple 1.2., un simple changement de présentation d'un $\mathcal{D}$-module : c'est une modification non triviale qui consiste à remplacer un $\mathcal{D}$-module M par son "<u>localisé</u>" $M_{(z)}$, défini par

$$M_{(z)} = M \otimes_{\mathcal{O}} \mathcal{K}$$

muni de la structure de $\mathcal{D}$-module évidente :

$$D(m \otimes \frac{1}{z^p}) = Dm \otimes \frac{1}{z^p} - m \otimes \frac{p}{z^{p+1}}$$

(plus généralement on définit de même, dans le cas de n variables, le "localisé" d'un $\mathcal{D}$-module M au complément d'une hypersurface $f = 0$:

$$M_{(f)} = M \otimes_{\mathcal{O}} \mathcal{O}[\tfrac{1}{f}]).$$

<u>11.4. Exercice</u> : Soit $M = \mathcal{D}/\mathcal{D}(zD-\alpha)^m$ le $\mathcal{D}$-module de l'exemple 7.2. Vérifier que l'homomorphisme canonique $M \longrightarrow M_{(z)}$ est un isomorphisme si $\alpha \notin \mathbb{N}$; calculer son noyau et son image lorsque $\alpha \in \mathbb{N}$.

<u>INTERPRETATION</u> : Si $\alpha \notin \mathbb{N}$, l'équation $(zD-\alpha)^m u=0$ admet comme solution générique la fonction $u = z^{\alpha} \operatorname{Log}^{m-1} z$, de sorte que M peut s'interpréter comme un $\mathcal{D}$-module de fonctions analytiques dans un disque coupé. Le fait que M soit isomorphe à son localisé signifie intuitivement que "toute l'information sur M peut se lire en dehors de l'origine".

Au contraire si $\alpha \in \mathbb{N}$ l'équation $(zD-\alpha)^m u=0$ n'admet pas de solution générique analytique dans un disque coupe. Par contre on vérifie que la <u>distribution</u> $u = x_+^{\alpha} \operatorname{Log}^{m-1} x_+$ (cf. par exemple Gelfand et Chilov, "les distributions", tome 1) est solution générique de $(xD-\alpha)^m u=0$ pour tout $\alpha \neq -1,-2,\ldots$. Le

$\mathcal{D}$-module engendré par cette distribution contient $(xD-\alpha)^{m-1}u \sim x^{\alpha} H(x)$ (où H est la distribution de Heaviside), et si $\alpha \in \mathbb{N}$ il contient donc aussi la distribution de Dirac $\delta \sim D^{\alpha+1} (x^{\alpha} H(x))$.

L'homomorphisme de localisation $M \longrightarrow M_{(z)}$ peut s'interpréter comme une "restriction des distributions en dehors de l'origine". Si $\alpha \in \mathbb{N}$ il a donc pour noyau le module $\mathcal{D}\delta$ de toutes les distributions portées par l'origine, et pour image un $\mathcal{D}$-module isomorphe à

$$\begin{aligned}\mathcal{D}\mathrm{Log}^{m-1}z &= \mathcal{D}/\mathcal{D}\,(D(zD)^{m-1})\\ &= \mathcal{O}\,\mathrm{Log}^{m-1}z \oplus \mathcal{K}\mathrm{Log}^{m-2}z \oplus \ldots \oplus \mathcal{K}\mathrm{Log}z \oplus \mathcal{K}1\end{aligned}$$

qui est strictement plus petit que son localisé

$$\begin{aligned}M_{(z)} &= \mathcal{D}\frac{1}{z}\,\mathrm{Log}^{m-1}z = \mathcal{D}/\mathcal{D}\,(Dz)^{m}\\ &= \mathcal{K}\,\mathrm{Log}^{m-1}z \oplus \mathcal{K}\,\mathrm{Log}^{m-2}z \oplus \ldots \oplus \mathcal{K}\,\mathrm{Log}z \oplus \mathcal{K}1\end{aligned}$$

11.5. Systèmes différentiels ordinaires.

Nous appellerons "système différentiel ordinaire" tout $\mathcal{D}$-Module holonome à une variable. L'étude du comportement des systèmes différentiels ordinaires par localisation conduit à distinguer les cas suivants.

11.5.1. Connexions méromorphes : Ce sont les systèmes du type 11.1 (égaux à leur localisé). Plus généralement dans le cas de n variables, on appelle "connexion méromorphe", à pôle sur l'hypersurface f=0, la donnée d'une structure de $\mathcal{D}$-Module sur un $\mathcal{O}\left[\frac{1}{f}\right]$ -Module localement libre de type fini.
Un théorème de Kashiwara (1977) assure que toute connexion méromorphe est un $\mathcal{D}$-Module cohérent (et même holonome), ce qui n'est nullement évident même dans le cas d'une variable (mais le théorème 11.6 nous permettra de retrouver ce résultat dans le cas des connexions méromorphes "à singularité régulière").
Les connexions méromorphes à une variable sont donc bien des "systèmes différentiels ordinaires".

11.5.2. Systèmes différentiels ordinaires à support l'origine :

Ce sont ceux dont le localisé est nul.

Exemple : $\mathcal{D}\delta$ (Module des distributions à support l'origine).

Proposition : Tout système différentiel ordinaire M à support l'origine est une somme directe finie de copies de $\mathcal{D}\delta$.

Preuve : Tout $u \in M$ est annulé par une puissance de z, de sorte qu'on a un épimorphisme de $\mathcal{D}$-modules :

$$\mathcal{D}\delta \longrightarrow \mathcal{D}z^{m-1}u$$

où m est la plus petite puissance de z qui annule u.

Cet épimorphisme est nécessairement un isomorphisme, car $\mathcal{D}\delta$ est un module simple (chacun de ses éléments non nuls l'engendre). M contient donc un sous-module N isomorphe à $\mathcal{D}\delta$; si M/N = 0 c'est terminé, sinon on recommence avec M/N,... et ce processus itéré finit par s'arrêter puisque M est noethérien. Supposons donc, par hypothèse de récurrence noethérienne, que $M/N \approx \oplus\mathcal{D}\delta$.

Pour démontrer la proposition pour M il suffit d'appliquer le

Lemme : Toutes les extensions de $\mathcal{D}\delta$ par lui-même sont triviales.

Exercice : Démontrer ce lemme, en remarquant que la multiplication par x est surjective dans $\mathcal{D}\delta$.

Remarque : La proposition ci-dessus est encore vraie à n variables, mais le lemme est plus difficile à démontrer : pour le détail de la démonstration (dont l'idée revient à Kashiwara) cf. B. Malgrange : Le polynôme de Bernstein d'une singularité isolée in Lecture Notes in Maths n° 459 (1975).

11.5.3. Proposition : Tout système différentiel ordinaire M a pour localisé $M_{(z)}$ une connexion méromorphe. Le noyau de l'homomorphisme de localisation est un système différentiel à support l'origine.

On a la suite exacte canonique

(*) $0 \longrightarrow {}^{\tau}M \longrightarrow M \longrightarrow M_{(z)}$

où ${}^{\tau}M$ est le sous-$\mathscr{D}$-Module de M formé par les éléments qui sont de torsion sur $\mathcal{O}$. Comme la localisation est un foncteur exact, défini dans la catégorie des $\mathcal{O}$-Modules, une bonne filtration de M devient après localisation une filtration par des $\mathscr{K}$-espaces vectoriels de dimension finie. Si M est holonome cette filtration est stationnaire, car l'holonomie signifie dans le cas d'une seule variable que GrM est annulé par une puissance de $z\zeta$, de sorte que $\mathrm{Gr}\, M_{(z)}$ est annulé par une puissance de ζ. Le localisé $M_{(z)}$ est donc une connexion méromorphe, donc un $\mathscr{D}$-Module cohérent d'après 11.5.1. Il en résulte que le noyau ${}^{\tau}M$ est aussi $\mathscr{D}$-cohérent, et du type 11.5.2.

11.6. Connexions méromorphes à singularités régulières.

Soit M un germe de connexion méromorphe de rang m (c.à.d. de dimension m sur le corps $\mathscr{K}$).

On appelle "réseau" de M tout sous $\mathcal{O}$-module $R \subset M$ libre de rang m, c.à.d. tout sous-$\mathcal{O}$-module engendré (sur $\mathcal{O}$) par une base de M (sur $\mathscr{K}$).

Un réseau R est dit "saturé" s'il est stable par l'opération zD. De la relation de commutation $[zD,g] = z\frac{\partial g}{\partial z}$ $(g \in \mathcal{O})$ on déduit immédiatement qu'un réseau est saturé si (et seulement si) la matrice (a_{ij}) représentant la structure différentielle (1) dans une base du réseau a au plus un pôle simple.

Théorème : Pour un germe de connexion méromorphe M les propriétés suivantes sont équivalentes :

i) M admet un réseau saturé ;

ii) M admet une base (sur $\mathscr{K}$) dans laquelle l'opération zD est donnée par une matrice à coefficients constants ;

iii) M est isomorphe à une somme directe finie de $\mathscr{D}$-modules du type $\mathscr{D}/\mathscr{D}(zD-\alpha)^m \;\widetilde{\to}\; \mathscr{D}z^{\alpha}\,\mathrm{Log}^{m-1}z,\ \alpha \notin \mathbb{N}$

Définition : On dit que M est à singularité régulière si elle vérifie l'une des conditions équivalentes ci-dessus.

Preuve : Pour tout réseau saturé R , l'opération zD envoie zR dans lui-même (d'après la relation de commutation $[zD,z] = z$) donc induit par passage au quotient un endomorphisme linéaire

$$\overline{zD} : R/zR \circlearrowleft$$

(endomorphisme d'espace vectoriel à m dimensions).

11.6.1. LEMME-clef : Supposons que l'endomorphisme linéaire $\overline{zD}$ n'ait pas deux valeurs propres différant par un nombre entier non nul. Alors le réseau R admet une base dans laquelle l'opération zD est donnée par une matrice à coefficients constants.

On pourra trouver la démonstration de ce lemme-clef par exemple dans Wasow, Asymptotic expansions for ordinary differential equations (Théorèmes 5.1. et 5.3).

Si l'on part d'un réseau saturé R arbitraire, il n'est pas toujours possible de satisfaire la condition ii) par une base de ce réseau. Il faut commencer par modifier le réseau de départ pour l'amener à vérifier l'hypothèse du lemme 11.6.1. Ceci est possible par une succession judicieuse de transformations du type décrit dans le lemme suivant (transformations de "shearing") :

11.6.2. lemme :

Soit α une valeur propre de $\overline{zD}$: $R/zR \circlearrowleft$ de multiplicité r, et soit $R = E \oplus F$ une décomposition qui après passage au quotient par zR donne la "décomposition de Jordan partielle"

$$R/zR = \mathrm{Ker}\,(\overline{zD} - \alpha)^r \oplus \mathrm{Im}(\overline{zD} - \alpha)^r$$

Alors le nouveau réseau défini par $R' = E' \oplus F$, avec

$E' = zE$ [resp. $E' = z^{-1} E$]

est aussi saturé, et son endomorphisme $\overline{zD}' : R'/zR' \circlearrowleft$ a les mêmes valeurs propres que $\overline{zD}$ à l'exception de la valeur propre α qui est remplacé par $\alpha' = \alpha+1$ [resp. $\alpha' = \alpha-1$] . De plus,

$$\mathrm{Ker}(\overline{zD}' - \alpha')^r = zE \ \underline{\mathrm{mod}}.\ zR'$$

Ce lemme se démontre facilement en remarquant que

$$(zD - (\alpha+1))^r \circ z = z \circ (zD - \alpha)^r.$$

Ayant ainsi esquissé la démonstration (classique) de l'implication i) $\Rightarrow$ ii), il nous reste à démontrer l'implication ii) $\Rightarrow$ iii) (l'implication iii) $\Rightarrow$ i) est évidente).

En mettant la matrice de ii) sous forme de Jordan, on voit que $M_{(z)}$ est isomorphe à une somme directe de $\mathcal{D}$-modules du type

$$\mathcal{K}^r_{(\alpha)} \begin{cases} = \mathcal{K}u_1 \oplus \mathcal{K}u_2 \oplus \ldots \oplus \mathcal{K}u_r \text{ muni de la loi} \\ D \begin{pmatrix} u_1 \\ u_2 \\ \vdots \\ u_r \end{pmatrix} = \frac{1}{z} \begin{pmatrix} \alpha & 1 & & 0 \\ & \alpha & 1 & \\ & & \ddots & 1 \\ 0 & & & \alpha \end{pmatrix} \begin{pmatrix} u_1 \\ u_2 \\ \vdots \\ u_r \end{pmatrix} \end{cases}$$

qui est bien isomorphe à $\mathcal{D}/\mathcal{D}(zD-\alpha)^m$ si $\alpha \notin \mathbb{N}$ (et une transformation de shearing convenable permet toujours de se ramener au cas $\alpha \notin \mathbb{N}$).

11.7. Notion générale de "singularité régulière" pour un système différentiel ordinaire.

On dit qu'un germe de système différentiel ordinaire M est à singularité régulière s'il remplit l'une des conditions équivalentes suivantes :

i) M peut être engendré sur $\mathcal{D}$ par un sous-$\mathcal{O}$-module noethérien S stable par zD ;

ii) tout $\mathcal{O}$-module noethérien $R \subset M$ est contenu dans un $\mathcal{O}$-module noethérien stable par zD ;

ii') pour tout $\mathcal{O}$-module noethérien $R \subset M$, la suite de $\mathcal{O}$-modules noethériens

$R \subset R + zDR \subset \ldots \subset R + (zD)\, R \ldots + (zD)^r R \subset \ldots$

est stationnaire pour r assez grand.

L'équivalence ii) $\Leftrightarrow$ ii)' est évidente((ii) $\Rightarrow$ ii)' utilise la condition de chaîne ascendante de Noether).

Pour montrer que i) $\Rightarrow$ ii), il suffit d'écrire $M = \varinjlim_r \mathcal{D}^{(r)}S$, et de remarquer que R, étant noethérien, est contenu dans $\mathcal{D}^{(r)}S$ pour r assez grand ; or $\mathcal{D}^{(r)}S$ est comme S un $\mathcal{O}$-module noethérien stable par zD.

Pour montrer que ii) $\Rightarrow$ i) il suffit de partir d'un $\mathcal{O}$-module noethérien R qui engendre M sur $\mathcal{D}$; d'après ii) R est contenu dans un $\mathcal{O}$-module noethérien S stable par zD, et bien sûr S engendre M sur $\mathcal{D}$.

11.7.1. Cas des connexions méromorphes : équivalence avec la définition 11.6.

Il est clair que pour une connexion méromorphe la notion 11.6 de "singularité régulière" équivaut au critère ii) ci-dessus (ou encore : tout réseau est inclus dans un réseau saturé).

11.7.2. Tout système différentiel à support l'origine est à singularité régulière.

En effet $\mathcal{D}\delta$ est engendré par $S = \mathcal{O}\delta = \mathcal{O}/(z)$ qui est évidemment stable par zD (on peut aussi prendre $S = \mathcal{O}\delta^{(r)} = \mathcal{O}/(z)^{r+1}$).

11.7.3. Conservation de la régularité par les opérations "quotient", "sous-module", "extension".

Si M est à singularité régulière, tout $\mathcal{D}$-module quotient de M est à singularité régulière (appliquer le critère i)) ; tout sous-module de M est à singularité régulière (appliquer le critère ii)) ; si N et M sont à singularité régulière toute extension de N par M est à singularité régulière (appliquer le critère ii)').

Corollaire : M est à singularité régulière si et seulement s'il en est de même de son localisé $M_{(z)}$.

En effet on a une suite exacte

$$0 \longrightarrow {}^{\tau}M \longrightarrow M \longrightarrow M_{(z)} \longrightarrow M^{*} \longrightarrow 0$$

dont les termes extrêmes (noyau et conoyau de l'homomorphisme de localisation) sont des sytèmes différentiels à support l'origine, donc à singularité régulière d'après 11.7.2.

11.8. Début d'inventaire des systèmes à singularité régulière.

11.8.1. $M = \oplus\ \mathcal{D}/\mathcal{D}\ (zD-\alpha)^{m}$, $\alpha \notin \mathbb{N}$, c.à.d. :

$M \simeq \oplus\ \mathcal{D} z^{\alpha}\ \mathrm{Log}^{m-1} z$.

Ces systèmes sont caractérisés (parmi tous les systèmes à singularité régulière) par la propriété que l'opérateur $z : M \circlearrowleft$ est inversible (systèmes égaux à leur localisé $M_{(z)}$, c.à.d. connexions méromorphes : cf. Théorème 1.6).

11.8.2. $M = \oplus\ \mathcal{D}/\mathcal{D}\ (zD-\alpha)^{m}$, $\alpha \neq -1,-2,\ldots$ c.à.d. :

$M \simeq \oplus \mathcal{D} x_{+}^{\alpha}\ \mathrm{Log}^{m-1}\ x_{+}$.

Ces systèmes ont la propriété que l'opérateur $D : M \circlearrowleft$ est inversible, et nous allons voir que cette propriété les caractérise parmi tous les systèmes à singularité régulière. On peut aussi les caractériser par la propriété d'être égaux à leur "micro-localisé" (cf. 2è Partie, n°4.4.3).

Pour prouver l'assertion précédente, considérons un système différentiel ordinaire M à singularité régulière (sans autre hypothèse pour l'instant). Soit $S \subset M$ un sous-$\mathcal{O}$-module noethérien, stable par zD, et tel que l'image $\bar{S}$ de S dans $M_{(z)}$ soit un réseau (saturé). Comme $S \cap {}^{\tau}M$ est un $\mathcal{O}$-module noethérien de torsion, il est annulé par z^k pour k assez grand, de sorte que z^kS est <u>isomorphe à son image</u> $z^k\bar{S}$, qui est un réseau saturé de $M_{(z)}$. D'après la démonstration du thèorème 11.6, ce réseau saturé contient un réseau du type 11.6.1., et l'on en conclut qu'on peut choisir dans M une liste d'éléments $u_1, u_2, \ldots, u_m$, dont les classes dans $M_{(z)}$ forment une base de $M_{(z)}$ sur $\mathcal{K}$, et tels que

$$zD\, u_i = \sum_{j=1}^{m} c_{ij}\, u_j \qquad c_{ij} \in \mathbb{C}$$

En mettant la matrice (c_{ij}) sous forme de Jordan on en déduit le

<u>Lemme</u> : <u>pour tout système M à singularité régulière il existe un homomorphisme de $\mathcal{D}$-modules de la forme</u>

$$\oplus\ \mathcal{D}/\mathcal{D}\,(zD-\alpha)^m \longrightarrow M$$

<u>qui induit un isomorphisme par passage au localisé (de sorte que le noyau et le conoyau de cet homomorphisme sont à support l'origine</u>).

Supposons maintenant que $D : M \circlearrowleft$ soit inversible. Quitte à avoir choisi la puissance k de z assez grande dans la démonstration ci-dessus, on peut supposer que $\alpha \neq -1, -2, \ldots,$ de sorte que l'opérateur D est inversible aussi dans le $\mathcal{D}$-module source de l'homomorphisme. Etant inversible à la source et au but il est donc inversible aussi dans le noyau et le conoyau, mais comme ceux-ci sont à support l'origine ils sont nécessairement nuls car l'opérateur D n'est pas inversible dans $\mathcal{D}\delta$.

11.8.3. Où le lecteur est invité à poursuivre l'inventaire.

Il est facile de dresser la liste de tous les sous-$\mathscr{D}$-modules de la connexion méromorphe $\mathscr{D}/\mathscr{D}(zD-\alpha)^m \simeq \mathscr{D}z^\alpha \mathrm{Log}^{m-1} z$ $(\alpha \notin \mathbb{N})$: si $\alpha \notin \mathbb{Z}$ les seuls sous-modules sont les $\mathscr{D}z^\alpha \mathrm{Log}^k z$ $(k \le m-1)$, tandis que si $\alpha=-1$ on trouve deux types de sous-modules : les $\mathscr{D}\frac{1}{z}\mathrm{Log}^k z$ et les $\mathscr{D}\mathrm{Log}^k z$ $(k \le m-1)$.

Pourtant il ne faut pas croire qu'une connexion méromorphe à singularité régulière (c.à.d. du type 11.8.1) admette comme seuls sous $\mathscr{D}$-modules des sommes directes de sous-$\mathscr{D}$-modules du type précédent. Voici un contre-exemple.

11.8.4. Exemple-surprise.

Soit M le $\mathscr{D}$-module présenté par deux générateurs u_1 et u_2 avec les deux relations

$DzDu_1 = 0$, $Dz\,u_2 = Du_1$.

On peut le voir comme une extension

$$\begin{array}{ccccccccc}
0 & \longrightarrow & \mathscr{D}u_1 & \longrightarrow & M & \longrightarrow & \mathscr{D}\bar{u}_2 & \longrightarrow & 0 \\
 & & & & & & \| & & \\
 & & \mathscr{D}/\mathscr{D}\,Dz\,D & & & & \mathscr{D}/\mathscr{D}\,Dz & & \\
 & & \| & & & & \| & & \\
 & & \mathscr{D}\mathrm{Log}\,z & & & & \mathscr{D}\frac{1}{z} & &
\end{array}$$

Cette extension n'est pas triviale, bien qu'elle donne par localisation une extension triviale du type 11.8.1. :

$$M_{(z)} = \mathscr{D}\frac{1}{z}\ \mathrm{Log}\,z \oplus \mathscr{D}\frac{1}{z}.$$

En effet une section $\sigma : \mathscr{D}\bar{u}_2 \longrightarrow M$ de la projection $M \longrightarrow \mathscr{D}\bar{u}_2$ devrait être de la forme

$\sigma(\bar{u}_2) = u_2 + w$, $w \in \mathscr{D}u_1$, avec, puisque $Dz\,\bar{u}_2 = 0$,

$0 = Dz(u_2+w) = Du_1 + Dzw$; autrement dit $D\,u_1 = \frac{1}{z}$ devrait admettre une primitive zw divisible par z, ce qui n'est pas le cas dans $\mathscr{D}u_1 = \mathscr{D}\mathrm{Log}\,z$.

Par contre c'est le cas dans $\mathscr{D}\frac{1}{z}$ Log z, et c'est pourquoi l'extension se trivialise après localisation :

$$M_{(z)} = \mathscr{D}v_1 \oplus \mathscr{D}v_2, \text{ avec}$$

$$v_1 = \frac{u_1}{z} \text{ solution générique de } (Dz)^2\, v_1 = 0$$

et $v_2 = u_2 - \frac{u_1}{z}$ solution générique de $Dz\, v_2 = 0$.

12. Images réciproques.

12.1. Définition locale de l'image réciproque.

Soit $f : (X,x_o) \longrightarrow (Y,y_o)$ un germe d'application analytique de variétés.
Il lui correspond un homomorphisme d'algèbres analytiques

$$f^* : \mathcal{O}_{Y,y_o} \longrightarrow \mathcal{O}_{X,x_o}$$

$$b_{y_o} \longmapsto (b \circ f)_{x_o}$$

qui fait de $\mathcal{O}_{X,x_o}$ une $\mathcal{O}_{Y,y_o}$-algèbre.

Pour tout $\mathcal{O}_{Y,y_o}$-module M, on pose

$$f^*M = \mathcal{O}_{X,x_o} \otimes_{\mathcal{O}_{Y,y_o}} M :$$

c'est un $\mathcal{O}_{X,x_o}$-module, appelé image réciproque de M par f.

Nous allons maintenant prendre en compte les structures de $\mathcal{D}$-modules de $\mathcal{O}_{X,x_o}$ et $\mathcal{O}_{Y,y_o}$, structures reliées par la formule de dérivation d'une fonction composée :

$$\frac{\partial}{\partial x_i} f^*(b) = \sum_{j=1}^{p} \frac{\partial f_j}{\partial x_i} . f^* \left(\frac{\partial b}{\partial y_j}\right)$$

(dans des coordonnées locales $x_1,\ldots,x_n$ de X, $y_1,\ldots,y_p$ de Y, avec $f_j = y_j \circ f$).

Lemme : Supposons que la structure de $\mathcal{O}_{Y,y_o}$-module de M s'étende en une structure de $\mathcal{D}_{Y,y_o}$-module à gauche. Alors la structure de $\mathcal{O}_{X,x_o}$-module de f^*M s'étend canoniquement en une structure de $\mathcal{D}_{X,x_o}$-module à gauche telle que

$$(*) \quad D_{x_i}(a \otimes w) = \frac{\partial a}{\partial x_i} \otimes w + \sum_{j=1}^{p} a \frac{\partial f_j}{\partial x_i} \otimes D_{y_j} w.$$

Preuve :

i) La formule (*) est bien définie sur le produit tensoriel :

il s'agit de vérifier que pour tout $b \in \mathcal{O}_{Y,y_0}$ la formule (*) donne le même résultat pour $D_{x_i}(af^*(b) \otimes w)$ et pour $D_{x_i}(a \otimes b\, w)$. La vérification est immédiate, grâce à la formule de dérivation d'une fonction composée.

ii) La formule (*) a la bonne variance par changements de coordonnées :
pour les changements de coordonnées à la source c'est évident, puisque le second membre a la même variance que $\frac{\partial}{\partial x_i}$; pour les changements de coordonnées au but l'invariance du second membre résulte du fait que les df_j et les D_{y_j} se transforment de façon contragrédiente.

iii) Relations de commutation.

On vérifie immédiatement que

$(D_{x_i} D_{x_j} - D_{x_j} D_{x_i})(a \otimes w) = 0$ et que pour tout $g \in \mathcal{O}_{X,x}$

$(D_{x_i} g - g D_{x_i})(a \otimes w) = \frac{\partial g}{\partial x_i} a \otimes w$, relations qui permettent de définir une action à gauche de $\mathcal{D}_{X,x}$ sur f^*M (par itération des opérations D_{x_i} et des opérations de multiplication par des fonctions, comme dans 5.1).

Conclusion : L'image réciproque f^*M d'un $\mathcal{D}_{Y,y_0}$-module à gauche M est munie d'une structure intrinsèque de $\mathcal{D}_{X,x_0}$-module à gauche.

12.2. Cas particuliers remarquables.

12.2.1. Cas où f est une submersion.

C'est le cas facile.

Dans des coordonnées locales f peut s'écrire

$f : \mathbb{C}^{p+q} \longrightarrow \mathbb{C}^p$ (cas complexe, pour fixer les idées),

$\quad y,z \longmapsto y$

et $f^*M = \mathbb{C}\{y,z\} \otimes_{\mathbb{C}\{y\}} M$.

La formule 12.1. (*) s'explicite ainsi :

$$\begin{cases} D_y(a \otimes w) = \frac{\partial a}{\partial y} \otimes w + a \otimes D_y w \\ D_z(a \otimes w) = \frac{\partial a}{\partial z} \otimes w \end{cases}$$

ce qui donne en particulier

$$\begin{cases} D_y(1 \otimes w) = 1 \otimes D_y w \\ D_z(1 \otimes w) = 0 \end{cases}$$

Ainsi, si M est un germe de système différentiel à l'origine de $\mathbb{C}^p$, présenté par générateurs $w_1,\dots,w_k$ et relations $\rho_1,\dots,\rho_r \in \mathcal{D}^k_{\mathbb{C}^p,0}$, son image réciproque f^*M sera un système différentiel à l'origine de $\mathbb{C}^{p+q}$ présenté par les générateurs $1 \otimes w_1,\dots, 1 \otimes w_k$ et les mêmes relations $\rho_1,\dots,\rho_r \in \mathcal{D}^k_{\mathbb{C}^{p+q},0}$ (relations $\rho_j(y,D_y)$ indépendantes de z,D_z) <u>auxquelles il faudra adjoindre les relations</u> $D_z(1 \otimes w_k) = 0$: c'est en quelque sorte le système différentiel "constant dans la direction z, et égal à M dans la direction y".

<u>Exemple (cas réel)</u> : L'image réciproque par la submersion

$f : \mathbb{R}^{p+q} \longrightarrow \mathbb{R}^p$ du module $M = \mathcal{D}_{\mathbb{R}^p,0}\,\delta_{(y)}$ engendré par la distribution

$(y,z) \longmapsto y$

de Dirac à l'origine de $\mathbb{R}^p$ est le module $f^*M = \mathcal{D}_{\mathbb{R}^{p+q},0}\,\delta_{(y)}$ engendré par la distribution de Dirac portée par la sous-variété $\mathbb{R}^q = f^{-1}(0)$ (module des "couches multiples" portées par la sous-variété $f^{-1}(0)$).

A la présentation $M = \mathcal{D}_{\mathbb{R}^p,0} / \mathcal{D}_{\mathbb{R}^p,0}\, y_1 + \dots + \mathcal{D}_{\mathbb{R}^p,0}\, y_p$ de $\mathcal{D}_{\mathbb{R}^p,0}\,\delta_{(y)}$ correspond la présentation

$$f^*M = \mathcal{D}_{\mathbb{R}^{p+q},0} / \mathcal{D}_{\mathbb{R}^{p+q},0}\, y_1 + \dots + \mathcal{D}_{\mathbb{R}^{p+q},0}\, y_p + \mathcal{D}_{\mathbb{R}^{p+q},0}\, D_{z_1} + \dots + \mathcal{D}_{\mathbb{R}^{p+q},0}\, D_{z_q}$$

de $\mathcal{D}_{\mathbb{R}^{p+q},0}\,\delta_{(y)}$

12.2.2. Cas où f est une immersion.

C'est le cas intéressant.

Dans des coordonnées locales f peut s'écrire

$f : \mathbb{C}^n \longrightarrow \mathbb{C}^{n+q}$ (cas complexe),

$x \longmapsto (x, z=0)$

et $f^* : \mathbb{C}\{x,z\} \longrightarrow \mathbb{C}\{x\}$

$b(x,z) \longmapsto b(x,0)$

est l'homomorphisme de passage au quotient par

l'idéal $(z) = (z_1,\ldots,z_q)$.

Ainsi $f^*M = M/(z)M = M/z_1M + \ldots + z_qM$,

et si M est un $\mathcal{D}_{\mathbb{C}^{n+q},0}$-module la formule 12.1 (*) donne $D_{x_i}[w] = [D_{x_i}w]$, où $[w] = 1 \otimes w$ est la classe de w modulo (z)M. Autrement dit la structure de $\mathcal{D}_{\mathbb{C}^n,0}$-module de $f^*M = M/(z)M$ se déduit de celle de M en remarquant que les $D_{x_1},\ldots,D_{x_n}$ commutent avec $z_1,\ldots,z_q$ et passent donc au quotient par (z)M.

12.2.3. Remarque : Le cas des immersions contient toute la richesse de la notion d'image réciproque. En effet une application quelconque $f : X \longrightarrow Y$ peut toujours se décomposer en $f = \pi \circ j$, où π est la deuxième projection $\pi : X \times Y \longrightarrow Y$ et j l'immersion associée au graphe de f
$(x,y \longmapsto y)$

$$j : X \longrightarrow X \times Y$$
$$x \longmapsto x,f(x)$$

Par "fonctorialité de l'image réciproque", l'opération f^* s'écrit $j^* \circ \pi^*$, composée de l'opération triviale π^* (du type 12.2.1.), et de l'opération j^* (du type 12.2.2).

12.2.4. Un exemple non trivial d'image réciproque.

La théorie standard des distributions ne permet pas de définir la distribution image réciproque de δ (distribution de Dirac à l'origine) par une application f qui n'est pas une submersion, disons par exemple

$$f : \mathbb{R} \longrightarrow \mathbb{R} \qquad (m \geq 2).$$
$$x \longmapsto y=x^m$$

Pourtant le système différentiel dont δ est solution générique admet pour image réciproque un système différentiel, dont une solution générique est $\delta^{(m-1)}$. De façon précise :

i) $1 \otimes \delta$ engendre $f^*(\mathcal{D}\delta)$ comme $\mathcal{D}$-module, et a pour annulateur l'idéal à gauche engendré par x^m et $xD_x + m$;

ii) cet idéal est précisément l'annulateur de $\delta^{(m-1)}$ ((m-1)-ième dérivée de la distribution de Dirac).

En ce sens on peut donc dire que l'image réciproque de δ par f est $\delta^{(m-1)}$ (ou n'importe quel multiple de $\delta^{(m-1)}$!).

La démonstration des affirmations précédentes est laissée en exercice au lecteur. Il est très facile de voir que l'élément $1 \otimes \delta$ est solution des équations $x^m(1 \otimes \delta) = 0$ et $(x\, D_x+m)(1 \otimes \delta) = 0$, mais il est plus difficile de vérifier qu'il en est solution générique, et surtout qu'il engendre le $\mathcal{D}$-module $f^*(\mathcal{D}\delta)$: pour ce dernier point, on pourra établir par récurrence les formules

$$D_x^{mk+\ell}(1 \otimes \delta) = c_{k,\ell}\, x^{m-\ell} \otimes D_y^{k+1}\delta \qquad (\ell = 0,1,\dots,m)$$

(où les $c_{k\ell}$ sont des nombres $\neq 0$, à déterminer)

d'où l'on déduit en particulier pour $\ell = m$,

$$1 \otimes D_y^{k+1}\delta = \frac{1}{c_{k,m}} D_x^{(k+1)m} (1 \otimes \delta).$$

12.3. Point de vue global.

Soit $f : X \longrightarrow Y$ une application analytique de variétés, et soit M un faisceau de $\mathcal{O}_Y$-modules. La construction 12.1 nous donne pour chaque $x \in X$ un $\mathcal{O}_{X,x}$-module $(f^*M)_x = \mathcal{O}_{X,x} \otimes_{\mathcal{O}_{Y,f(x)}} M_{f(x)}$, et ces $\mathcal{O}_{X,x}$-modules se recollent en un faisceau sur X, noté

$$f^*M = \mathcal{O}_X \otimes_{f^{-1}\mathcal{O}_Y} f^{-1} M$$

(la notation f^{-1} désigne l'opération "image réciproque au sens des faisceaux" : $f^{-1}M$ est le faisceau sur X dont la fibre en x est $M_{f(x)}$; il ne faut pas confondre l'opération "pauvre" qu'est f^{-1} avec l'opération "riche" qu'est f^*, "image réciproque au sens des Modules").

Supposons maintenant que M soit un Module cohérent, et demandons nous ce qu'il en est de f^*M. Il faut bien distinguer le cas des $\mathcal{O}$-Modules de celui des $\mathcal{D}$-Modules.

PROPOSITION 12.3.1. Soit M un $\mathcal{O}_Y$-Module cohérent. Alors,

i) f^*M est un $\mathcal{O}_X$-Module cohérent ;

ii) pour tous polycylindres (ouverts ou fermés) $U \subset X$, $V \subset Y$ tels que $U \subset f^{-1}(V)$, l'homomorphisme canonique

$$\mathcal{O}_X(U) \otimes_{\mathcal{O}_Y(V)} M(V) \longrightarrow (f^*M)(U)$$

est un isomorphisme.

Commentaires : La partie ii) de la proposition nous dit que sur un polycylindre la construction de l'image réciproque peut se faire globalement de façon algébrique, exactement comme la construction locale 12.1. : à partir de l'homomorphisme d'algèbres

$$f^* : \mathcal{O}_Y(V) \longrightarrow \mathcal{O}_X(U)$$
$$b \longmapsto b \circ f$$

on construit le produit tensoriel $\mathcal{O}_X(U) \underset{\mathcal{O}_Y(V)}{\otimes} M(V)$.

La flèche de ce produit tensoriel dans $(f^*M)(U)$ est celle induite par l'application $\mathcal{O}_Y(V)$-bilinéaire

$$\mathcal{O}_X(U) \times M(V) \longrightarrow (f^*M)(U)$$
$$a\ ,\ w \longmapsto (x \longmapsto a_x \otimes w_{f(x)} \in (f^*M)_x).$$

<u>Preuve de 12.3.1</u>

i) Le foncteur f^* s'obtient par composition du foncteur f^{-1} (qui est un foncteur exact) et du foncteur $\mathcal{O}_X \underset{f^{-1}(\mathcal{O}_Y)}{\otimes}$ (qui est exact à droite).

<u>Par conséquent</u> f^* <u>est un foncteur exact à droite</u>.

On l'applique à M qui est un $\mathcal{O}_Y$-Module cohérent c.à.d. localement de présentation finie :

en appliquant à une présentation locale de M

$$(*) \qquad \mathcal{O}_V^p \longrightarrow \mathcal{O}_V^q \longrightarrow M|V \longrightarrow 0$$

le foncteur exact à droite $(f|U)^*$ (où $U = f^{-1}(V)$)

on obtient une suite exacte de faisceaux

$$(**) \qquad \begin{array}{ccccccc} (f|U)^* \mathcal{O}_V^p & \longrightarrow & (f|U)^* \mathcal{O}_V^q & \longrightarrow & (f|U)^* M|V & \longrightarrow & 0 \\ \| & & \| & & \| & & \\ \mathcal{O}_U^p & \longrightarrow & \mathcal{O}_U^q & \longrightarrow & (f^*M)|U & \longrightarrow & 0 \end{array}$$

de sorte que f^*M est bien localement de présentation finie, c.à.d. cohérent.

ii) Supposons maintenant que U et V soient des polycylindres avec $U \subset f^{-1}(V)$. D'après le théorème A de Cartan on a sur V une suite exacte (*), d'où l'on déduit comme ci-dessus une suite exacte (**). Mais d'après le théorème B de Cartan le foncteur section $\Gamma(U,.)$ est exact sur la catégorie des $\mathcal{O}_U$-Modules cohérents. Appliqué à (**) il donne donc la suite exacte de $\mathcal{O}(U)$-modules :

$$(**)' \quad \mathcal{O}^p(U) \longrightarrow \mathcal{O}^q(U) \longrightarrow (f^*M)(U) \longrightarrow 0.$$

Pour la même raison le foncteur $\Gamma(V,.)$ appliqué à (*) donne la suite exacte de $\mathcal{O}(V)$-modules

$$\mathcal{O}^p(V) \longrightarrow \mathcal{O}^q(V) \longrightarrow M(V) \longrightarrow 0$$

d'où l'on déduit par application du foncteur $\mathcal{O}(U) \underset{\mathcal{O}(V)}{\otimes}$ (exact à droite) la suite exacte

$$(*)' \quad \mathcal{O}^p(U) \longrightarrow \mathcal{O}^q(U) \longrightarrow \mathcal{O}(U) \underset{\mathcal{O}(V)}{\otimes} M(V) \longrightarrow 0.$$

Il ne reste plus qu'à remarquer que la suite exacte (*)' s'envoie dans (**)' par un homomorphisme évident, qui permet d'appliquer le lemme des cinq.

12.3.2. Cas des $\mathcal{D}$-Modules.

Soit M un $\mathcal{D}_Y$-Module cohérent. Si $V \subset Y$ est un polycylindre <u>assez petit</u> on sait que M est muni sur V d'une bonne filtration, donc que $M|V$ <u>est une limite inductive de</u> $\mathcal{O}_Y|V$-<u>Modules cohérents</u> :

$$M|V = \varinjlim_{m \in \mathbb{N}} (M|V)^{(m)}$$

Comme le foncteur $\varinjlim_{m \in \mathbb{N}}$ commute évidemment avec les foncteurs $\otimes$, f^{-1}, ainsi qu'avec le foncteur "section sur un compact", la partie ii) de la Proposition 12.3.1, vraie pour les $\mathcal{O}_Y$-Modules cohérents, reste encore vraie pour un $\mathcal{D}_Y$-Module cohérent sur un polycylindre compact V assez petit.

Par contre la partie i) de 12.3.1 n'est plus vraie en général, comme le montre l'exemple suivant :

f est l'injection $f : \mathbb{C}^n \longrightarrow \mathbb{C}^{n+q}$

$$x \longmapsto (x,z=0)$$

$M = \mathcal{D}_{\mathbb{C}^{n+q}} \ni \Sigma\, c_{\alpha\beta}(x,z)\ D_x^{\alpha}\ D_z^{\beta}$, de sorte que

$$f^*M = \mathcal{D}_{\mathbb{C}^{n+q}} / z\ \mathcal{D}_{\mathbb{C}^{n+q}} \ni \Sigma\, c_{\alpha\beta}\,(x)\ D_x^{\alpha}\ D_z^{\beta} :$$

f^*M est l'Anneau libre $\mathcal{D}_{\mathbb{C}^n}[D_z]$ des polynômes en D_z à coefficients dans $\mathcal{D}_{\mathbb{C}^n}$, ce n'est donc pas un $\mathcal{D}_{\mathbb{C}^n}$-Module de type fini.

De façon générale, seul un tel"défaut de finitude" peut empêcher l'image réciproque d'un $\mathcal{D}_Y$-Module cohérent d'être cohérente : en effet la condition 6.4 ii) de cohérence (qui demande au module des sections de contenir toute l'information locale sur le faisceau) est toujours vérifiée d'après ce que nous venons de dire sur la validité de 12.3.1 ii) ; seule reste donc à vérifier la condition de finitude 6.4 i), qui est purement algébrique.

12.4. Cohérence de l'image réciproque dans le cas non caractéristique.

Soit $f : X \longrightarrow Y$ une application analytique de variétés.

La collection, indexée par $x \in X$, des applications linéaires cotangentes $(T^*_x f : T^*_{f(x)} Y \longrightarrow T^*_x X)$ peut être considérée comme un morphisme T^*f de fibrés vectoriels de base X, comme indiqué sur le diagramme

$$(12.4.0.) \qquad \begin{array}{ccccc} T^*X & \xleftarrow{T^*f} & X \underset{Y}{\times} T^*Y & \xrightarrow{\tilde{f}} & T^*Y \\ & \searrow & \swarrow & & \swarrow \\ & & X \xrightarrow{f} Y & & \end{array}$$

où $X \underset{Y}{\times} T^*Y$ désigne le fibré de base X, image réciproque par f de T^*Y, c.à.d. l'ensemble des couples $(x \in X, \underline{\eta} \in T^*_{f(x)} Y)$; $\tilde{f}$ est l'application évidente $(x, \underline{\eta}) \longmapsto \underline{\eta}$

12.4.1. Définition : Soit M un système différentiel sur Y, de variété caractéristique (complexifiée) V.

L'application $f : X \longrightarrow Y$ est dite non caractéristique pour M (ou, si l'on préfère, pour V) si le morphisme $T^*f \mid \tilde{f}^{-1}(V)$ est un morphisme fini (c.à.d. une application propre à fibres finies : précisons bien que dans le cas réel on aura pris soin de remplacer tous les morphismes par leurs complexifiés).

En d'autres termes, l'application f est dite non caractéristique si chaque covecteur (complexe) de l'espace source n'est l'image (par l'application cotangente) que d'un nombre au plus fini de "covecteurs caractéristiques" (en appelant "covecteurs caractéristiques" tous les covecteurs $\eta \in V$).

Remarque. Il suffit de vérifier la condition ci-dessus pour les covecteurs nuls de l'espace source.

En effet si la propriété de finitude de la fibre est vraie pour un covecteur nul, elle est vraie pour tous les covecteurs voisins (d'après une propriété générale de semi-continuité de la dimension des fibres des morphismes analytiques complexes propres) ; ainsi la propriété supposée vraie au dessus de la section nulle de T^*X est aussi vraie au dessus de tout un voisinage complexe de cette section nulle, donc partout par raison d'homogénéité (puisqu'on a affaire à un morphisme de "fibrés en cônes").

Exemples. Dans le cas d'une submersion la condition "non caractéristique" est automatique.

Dans le cas d'une immersion elle signifie qu'aucune direction (complexe) conormale à cette immersion n'est une "codirection caractéristique" (direction d'un vecteur caractéristique non nul). En particulier on retrouve ainsi la notion "d'hypersurface non caractéristique pour une équation aux dérivées partielles", qui intervient classiquement dans le problème de Cauchy.

D'autre part si V est une variété holonome irréductible, $V = T^*_{\pi(V)} Y$ (cf. 10.1) une immersion est non caractéristique pour V si et seulement si elle est transverse à $\pi(V)$ (en un sens évident : cf. figure ci-dessous)

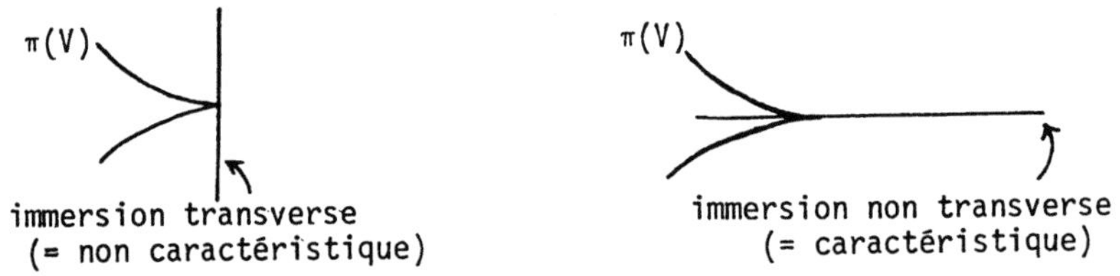

12.4.2. Proposition : L'hypothèse "non caractéristique" 12.4.1. équivaut à la condition suivante :

i) $f^*(\mathrm{Gr}\, M)$ est un faisceau cohérent de $\mathrm{Gr}\, \mathcal{D}_X$-modules

(on suppose M muni d'une bonne filtration permettant de définir Gr M)

D'autre part cette condition i) implique la suivante :

ii) f^*M est un faisceau cohérent de $\mathcal{D}_X$-modules.

Preuve de i) :

A chacun des fibrés vectoriels du diagramme (12.4.0) on peut faire correspondre le faisceau d'anneaux des fonctions analytiques par rapport à la base, polynomiales par rapport à la fibre (en prenant la base du fibré comme base de ce faisceau). Aux morphismes de fibrés vectoriels correspondent les homomorphismes d'Anneaux

$$\mathrm{Gr}\,\mathcal{D}_X \xrightarrow{(T^*f)^*} f^*(\mathrm{Gr}\,\mathcal{D}_Y) \xleftarrow{\tilde{f}^*} \mathrm{Gr}\,\mathcal{D}_Y$$

définis en coordonnées locales par

$$\begin{array}{ccccc} \mathcal{O}_X[\xi_1,\ldots,\xi_n] & \xrightarrow{(T^*f)^*} & \mathcal{O}_X[\eta_1,\ldots,\eta_p] & \xleftarrow{\tilde{f}^*} & \mathcal{O}_Y[\eta_1,\ldots,\eta_p] \\ \xi_i & \longmapsto & \sum_{j=1}^{p} \frac{\partial f_j}{\partial x_i}\eta_j & & \\ & & \sum_\alpha f^*(b_\alpha)\eta^\alpha & \longleftarrow & \sum_\alpha b_\alpha \eta^\alpha \end{array}$$

La variété caractéristique V de M est par définition le "support spectral" du $\mathrm{Gr}\,\mathcal{D}_Y$-Module cohérent Gr M (par cette expression nous entendons résumer la construction 8.3). Son image réciproque $\tilde{f}^{-1}(V)$ est donc le "support spectral" du $f^*(\mathrm{Gr}\,\mathcal{D}_Y)$-Module $f^*(\mathrm{Gr}\,M)$ (également cohérent, déduit du Module Gr M par "l'extension des scalaires" définie par l'homomorphisme $\tilde{f}^*$). Dire que f est non caractéristique pour M revient donc à dire que le $f^*(\mathrm{Gr}\,\mathcal{D}_Y)$-Module cohérent $f^*(\mathrm{Gr}\,M)$ est à support spectral fini au dessus de T^*X par la projection T^*f, condition dont l'équivalence avec i) résulte de la caractérisation suivante de la finitude en géométrie analytique-algébrique : pour qu'un morphisme propre analytique-algébrique ait ses fibres finies il faut et il suffit que l'Anneau structural de l'espace source définisse un Module cohérent sur l'Anneau structural de l'espace but. [référence dans le cas analytique : Séminaire Cartan 1960-61, Géométrie analytique locale II par C. Houzel ; référence dans le cas algébrique : A. Grothendieck, E.G.A. Chap. III, Proposition 4.4.2 ; je ne connais malheureusement pas de référence traitant le cas "analytique-algébrique" qui nous intéresse ici, mais le résultat est "sûrement vrai"].

Preuve de ii).

Comme nous l'avons remarqué à la fin du n°12.3, le problème de la cohérence de f^*M se réduit au problème de finitude que voici : soient $X' \subset X$, $Y' \subset Y$ deux polycylindres fermés quelconques (assez petits) tels que $X' \subset f^{-1}(Y')$; posons pour abréger $M = M(Y')$, et $f^*M = \mathcal{O}(X') \underset{\mathcal{O}(Y')}{\otimes} M$, où $\mathcal{O}(X')$ est munie de la structure de $\mathcal{O}(Y')$-algèbre définie par l'homomorphisme

$$\begin{array}{rccc} f^* : & \mathcal{O}(Y') & \longrightarrow & \mathcal{O}(X') \quad ; \\ & b & \longmapsto & b \circ f \end{array}$$

Problème : f^*M est-il un $\mathcal{D}(X')$-module noethérien ?

Supposant donnée une bonne filtration $(M^{(m)})_{m \in \mathbb{N}}$ de M, on en déduit facilement une filtration de f^*M : en effet le foncteur f^*, appliqué aux inclusions $M^{(m)} \subset M$ ($m \in \mathbb{N}$) donne des homomorphismes (en général non injectifs) $f^*(M^{(m)}) \longrightarrow f^*M$ dont les images notées $(f^*M)^{(m)}$ forment une filtration de f^*M (vérifiant 8.2.i)). D'après l'exercice 8.2.0 notre problème se ramène au suivant :

le module gradué $\mathrm{Gr}\,(f^*M)$ associé à la filtration ci-dessus est-il un $\mathrm{Gr}\,\mathcal{D}(X')$-module noethérien ?

En contemplant le diagramme de suites exactes ci-dessous

$$\begin{array}{ccccccccc}
 & 0 \longrightarrow & M^{(m-1)} & \longrightarrow & M^{(m)} & \longrightarrow & \mathrm{Gr}_m M & \longrightarrow & 0 \\
 & & & & & & & & \text{(foncteur } f^*) \\
 & & f^*(M^{(m-1)}) & \longrightarrow & f^*(M^{(m)}) & \longrightarrow & f^*(\mathrm{Gr}_m M) & \longrightarrow & 0 \\
 & & \downarrow & & \downarrow & & \downarrow & & \\
0 & \longrightarrow & (f^*M)^{(m-1)} & \longrightarrow & (f^*M)^{(m)} & \longrightarrow & \mathrm{Gr}_m(f^*M) & \longrightarrow & 0 \\
 & & \downarrow & & \downarrow & & & & \\
 & & 0 & & 0 & & & &
\end{array}$$

on peut seulement conclure à la surjectivité de l'homomorphisme $f^*(\mathrm{Gr}\ M) \longrightarrow \mathrm{Gr}(f^*M)$, ce qui permet tout de même de donner une condition suffisante (mais non nécessaire !) de finitude :

pour que f^*M soit un $\mathscr{D}(X')$-module noethérien il suffit que $f^*(\mathrm{Gr}\ M)$ soit un $\mathrm{Gr}\ \mathscr{D}(X')$-module noethérien.

Ceci démontre l'implication annoncée i) $\Rightarrow$ ii)

12.5. Cohérence des images réciproques holonomes.

Le n°12.2.4 nous a déjà fourni un exemple où l'image réciproque d'un $\mathscr{D}$-Module cohérent est cohérente, bien que la condition "non caractéristique" 12.4.1. ne soit pas satisfaite. Cet exemple est un cas particulier d'un théorème remarquable démontré récemment par Kashiwara (1977) :

Théorème : L'image réciproque d'un $\mathscr{D}_Y$-Module holonome par une application analytique $f : X \longrightarrow Y$ quelconque est un $\mathscr{D}_X$-Module holonome (donc en particulier cohérent).

13. Choses vues à droite et à gauche.

13.1. Transposition des opérateurs différentiels dans $\mathbb{R}^n$ ou $\mathbb{C}^n$.

Dans $\mathbb{R}^n$ ou $\mathbb{C}^n$ on a la notion de transposition d'un opérateur différentiel : c'est l'involution linéaire $P \longmapsto P^T$ de $\mathcal{D}$ caractérisée par les propriétés suivantes

i) $(PQ)^T = Q^T P^T$;

ii) si $a \in \mathcal{O}$, $a^T = a$;

iii) $D_{x_i}^T = - D_{x_i}$

La transposition permet de transformer toute action à gauche de $\mathcal{D}$ sur un espace vectoriel M en une action à droite (et inversement), en posant pour tous $P \in \mathcal{D}$, $m \in M$:

$$mP = P^T m.$$

Ainsi, tant qu'on reste dans l'espace euclidien et qu'on ne se préoccupe pas du caractère intrinsèque des opérations effectuées, rien ne distingue les $\mathcal{D}$-modules à gauche des $\mathcal{D}$-modules à droite.

13.2. Point de vue intrinsèque : Ω_X vu comme $\mathcal{D}_X$-Module à droite.

Il est clair que ce qui précède ne se généralise pas sans précautions aux variétés : par exemple si un champ de vecteur ξ sur une variété à n dimensions X est écrit dans des coordonnées locales

$$\xi = \sum_{i=1}^{n} a_i(x) \frac{\partial}{\partial x_i}$$

l'expression transposée $- \sum_{i=1}^{n} \frac{\partial}{\partial x_i} \circ a_i(x)$ ne définit pas un opérateur différentiel sur X, car son action sur $\mathcal{O}_X$ dépend du choix des coordonnées locales. On se sort de cette difficulté en faisant agir l'expression transposée, non pas sur les fonctions, mais sur les formes différentielles de degré maximum : si une telle forme est écrite dans des coordonnées locales

$$\omega = g(x)\, dx_1 \wedge dx_2 \wedge \ldots \wedge dx_n$$

l'expression

$$- \sum_{i=1}^{n} \frac{\partial}{\partial x_i} (a_i(x) g(x))\, dx_1 \wedge dx_2 \wedge \ldots \wedge dx_n$$

représente une forme différentielle sur X qui ne dépend que de ξ et pas du choix des coordonnées locales (on peut le vérifier par calcul direct, ou bien remarquer qu'il s'agit là de l'expression en coordonnées locales de $- L_\xi \omega$, où L_ξ désigne la "dérivée de Lie" dans la direction du champ de vecteur ξ).

On en déduit plus généralement qu'on peut définir une action à droite, de caractère intrinsèque, des opérateurs différentiels sur les formes différentielles de degré maximum, par la formule (en coordonnées locales)

$$(g\, dx_1 \wedge dx_2 \wedge \ldots \wedge dx_n) P = (P^T g)\, dx_1 \wedge dx_2 \wedge \ldots \wedge dx_n.$$

Conclusion : le faisceau Ω_X des formes différentielles (analytiques) de degré maximum a une structure naturelle de $\mathcal{D}_X$-Module à droite.

13.3. Remarque : distributions sur une variété.

13.3.1. Une certaine confusion règne dans la littérature concernant la notion de distribution sur une variété. Sur une variété X réelle de dimension n, de classe $\mathcal{C}^\infty$ (que nous supposerons orientée pour simplifier), faut-il définir l'espace des distributions comme dual de l'espace des fonctions ($\mathcal{C}^\infty$ à support compact) ou bien comme dual de l'espace des formes différentielles de degré n ($\mathcal{C}^\infty$ à support compact) ?

Le second point de vue est le seul raisonnable si l'on veut que les distributions soient des fonctions généralisées ; à une fonction f on associe la fonctionnelle $(\omega \longmapsto < \omega, f > = \int_X f\omega)$, bien définie sur l'espace des formes différentielles ω de degré n.

L'espace des distributions selon ce "bon" point de vue est alors un module à gauche sur l'anneau des opérateurs différentiels : l'action à gauche est définie par

$$< \omega, PT > = <\omega P, T>$$

c.à.d. comme action transposée de l'action à droite sur Ω_X, définie en 13.2.

Dans l'autre point de vue au contraire les distributions seraient des "n-formes différentielles généralisées", et formeraient un $\mathcal{D}_X$-Module à droite : la confusion est entretenue par le fait que les distributions sur R^n sont habituellement définies selon ce "mauvais" point de vue (équivalent au "bon" dans le cas de $\mathbb{R}^n$!).

Exemples :

i) Distribution de Dirac à l'origine de $\mathbb{R}$: elle est définie par $<\varphi(x)\, dx, \delta_{(x)} > = \varphi(0)$; si l'on remplace x par une autre coordonnée locale y centrée à l'origine, la forme différentielle $\omega = \varphi(x)dx$ s'écrira encore $\omega = \frac{\varphi(x)}{y'(x)}\, dy$, de sorte que $\delta_{(x)} = y'(0).\ \delta_{(y)}$.

Par conséquent pour définir sur une courbe (variété de dimension 1) la distribution de Dirac selon le "bon" point de vue, il ne suffit pas de se donner ce point mais il faut encore se donner une coordonnée locale de la courbe en ce point.

ii) Distribution de Dirac portée par une sous-variété $S \subset X$.

La sous-variété est supposée donnée par des équations globales $s_1 = s_2 = \ldots = s_p = 0$. La distribution de Dirac $\delta_{(s)}$ est alors définie comme image réciproque, par la submersion $s : X \longrightarrow \mathbb{R}^p$, de la distribution de Dirac à l'origine de $\mathbb{R}^p$. Explicitement,

$$< \omega, \delta_{(s)} > = \int_S \left. \frac{\omega}{ds_1 \wedge ds_2 \wedge \ldots \wedge ds_p} \right|_S ,$$

où l'intégrand $\left. \dfrac{\omega}{ds_1 \wedge ds_2 \wedge \ldots \wedge ds_p} \right|_S$ désigne la restriction à S d'une forme différentielle χ telle que $\omega = ds_1 \wedge ds_2 \wedge \ldots \wedge ds_p \wedge \chi$. (l'arbitraire du choix de χ disparait après restriction).

13.3.2. Exercice.

i) Soient (y,z) et (y',z) deux systèmes de coordonnées sur X tels que $S = y^{-1}(0) = y'^{-1}(0)$.

Montrer que $\delta_{(y)} = \dfrac{\partial(y',z)}{\partial(y,z)} \delta_{(y')}$, où $\dfrac{\partial(y',z)}{\partial(y,z)}$ désigne le jacobien du changement de coordonnées.

(N.B. : La restriction à S de ce jacobien ne dépend que de y, y', et sera parfois notée $\left. \frac{\partial y'}{\partial y} \right|_S$).

ii) Redécouvrir par un raisonnement purement algèbrique que les $\mathcal{D}_X$-Modules à gauche $\mathcal{D}_X / \mathcal{D}_X y + \mathcal{D}_X D_z$ et $\mathcal{D}_X / \mathcal{D}_X y' + \mathcal{D}_X D_z$ sont isomorphes par un isomorphisme qui à la classe de l'opérateur P associe la classe de l'opérateur $P \cdot \dfrac{\partial(y',z)}{\partial(y,z)}$ (N.B. : cet isomorphisme ne dépend que de y, y').

13.3.3. Module $\mathscr{B}_{[S]X}$ des couches multiples portées par une sous-variété $S \subset X$.

On connaît en théorie des distributions la notion de "couche multiple" portée par une sous-variété S (de la variété réelle X) : c'est une distribution localement de la forme P $\delta_{(s)}$, où P est un opérateur différentiel et $\delta_{(s)}$ la distribution de Dirac définie par un système d'équations locales de S. La partie i) de l'exercice 13.3.2 montre que même si S n'admet pas un système d'équations globales les couches multiples ainsi définies localement se recollent sur X en un faisceau de $\mathscr{D}_X$-modules (de support S), que nous noterons $\mathscr{B}_{[S]X}$.

D'autre part la partie ii) de l'exercice 13.3.2 donne une construction purement algébrique de ce faisceau $\mathscr{B}_{[S]X}$, qui nous permet de le définir aussi bien dans le cas complexe que dans le cas réel (dans le cas complexe on pourra noter $\delta_{(y)}$ la classe de 1 dans $\mathscr{D}_X / \mathscr{D}_X y + \mathscr{D}_X D_z$). Il s'agit évidemment d'un $\mathscr{D}_X$-Module cohérent, et même holonome (sa variété caractéristique est le fibré conormal à S dans X).

13.4. Comment transformer un gaucher en droitier, et inversement.

i.) Gaucher $M \longmapsto$ droitier $\Omega_X \otimes_{\mathscr{O}_X} M$.

Soit M un $\mathscr{D}_X$-Module à gauche. L'action évidente de $\mathscr{O}_X$ sur $\Omega_X \otimes_{\mathscr{O}_X} M$ s'étend en une action à droite de $\mathscr{D}_X$, caractérisée par la propriété que pour tout champ de vecteurs ξ on ait

$$(\omega \otimes m)\,\xi = \omega\xi \otimes m - \omega \otimes \xi m$$

(exercice : le démontrer).

ii) Droitier N $\leadsto$ gaucher $\mathcal{H}om_{\mathcal{O}_X}(\Omega_X, N)$.

Soit N un $\mathcal{D}_X$-Module à droite. Un $\mathcal{O}_X$-Homomorphisme de Ω_X dans N est un germe d'application linéaire

$$\begin{aligned} m : \Omega_X &\longrightarrow N \\ \omega &\longmapsto \langle \omega, m \rangle \end{aligned}$$

telle que pour tout $a \in \mathcal{O}_X$ on ait

$$\langle \omega a, m \rangle = \langle \omega, m \rangle a \quad (= \langle \omega, am \rangle \text{ , définition de am}).$$

On vérifiera que la structure de $\mathcal{O}_X$-Module de $\mathcal{H}om_{\mathcal{O}_X}(\Omega_X, N)$ s'étend en une structure de $\mathcal{D}_X$-Module à gauche, caractérisée par la propriété que pour tout champ de vecteurs ξ on ait

$$\langle \omega , \xi m \rangle = \langle \omega\xi, m \rangle - \langle \omega, m \rangle \xi$$

iii) Les transformations i) et ii) sont inverses l'une de l'autre et lorsque $X = \mathbb{R}^n$ ou $\mathbb{C}^n$ on retrouve les transformations du n° 13.1 en identifiant Ω_X à $\mathcal{O}_X$ grâce au générateur canonique $dx_1 \wedge dx_2 \wedge \ldots \wedge dx_n$.

13.5. Opérateurs différentiels généralisés.

Soit $f : X \longrightarrow Y$ un morphisme de variétés analytiques, et soit $\mathcal{B}_{[f]X\times Y}$ le $\mathcal{D}_{X\times Y}$-Module des couches multiples portées par le graphe de f : localement,

$$\mathcal{B}_{[f]X\times Y} = \mathcal{D}_{X\times Y}\, \delta_{(y-f(x))} = \mathcal{D}_{X\times Y} / \mathcal{D}_{X\times Y}\, (y_j - f_j(x),\ D_{x_i} + \sum_{j=1}^{p} \frac{\partial f_j}{\partial x_i} D_{y_j}).$$

Comme ce faisceau a pour support l'image du plongement

$$\begin{aligned} j_f : X &\longrightarrow X\times Y \\ x &\longmapsto x, f(x) \end{aligned}$$

, on ne perd aucune information en le remplaçant par son image réciproque $j_f^{-1}(\mathcal{B}_{[f]X\times Y})$, que nous noterons désormais $\mathcal{D}_{[f]}$.

$\mathscr{D}_{[f]}$ est évidemment un $\mathscr{D}_X$ [resp. $f^{-1}(\mathscr{D}_Y)$] - Module à gauche, et on peut le transformer en Module à droite par le procédé canonique 13.4 i), définissant ainsi les faisceaux

$$\mathscr{D}_{X\to Y} = f^{-1}(\Omega_Y) \otimes_{f^{-1}(\mathscr{O}_Y)} \mathscr{D}_{[f]} \qquad (\mathscr{D}_X\text{-Module à gauche}, f^{-1}(\mathscr{D}_Y)\text{-Module à droite}) ;$$

$$\mathscr{D}_{Y\leftarrow X} = \Omega_X \otimes_{\mathscr{O}_X} \mathscr{D}_{[f]} \qquad (\mathscr{D}_X\text{-Module à droite, } f^{-1}(\mathscr{D}_Y)\text{-Module à gauche}).$$

On vérifiera que $\mathscr{D}_{X\to Y}$ s'identifie canoniquement à $f^*(\mathscr{D}_Y)$, image réciproque de $\mathscr{D}_Y$ (considéré comme $\mathscr{D}_Y$-Module à gauche) au sens du § 12 (l'identification est donnée en coordonnées locales par

$$(dy_1\wedge \ldots \wedge dy_p) \otimes \delta_{(y-f(x))} = f^*(1)).$$

En particulier, si $f = \mathbb{1}_X$ on trouve les égalités $\mathscr{D}_{X\to X} = \mathscr{D}_X = \mathscr{D}_{X\leftarrow X}$ (mais ce n'est pas égal à $\mathscr{D}_{[\mathbb{1}_X]} = \mathscr{H}om_{\mathscr{O}_X}(\Omega_X, \mathscr{D}_X)$).

<u>13.6. Comment ils agissent.</u>

Rappelons d'abord la notion générale de <u>produit tensoriel sur un anneau non commutatif</u> : si M [resp. N] est un A-module à droite [resp. à gauche] sur une $\mathbb{C}$-algèbre A, le produit tensoriel $M \otimes_A N$ est par définition le $\mathbb{C}$-espace vectoriel quotient de $M \otimes_{\mathbb{C}} N$ par le sous-espace vectoriel engendré par les éléments de la forme $m\,a \otimes n - m \otimes a\,n$ ($m\in M$, $n\in N$, $a\in A$). Notons bien que $M \otimes_A N$ n'a pas de raison d'être un A-module, c'est seulement un $\mathbb{C}$-espace vectoriel, mais il héritera de toute autre structure de module (de M ou N) dont l'action (sur M ou N) commute avec celle de A.

Ainsi, avec les notations du n° 13.5,

<u>i) si N est un $\mathscr{D}_Y$-Module à gauche,</u>

$\mathscr{D}_{X\to Y} \otimes_{f^{-1}(\mathscr{D}_Y)} f^{-1}(N)$ <u>est un $\mathscr{D}_X$-Module à gauche</u> ; on verifiera d'ailleurs que ce $\mathscr{D}_X$-Module à gauche n'est autre que l'image réciproque f^*N définie au § 12 ;

<u>ii) si M est un $\mathscr{D}_X$-Module à gauche,</u>

$\mathscr{D}_{Y\leftarrow X} \otimes_{\mathscr{D}_X} M$ <u>est un</u> $f^{-1}(\mathscr{D}_Y)$-<u>Module à gauche</u> ;

c'est lui qui nous conduira à la notion d'image directe au § 14 ;

<u>iii) si M est un $\mathscr{D}_X$-Module à droite,</u>

$M \otimes_{\mathscr{D}_X} \mathscr{D}_{[f]}$ <u>est un $f^{-1}(\mathscr{D}_Y)$-Module à gauche</u> :

en effet les deux actions (à gauche) de $\mathscr{D}_X$ et de $f^{-1}(\mathscr{D}_Y)$ sur $\mathscr{D}_{[f]}$ commutent entre elles ;

<u>iv) si M est un $\mathscr{D}_X$-Module à droite,</u>

$M \otimes_{\mathscr{D}_X} \mathscr{D}_{X\to Y}$ <u>est un</u> $f^{-1}(\mathscr{D}_Y)$-<u>Module à droite,</u>

etc...

(<u>N.B.</u> : iii) et iv) ne sont que des versions "autrement latéralisées" de ii)).

<u>Formules de composition</u> :

$$\mathscr{D}_{X\to Y} \otimes_{f^{-1}(\mathscr{D}_Y)} f^{-1}(\mathscr{D}_{Y\to Z}) = \mathscr{D}_{X\to Z}$$

$$f^{-1}(\mathscr{D}_{Z\leftarrow Y}) \otimes_{f^{-1}(\mathscr{D}_Y)} \mathscr{D}_{Y\leftarrow X} = \mathscr{D}_{Z\leftarrow X}$$

(exercice : démontrer ces formules, vraies pour toute application composée $X \xrightarrow{f} Y \xrightarrow{g} Z$).

Exercice : expliciter les opérations i) et ii) dans le cas où f est une immersion ou une submersion :

si M [resp. N] est un $\mathcal{D}_{X,0}$ [resp. $\mathcal{D}_{Y,0}$] -module à gauche, on trouve

dans le cas de l'immersion $X = \mathbb{C}^n \longrightarrow \mathbb{C}^{n+q} = Y$:

$$x \longmapsto (x, z=0)$$

$$\mathcal{D}_{X\to Y,0} \underset{\mathcal{D}_{Y,0}}{\otimes} N = N / z_1 N + \ldots + z_q N$$

$$\mathcal{D}_{Y\leftarrow X,0} \underset{\mathcal{D}_{X,0}}{\otimes} M = \mathbb{C}\,[D_{z_1} \ldots D_{z_n}] \underset{\mathbb{C}}{\otimes} M$$

dans le cas de la submersion $X = \mathbb{C}^{p+q} \longrightarrow \mathbb{C}^p = Y$:

$$y, z \longmapsto y$$

$$\mathcal{D}_{X\to Y,0} \underset{\mathcal{D}_{Y,0}}{\otimes} N = \mathbb{C}\,\{z_1, \ldots, z_q\} \underset{\mathbb{C}}{\otimes} N$$

$$\mathcal{D}_{Y\leftarrow X,0} \underset{\mathcal{D}_{X,0}}{\otimes} M = M / D_{z_1} M + \ldots + D_{z_n} M.$$

Remarquons que le cas d'une application f quelconque peut se ramener à ces deux cas grâce aux formules de composition.

13.7. Un avant-goût de Gauss-Manin.

Soit X une courbe analytique complexe (variété analytique complexe, connexe à une dimension) et soit $f : X \longrightarrow \mathbb{C}$ une fonction analytique non constante. Nous nous proposons d'étudier le $f^{-1}(\mathcal{D}_{\mathbb{C}})$-Module à droite

$$\Omega_X \underset{\mathcal{D}_X}{\otimes} \mathcal{D}_{X\to\mathbb{C}}$$

construit à partir du $\mathcal{D}_X$-Module à droite Ω_X (faisceau des formes différentielles holomorphes de degré 1).

Désignons par $\Omega_{(df)}$ le faisceau (sur X) des formes différentielles méromorphes, à lieu polaire inclus dans l'ensemble critique de f. Ce faisceau est muni d'une structure évidente de $f^{-1}(\mathcal{D}_{\mathbb{C}})$-Module à droite, définie en coordonnées locales par

$$\omega\, D_y = \omega . \frac{1}{f'} D_x$$

c'est à dire

$$(a(x)dx)\, D_y = -\left(\frac{a(x)}{f'}\right)' dx$$

ou encore, en écriture intrinsèque

$$\omega\, D_y = -d\left(\frac{\omega}{df}\right).$$

Lemme : On a une injection canonique de $f^{-1}(\mathscr{D}_{\mathbb{C}})$-Modules à droite

$$\bar{\varphi} : \Omega_X \underset{\mathscr{D}_X}{\otimes} \mathscr{D}_{X\to\mathbb{C}} \longrightarrow \Omega_{(df)}$$

par laquelle $\Omega_X \underset{\mathscr{D}_X}{\otimes} \mathscr{D}_{X\to\mathbb{C}}$ s'identifie au $f^{-1}(\mathscr{D}_{\mathbb{C}})$-Module à droite engendré dans $\Omega_{(df)}$. par Ω_X : c'est le faisceau sur X des formes différentielles méromorphes dont le développement de Laurent en un point critique d'ordre m n'a pas de terme en $\frac{dx}{x^{km+1}}$ $(k = 0,1,2,\ldots)$, x étant une coordonnée locale telle que $f \sim x^m$.

Preuve :

i) Construction de $\bar{\varphi}$.

$\Omega_X \underset{\mathscr{D}_X}{\otimes} \mathscr{D}_{X\to\mathbb{C}}$ peut être considéré comme un quotient de

$$\Omega_X \underset{\mathscr{O}_X}{\otimes} \mathscr{D}_{X\to\mathbb{C}} = \Omega_X \underset{\mathscr{O}_X}{\otimes} (\mathscr{O}_X \underset{f^{-1}(\mathscr{O}_{\mathbb{C}})}{\otimes} f^{-1}(\mathscr{D}_{\mathbb{C}})) =$$

$$=: \Omega_X \underset{f^{-1}(\mathscr{O}_{\mathbb{C}})}{\otimes} f^{-1}(\mathscr{D}_C) = \Omega_X \underset{\mathbb{C}}{\otimes} \mathbb{C}[D_y]$$

par le sous-espace vectoriel engendré par les éléments de la forme

(*) $\omega D_x \otimes Q - \omega f' \otimes D_y Q$ $(Q \in \mathbb{C}[D_y]$ ou $f^{-1}(\mathscr{D}_y))$

Or la structure de $f^{-1}(\mathscr{D}_{\mathbb{C}})$-Module à droite de $\Omega_{(df)} \supset \Omega_X$ permet de définir un homomorphisme

$$\varphi : \Omega_X \underset{f^{-1}(\mathcal{O}_{\mathbb{C}})}{\otimes} f^{-1}(\mathcal{D}_{\mathbb{C}}) \longrightarrow \Omega_{(df)}$$

$$\omega \otimes Q \longmapsto \omega\, Q$$

et l'on vérifie immédiatement que cet homomorphisme s'annule sur les éléments de la forme (*), et passe donc au quotient, définissant $\bar{\varphi}$.

ii) $\bar{\varphi}$ est un isomorphisme en dehors du lieu critique.

En effet en notant X_o le complémentaire dans X du lieu critique de f, on a l'égalité $\Omega_{df}|X_o = \Omega_{X_o}$, et un diagramme commutatif

$$\begin{array}{ccc} \Omega_{X_o} \underset{\mathcal{D}_{X_o}}{\otimes} \mathcal{D}_{X_o \to \mathbb{C}} & & \\ \wr & \overset{\bar{\varphi}}{\searrow} & \\ \Omega_{X_o} \underset{\mathcal{D}_{X_o}}{\otimes} \mathcal{D}_{X_o} & = & \Omega_{X_o} \end{array}$$

iii) Structure de $\bar{\varphi}$ en un point critique.

On peut choisir sur X une coordonnée locale x telle que $f = x^m$ ($m \in \mathbb{N}$, $m \geq 2$)

Alors pour tout $\ell \in \mathbb{Z}$ on a

$$(x^{\ell}\, dx) D_y = - \frac{\ell-m+1}{m} x^{\ell-m}\, dx.$$

On en déduit la relation suivante, où $ex(\omega) \subset \mathbb{Z}$ désigne l'ensemble des puissances de x figurant effectivement dans le développement de Laurent d'une forme ω :

$$(**) \quad ex(\omega\, D_y^k) = \{\ell-km \mid \ell \in ex(\omega),\ \ell-m \neq -1,\ \ell-2m \neq -1, \ldots$$
$$\ldots\ \ell-km \neq -1\}.$$

Ainsi l'image de $\bar{\varphi}$ en un point critique, qui coïncide évidemment avec le $\mathbb{C}[D_y]$-module engendré dans $\Omega_{(df)}$ par Ω_X, a bien la structure annoncée par le lemme, et seule reste à démontrer l'injectivité de $\bar{\varphi}$.

Soit donc $u = \sum_{i=0}^{k} \omega_i \otimes D_y^i$ un élément de $\Omega_X \otimes_{\mathbb{C}} \mathbb{C}[D_y]$ dont l'image par φ est nulle, c.à.d. tel que $\sum_{i=0}^{k} \omega_i D_y^i = 0$ dans $\Omega_{(df)}$.

Il s'agit de montrer que u est une combinaison linéaire d'éléments de la forme (*), ce qui est très facile par récurrence sur k : en effet la relation $\omega_k D_y^k = - \sum_{i=0}^{k-1} \omega_i D_y^i$ implique que $ex(\omega_k D_y^k)$ est borné inférieurement par $-(k-1)m$, ce qui n'est possible (d'après (**)) que si ω_k est d'ordre $\ell \geq m-1$, c.à.d. divisible par f' ; on écrit alors $\omega_k \otimes D_y^k = \varpi f' \otimes D_y^k \equiv \varpi D_x \otimes D_y^{k-1}$ mod (*), et l'on conclut par hypothèse de récurrence.

<u>Exercice</u> : Montrer qu'en un point où $f = x^m$, le module image de $\bar{\varphi}$ admet une présentation (comme $\mathscr{D}_{\mathbb{C}}$-module à droite) par les m générateurs $\omega_1 = dx, \omega_2 = x\, dx, \ldots, \omega_m = x^{m-1} dx$ et les m relations

$$\omega_k\left(D_y y + \frac{k-m}{m}\right) = 0 \text{ (pour } k = 1,2,\ldots m-1) \; ; \quad \omega_m D_y = 0$$

14. Images directes de $\mathscr{D}$-Modules.

Alors que la notion d'"image réciproque" est une notion locale, celle d'"image directe" est une notion globale, ce qui en fait la difficulté. Nous allons en donner d'abord une "mauvaise" définition, valable seulement sous l'hypothèse très restrictive de la Proposition 14.1. La lecture du reste du paragraphe, qui aboutit à la définition générale de l'image directe, n'est pas nécessaire à la compréhension de la 2ème Partie.

14.1. Proposition : Soit M un $\mathscr{D}_X$-Module cohérent, de support $S \subset X$, et soit $f : X \longrightarrow Y$ un morphisme de variétés analytiques tel que $f|S$ soit un morphisme fini.

Alors

$$f_*(\mathscr{D}_{Y\leftarrow X} \underset{\mathscr{D}_X}{\otimes} M)$$

est un $\mathscr{D}_Y$-Module cohérent, appelé image directe de M par f.

Preuve : Quitte à remplacer Y par un ouvert assez petit, et X par un voisinage de S dans l'image réciproque de cet ouvert, on peut supposer que M est donné par une présentation

$$\mathscr{D}_X^p \longrightarrow \mathscr{D}_X^q \longrightarrow M \longrightarrow 0,$$

d'où l'on déduit une suite exacte

$$\mathscr{D}^p_{Y\leftarrow X} \longrightarrow \mathscr{D}^q_{Y\leftarrow X} \longrightarrow \mathscr{D}_{Y\leftarrow X} \otimes_{\mathscr{D}_X} M \longrightarrow 0$$

Or $\mathscr{D}_{Y\leftarrow X}$ est muni d'une filtration évidente par les

$\mathscr{D}^{(m)}_{Y\leftarrow X} = f^{-1}(\mathscr{D}_Y^{(m)}).\ (\mathscr{O}_X\delta_{(y-f(x))} \otimes dx_1\wedge \dots \wedge dx_n)$ qui sont des $\mathscr{O}_X$-Modules cohérents. On en déduit pour le Module $N = \mathcal{D}_{Y\leftarrow X} \otimes_{\mathcal{D}_X} M$ une filtration (quotient de celle de $\mathcal{D}^q_{Y\leftarrow X}$ qui satisfait aux propriétés suivantes :

i) $f^{-1}(\mathcal{D}_Y^{(r)})\ N^{(m)} \subset N^{(m+r)}$;

ii) l'inclusion précédente est une égalité (quel que soit r) pour tout m assez grand ;

iii) chaque $N^{(m)}$ est un $\mathcal{O}_X$-Module cohérent.

Comme le support S de N a été supposé fini au dessus de Y, on peut appliquer le résultat bien connu de géométrie analytique (cf. Séminaire Cartan 1960-61, exposé "Géométrie analytique locale II" de Christian Houzel) : le foncteur f_* de la catégorie des $\mathcal{O}_X$-Modules cohérents à support fini au dessus de Y, est un foncteur exact allant dans la catégorie des $\mathcal{O}_Y$-Modules cohérents. Ainsi le foncteur f_* appliqué à la filtration $N^{(m)}$ de N donne une bonne filtration du $\mathcal{D}_Y$-Module f_*N, qui est donc cohérent d'après l'exercice 8.5.

14.1.1. Exemple : Soit $f : X \hookrightarrow Y$ le plongement d'une sous-variété $X \subset Y$. Alors le système de De Rham $\mathcal{O}_X$ a pour image directe

$f_*(\mathcal{D}_{Y\leftarrow X} \otimes_{\mathcal{D}_X} \mathcal{O}_X) = \mathcal{B}_{[X]Y}$ (Module des couches multiples portées par la sous-variété).

14.2. Cohomologie d'un $\mathcal{D}_X$-Module à gauche.

La notion de cohomologie d'un $\mathcal{D}_X$-Module à gauche M correspond à l'idée d'image directe de M par l'application constante $X \longrightarrow \{\cdot\}$. Elle va nous aider à comprendre pourquoi l'image directe, dans le cas général, n'est pas définie aussi simplement qu'au n°14.1.

14.2.1. Complexe de De Rham d'un $\mathcal{D}_X$-Module à gauche M.

On définit DR(M) ("complexe de De Rham" du $\mathcal{D}_X$-Module à gauche M) comme le complexe de faisceaux de $\mathbb{C}$-espaces vectoriels

$$DR(M) : 0 \longrightarrow \Omega_X^0 \underset{\mathcal{O}_X}{\otimes} M \xrightarrow{d} \cdots \xrightarrow{d} \Omega_X^{n-1} \underset{\mathcal{O}_X}{\otimes} M \xrightarrow{d} \Omega_X^n \underset{\mathcal{O}_X}{\otimes} M \longrightarrow 0$$

dont la différentielle d est définie en coordonnées locales par

$$d(\omega \otimes m) = d\omega \otimes m + \sum_{i=1}^{n} (dx_i \wedge \omega) \otimes D_{x_i} m.$$

Cette formule est bien définie sur le produit tensoriel, car

$$\begin{aligned} d(a\omega \otimes m) &= d(a\omega) \otimes m + \sum_{i=1}^{n} (dx_i \wedge a\omega) \otimes D_{x_i} m \\ &= d\omega \otimes a\, m + (da \wedge \omega) \otimes m + \sum_{i=1}^{n} (dx_i \wedge \omega) \otimes a\, D_{x_i} m \\ &= d\omega \otimes a\, m + \sum_{i=1}^{n} \left[\frac{\partial a}{\partial x_i} (dx_i \wedge \omega) \otimes m + dx_i \wedge \omega \otimes a\, D_{x_i} m\right] \\ &= d\omega \otimes a\, m + \sum_{i=1}^{n} (dx_i \wedge \omega) \otimes D_{x_i}\, a\, m \\ &= d\,(\omega \otimes a\, m). \end{aligned}$$

D'autre part elle est bien intrinsèque, car (dx_i) et (D_{x_i}) se transforment de façon contragrédiente si l'on change de coordonnées locales.

La vérification que $d \circ d = 0$ dans DR(M) est immédiate en coordonnées locales, et résulte du fait que $dx_i \wedge dx_j = - dx_j \wedge dx_i$ tandis que $D_{x_i} D_{x_j} = D_{x_j} D_{x_i}$.

On remarque que tout élément de $\Omega_X^k \underset{\mathcal{O}_X}{\otimes} M$ s'écrit de façon unique en coordonnées locales sous la forme

$$\sum_{\alpha} dx_{\alpha_1} \cdots dx_{\alpha_k} \otimes m_{\alpha}$$

ce qui permet d'interpréter DR(M) comme le complexe des "formes différentielles à coefficients dans M", interprétation particulièrement transparente lorsque les éléments de M sont des "objets concrets" (distributions , fonctions multiformes, etc...). En particulier $DR(\mathcal{O}_X)$ coïncide évidemment avec $(\mathcal{O}_X, d)$ (complexe de De Rham habituel des formes différentielles analytiques).

14.2.2. Exemple : cohomologie locale d'une sous-variété.

Lemme : Soit $\mathcal{B}_{[S]X}$ le $\mathcal{D}_X$-Module à gauche des couches multiples portées par la sous-variété $S \subset X$. Alors le complexe de faisceaux $DR(\mathcal{B}_{[S]X})$ est acyclique en tous degrés, sauf en degré q = codim S où son faisceau de cohomologie s'identifie à $j_*(\mathbb{C}_S)$, image directe du faisceau constant $\mathbb{C}_S$ par l'inclusion $j : S \hookrightarrow X$.

Preuve dans le cas q = 1.

(le cas général est laissé en exercice au lecteur ; le cas q = 0 est simplement le "lemme de Poincaré" pour $(\Omega_X^{\bullet}, d)$, car $\mathcal{B}_{[X]X} = \mathcal{O}_X$).

Soit s une équation locale de l'hypersurface S.

Pour tout germe de forme différentielle ρ sur X, $(\rho \wedge ds) \otimes \delta_{(s)}$ est un élément de $DR(\mathcal{B}_{[S]X})$ qui ne dépend que de $\rho|S$, car

$\rho|S = 0 \Rightarrow \rho \equiv \chi \wedge ds \ \underline{\text{mod}}.(s) \Rightarrow \rho \wedge ds \in (s)$, or $s\delta_{(s)} = 0$.

De plus cet élément ne dépend pas du choix de l'équation locale s, car $\delta_{(s')} = \frac{ds}{ds'}\Big|_S \delta_{(s)}$.

On construit ainsi un homomorphisme de faisceaux

$$\varphi : j_*(\Omega_S^{\bullet}) \longrightarrow DR(\mathcal{B}_{[S]X})$$

défini pour $x \in S$ par

$$\varphi_x : \Omega_{S,x}^{\bullet} \ni \sigma \longmapsto (\rho \wedge ds) \otimes \delta_{(s)} \quad (\text{où } \rho \in \Omega_{X,s}^{\bullet}, \rho|S = \sigma)$$

et par $\varphi_x = 0$ pour $x \notin S$.

Cet homomorphisme est évidemment un homomorphisme de complexes, car

$$d(\varphi_x(\sigma)) = (d\rho \wedge ds) \otimes \delta_{(s)} = \varphi_x(d\sigma)$$

Compte tenu du lemme de Poincaré sur S qui nous dit que $j_*(\Omega_S^{\bullet})$ est une résolution de $j_*(\mathbb{C}_S)$, tout le problème est de démontrer que l'homomorphisme

φ est un "quasi-isomorphisme" (isomorphisme après passage à la cohomologie).

Rappelons tout d'abord que le $\mathscr{D}_X$-Module $\mathscr{B}_{[S]X}$ admet une bonne filtration, évidente sur son écriture en coordonnées locales $\mathscr{B}_{[S]X} = \mathscr{D}_X\ \delta_{(s)}$. On en déduit une filtration de son complexe de De Rham, dans laquelle les éléments d'ordre $\leq \ell$ sont ceux qui peuvent s'écrire sous la forme $\omega \otimes \delta_{(s)}^{(\ell)}$ (utiliser les relations $s\delta_{(s)}^{(k)} + k\ \delta_{(s)}^{(k-1)} = 0$) ; de plus un élément écrit sous cette forme est d'ordre $\leq \ell-1$ si et seulement si ω est divisible par s, et il est nul si et seulement si ω est divisible par $s^{\ell+1}$.

La différentielle est donnée par

(*) $d(\omega \otimes \delta^{(\ell)}) = d\omega \otimes \delta^{(\ell)} + (ds \wedge \omega) \otimes \delta^{(\ell+1)}$.

En regardant le second membre modulo $DR^{(\ell)}$ (partie d'ordre $\leq \ell$ de la filtration) on voit qu'une condition nécessaire pour que $\omega \otimes \delta^{(\ell)}$ soit fermée est que $ds \wedge \omega$ soit divisible par s, ce qui équivaut à dire que ω est localement de la forme

$$\begin{cases} \omega \equiv \rho \wedge ds \ \ \underline{\text{mod}}.(s) & \text{si } \deg \omega > 0 \\ \omega \equiv 0 \ \ \underline{\text{mod}}.(s) & \text{si } \deg \omega = 0 \end{cases}$$

de sorte que

$$\omega \otimes \delta^{(\ell)} \equiv \begin{Bmatrix} (\rho \wedge ds) \otimes \delta^{(\ell)} \\ \underline{\text{resp}}.\ 0 \end{Bmatrix} \ \underline{\text{mod}}.\ DR^{(\ell-1)} \text{ si } \deg \omega \begin{cases} > 0 \\ \underline{\text{resp}}. = 0 \end{cases}$$

Mais la formule (*) implique que $(\rho \wedge ds) \otimes \delta^{(\ell)}$ est cohomologue à $\pm\, d\rho \otimes \delta^{(\ell-1)} \in DR^{(\ell-1)}$, ce qui démontre par récurrence sur ℓ le

<u>sous-lemme</u> : toute forme fermée dans $DR(\mathscr{B}_{[S]X})$ est localement cohomologue à une forme de $DR^{(0)}$, c.à.d. pouvant s'écrire $\omega \otimes \delta_{(s)}$; de plus ω peut localement s'écrire $\rho \wedge ds$ (sauf en degré 0 où l'on peut prendre $\omega = 0$).

Ce sous-lemme implique évidemment que φ induit un épimorphisme des faisceaux de cohomologie, donc que $DR(\mathcal{B}_{[S]X})$ est acyclique en degrés $\neq 1$ (d'après le lemme de Poincaré sur S). En degré 1 le sous-lemme nous dit que toute forme fermée de $DR(\mathcal{B}_{[S]X})$ est cohomologue à une forme $a\, ds \wedge \delta_{(s)}$, où a est nécessairement une constante (sinon la forme ne serait pas fermée) ; un calcul direct montre qu'une telle forme est exacte si et seulement si la constante a est nulle, ce qui achève la démonstration du lemme.

14.2.3. Que faire d'un complexe de faisceaux ?

Pour le débutant en algèbre homologique, un complexe de faisceaux d'espaces vectoriels $(\mathcal{F}^\cdot, d)$ (comme par exemple DR(M)) est un objet assez encombrant.

Il faut apprendre à ne pas confondre :

1°) le k-ième faisceau de cohomologie de $(\mathcal{F}^\cdot, d)$:

$$\mathcal{H}^k(\mathcal{F}^\cdot) = \frac{\operatorname{Ker}(d : \mathcal{F}^k \to \mathcal{F}^{k+1})}{\operatorname{Im}(d : \mathcal{F}^{k-1} \to \mathcal{F}^k)}$$; c'est un faisceau de $\mathbb{C}$-espaces vectoriels ;

2°) la cohomologie de $(\mathcal{F}^\cdot(X), d)$:

$$H^k(\mathcal{F}^\cdot(X)) = \frac{\operatorname{Ker}(d : \mathcal{F}^k(X) \to \mathcal{F}^{k+1}(X))}{\operatorname{Im}(d : \mathcal{F}^{k-1}(X) \to \mathcal{F}^k(X))}$$; c'est un $\mathbb{C}$-espace vectoriel ;

3°) l'hypercohomologie de $(\mathcal{F}^\cdot, d)$:

$\mathbb{H}^k(X, \mathcal{F}^\cdot) = H^k(\mathcal{G}^\cdot(X))$, où $\mathcal{G}^\cdot$ est le complexe simple associé à un complexe double de faisceaux $\mathcal{G}^{\cdot\cdot}$ fabriqué en remplaçant chaque terme $\mathcal{F}^k$ du complexe par une résolution injective

$$0 \to \mathcal{F}^k \to \mathcal{G}^{k1} \to \mathcal{G}^{k2} \to \cdots$$

(le résultat ne dépend pas du choix de la résolution) ;

4°) <u>la cohomologie d'un faisceau</u> $\mathcal{F}$ est définie par $H^k(X,\mathcal{F}) = H^k(\mathcal{G}^{\bullet}(X))$, où $\mathcal{G}^{\bullet}$ est une résolution injective de $\mathcal{F}$: on peut la voir comme un cas particulier de 3°), en prenant pour $\mathcal{F}^{\bullet}$ le complexe dont le seul terme non nul est $\mathcal{F}$ en degré 0.

On dira qu'un faisceau $\mathcal{F}$ est <u>acyclique pour le foncteur</u> $\Gamma(X,.)$ (foncteur section sur X) si sa cohomologie est nulle en tous degrés autres que 0.

La technique des "suites spectrales" permet de démontrer les deux théorèmes généraux suivants :

i) <u>Si chaque terme du complexe</u> $\mathcal{F}^{\bullet}$ <u>est acyclique pour le foncteur</u> $\Gamma(X,.)$, <u>l'hypercohomologie de</u> $\mathcal{F}^{\bullet}$ <u>coïncide avec la cohomologie de</u> $\mathcal{F}^{\bullet}(X)$;

ii) soit $\varphi : \mathcal{F}^{\bullet} \longrightarrow \mathcal{G}^{\bullet}$ un homomorphisme de complexes (de faisceaux) qui est un "quasi-isomorphisme" , c.à.d. qui induit un isomorphisme des faisceaux de cohomologie $\mathcal{H}^k$ en tous degrés ; <u>alors</u> φ <u>induit un isomorphisme des espaces vectoriels d'hypercohomologie</u>.

En combinant i) et ii) on trouve que les résolutions acycliques (pour le foncteur $\Gamma(X,.)$) peuvent être utilisées à la place des résolutions injectives dans le calcul 4°) de la cohomologie, ainsi d'ailleurs que dans le calcul 3°) de l'hypercohomologie.

<u>14.2.4. Exemple : calcul de la cohomologie d'une sous-variété.</u>

Soit $j : S \hookrightarrow X$ un plongement fermé de variétés analytiques.

La cohomologie de S peut s'écrire

$H^k(S) = H^k(S,\mathbb{C}_S) = H^k(X,j_*(\mathbb{C}_S))$

(la première égalité est la définition de la cohomologie de S ; la seconde peut se déduire de 14.2.3 4°) en remarquant que j_*, image directe par une injection fermée, transforme les résolutions injectives en résolutions injectives).

Or le lemme 14.2.2. nous dit que $j_*(\mathbb{C}_S)$ est quasi-isomorphe à $DR(\mathscr{B}_{[S]X})$ (avec un décalage du degré égal à q = codim S), de sorte que

$$H^k(X, j_*(\mathbb{C}_S)) = \mathbb{H}^{k+q}(X, DR(\mathscr{B}_{[S]X})) :$$

la cohomologie d'une sous-variété est égale à l'hypercohomologie de De Rham du Module des couches multiples portées par cette sous-variété.

Notons que d'après 14.2.3 i) l'hypercohomologie de De Rham peut être remplacée par la cohomologie de De Rham si les $DR^k(\mathscr{B}_{[S]X})$ sont acycliques pour le foncteur $\Gamma(X,.)$, ce qui est le cas notamment si X est un polycylindre : en effet $\mathscr{B}_{[S]X}$, étant muni d'une bonne filtration globale, est limite inductive de $\mathcal{O}_X$-Modules cohérents, et il en est donc de même de $\Omega_X^k \otimes_{\mathcal{O}_X} \mathscr{B}_{[S]X}$ auquel on peut par conséquent appliquer le Théorème B de Cartan.

Par le même raisonnement on obtient plus généralement la

Proposition 14.2.5.

Soit X une variété de Stein, et soit M un $\mathscr{D}_X$-Module à gauche admettant sur X une bonne filtration globale. Alors l'hypercohomologie de De Rham $\mathbb{H}^k(X, DR(M))$ coïncide avec la cohomologie de De Rham $H^k(DR(M)(X))$.

N.B. : Les "variétés de Stein" sont celles pour lesquelles le théorème B de Cartan s'applique, notamment les polycylindres dans le cas complexe, et toutes les variétés dans le cas réel. Ainsi le recours à l'hypercohomologie n'apparaît indispensable que dans le cas complexe, et pour des variétés X plus compliquées que des polycylindres (exemple : les variétés complexes compactes).

14.2.6. Cohomologie de De Rham en dimension maximum.

Lemme : Le complexe de De Rham DR(M) de tout $\mathscr{D}_X$-Module à gauche M peut être "augmenté" à droite, donnant la suite exacte courte

$$(*) \quad \Omega_X^{n-1} \otimes_{\mathcal{O}_X} M \xrightarrow{d} \Omega_X^n \otimes_{\mathcal{O}_X} M \longrightarrow \Omega_X^n \otimes_{\mathscr{D}_X} M \longrightarrow 0,$$

où la flèche de droite est l'homomorphisme évident de passage au quotient.

Preuve : Dans le cas particulier $M = \mathscr{D}_X$ on trouve pour (*) la suite de $\mathscr{D}_X$-Modules à droite

$$\Omega_X^{n-1} \otimes_{\mathcal{O}_X} \mathscr{D}_X \xrightarrow{d} \Omega_X^n \otimes_{\mathcal{O}_X} \mathscr{D}_X \longrightarrow \Omega_X^n \longrightarrow 0$$

dont l'exactitude se vérifie facilement en coordonnées locales :

$$\begin{array}{ccccccc} \mathscr{D}^n & \xrightarrow{(D_{x_1},\dots,D_{x_n})} & \mathscr{D} & \longrightarrow & \Omega & \longrightarrow & 0 \\ (Q_1,\dots,Q_n) & \longmapsto & D_{x_1}Q_1 + \dots + D_{x_n}Q_n & & & & \\ & & P & \longmapsto & (dx_1 \wedge \dots \wedge dx_n)P & & \end{array}$$

(c'est la présentation de $\Omega = \Omega^n_{\mathbb{R}^n}$ comme $\mathscr{D}$-Module à droite, transposée de la présentation standard de $\mathcal{O}_{\mathbb{R}^n}$ comme $\mathscr{D}$-Module à gauche).

Le cas d'un $\mathscr{D}_X$-Module à gauche M quelconque s'en déduit par application du foncteur exact à droite $\otimes_{\mathscr{D}_X} M$.

<u>Remarque</u> : <u>Si X est un ouvert de $\mathbb{R}^n$</u> <u>ou</u> $\mathbb{C}^n$ on démontre de la même façon l'exactitude de la suite

$$\Omega^{n-1}(X) \underset{\mathcal{O}(X)}{\otimes} M(X) \xrightarrow{d} \Omega^n(X) \underset{\mathcal{O}(X)}{\otimes} M(X) \longrightarrow \Omega^n(X) \underset{\mathcal{D}(X)}{\otimes} M(X) \longrightarrow 0$$

Or $\Omega^{\bullet}(X) \underset{\mathcal{O}(X)}{\otimes} M(X) = (\Omega^{\bullet}_X \underset{\mathcal{O}_X}{\otimes} M)(X)$ puisque $\Omega^{\bullet}_X$ est libre sur $\mathcal{O}_X$. On obtient ainsi la

<u>Proposition</u> : <u>Si X est un ouvert de $\mathbb{R}^n$ ou $\mathbb{C}^n$,</u>

$$H^n(DR(M)(X)) = \Omega^n(X) \underset{\mathcal{D}(X)}{\otimes} M(X) = M(X) / D_{x_1}M(X) +\ldots+ D_{x_n}M(X).$$

<u>Attention !</u> Ne pas confondre avec $(\Omega^n_X \underset{\mathcal{D}_X}{\otimes} M)(X)$!

Par exemple si $S \subset X$ est une sous-variété fermée, de codimension q, du polycylindre X, on sait d'après 14.2.4 et 14.2.5 que $H^n(DR(\mathcal{B}_{[S]X})(X)) = H^{n-q}(S)$; alors que $\Omega^n_X \underset{\mathcal{D}_X}{\otimes} \mathcal{B}_{[S]X}$ est nul si $q < n$ (d'après le lemme 14.2.2 et l'exactitude de la suite (*)).

<u>14.3. Images directes d'un complexe de De Rham relatif.</u>

La construction du complexe de De Rham d'un $\mathcal{D}_X$-Module à gauche M se généralise sans difficulté à une situation "relative" où X est une variété munie d'une <u>submersion</u>

$$f : X \longrightarrow Y$$

On note $(\Omega_{X/Y}, d)$ le complexe de faisceaux (sur X) des <u>formes différentielles relatives</u> : dans des coordonnées locales $(y_1,\ldots,y_p,z_1,\ldots,z_q)$ de X telles que $f(y,z) = y$, une <u>forme différentielle relative</u> s'écrit

$$\omega = \sum_{\alpha} a_\alpha(y,z)\, dz_{\alpha_1} \wedge \ldots \wedge dz_{\alpha_k} \quad (a_\alpha \in \mathcal{O}_X)$$

et sa "différentielle relative" s'écrit

$$d\omega = \sum_{\alpha,i} \frac{\partial a_\alpha}{\partial z_i} dz_i \wedge dz_{\alpha_1} \wedge \ldots \wedge dz_{\alpha_k} .$$

Le complexe de De Rham relatif d'un $\mathcal{D}_X$-Module à gauche M est défini par

$$DR_{X/Y}(M) = \Omega^{\cdot}_{X/Y} \otimes_{\mathcal{O}_X} M$$

avec une formule analogue à celle de 14.2.1 pour définir la différentielle. C'est de façon évidente un complexe de $f^{-1}(\mathcal{D}_Y)$-Modules à gauche.
L'idée d'"hypercohomologie" se généralise à la situation relative de la façon suivante : au lieu d'appliquer à un complexe de faisceaux $K^{\cdot}$ (comme par exemple $DR_{X/Y}(M)$) le foncteur "image directe" f_* (foncteur qui est exact à gauche), on lui applique son "foncteur dérivé à droite" Rf_* : cela signifie qu'avant de faire agir f_* on remplace le complexe $K^{\cdot}$ par un complexe double $K'^{\cdot\cdot}$ qui en est une résolution injective ; on obtient ainsi un complexe double $f_*(K'^{\cdot\cdot})$, et le complexe simple associé est noté $Rf_*(K^{\cdot})$: à quasi-isomorphisme près, il ne dépend que de $K^{\cdot}$ et pas du choix de la résolution injective ; ses objets de cohomologie ne dépendent donc que de $K^{\cdot}$, on les note $\mathbb{R}^k f_*(K^{\cdot})$.
Si $K^{\cdot}$ était un complexe de $f^{-1}(\mathcal{D}_Y)$-Modules, $\mathbb{R}f_*(K^{\cdot})$ sera un complexe de $\mathcal{D}_Y$-Modules (défini à quasi-isomorphisme près) et $\mathbb{R}^k f_*(K^{\cdot}) = \mathcal{H}^k(\mathbb{R}f_*(K^{\cdot}))$ sera un $\mathcal{D}_Y$-Module.

Dans le cas particulier où Y se réduit à un point, f_* est le foncteur section $\Gamma(X,.)$, de sorte que $\mathbb{R}^k f_*(K^{\cdot}) = \mathbb{H}^k(X,K^{\cdot})$ est le k-ième espace vectoriel d'hypercohomologie de $K^{\cdot}$.
Pour les applications qui nous intéressent, nous retiendrons surtout les résultats suivants, dont la démonstration est analogue à celle des Propositions 14.2.5 et 14.2.6 :

14.3.1. (généralisation de la proposition 14.2.5).

Soit $f : X \longrightarrow Y$ une submersion "de Stein", c.à.d. telle que l'image réciproque d'un ouvert de Stein soit un ouvert de Stein. Soit M un $\mathcal{D}_X$-Module à gauche admettant de bonnes filtrations globales sur des ouverts de la forme $f^{-1}(U_\alpha)$ (où les U_α recouvrent Y).

Alors $\mathbb{R}^k f_*(DR_{X/Y}(M)) = \mathcal{H}^k(f_*(DR_{X/Y}(M)))$.

14.3.2. (généralisation de la proposition 14.2.6).

Soit $f : X \longrightarrow Y$ une submersion qui localement au dessus de Y peut être munie de coordonnées globales $(y_1,\dots,y_p, z_1,\dots,z_q) \longmapsto (y_1,\dots,y_p)$.

Alors $\mathcal{H}^q(f_*(DR_{X/Y}(M))) = f_*(\mathcal{D}_{Y\leftarrow X}) \otimes_{f_*(\mathcal{D}_X)} f_*(M) = f_*M/D_{z_1}f_*M+\dots+D_{z_q}f_*M$.

Pour démontrer 14.3.2. on démontrera le lemme suivant qui généralise le lemme 14.2.6. :

14.3.3. Lemme : Le complexe de De Rham relatif $DR_{X/Y}(M)$ de tout $\mathcal{D}_X$-Module à gauche M peut être augmenté à droite, donnant la suite exacte courte

$$(*)\quad \Omega^{q-1}_{X/Y} \otimes_{\mathcal{O}_X} M \xrightarrow{d} \Omega^q_{X/Y} \otimes_{\mathcal{O}_X} M \longrightarrow \mathcal{D}_{Y\leftarrow X} \otimes_{\mathcal{D}_X} M \longrightarrow 0$$

Ce lemme a une autre conséquence intéressante : il nous permet de faire le lien avec la "mauvaise" définition 14.1 de l'image directe.

14.3.4. Proposition. Soit $f : X \longrightarrow Y$ une submersion de dimension relative q, et soit M un $\mathcal{D}_X$-Module cohérent dont le support S est fini au dessus de Y. ALors,

$$\mathbb{R}^q f_*(DR_{X/Y}(M)) = f_*(\mathcal{D}_{Y\leftarrow X} \otimes_{\mathcal{D}_X} M).$$

Preuve : Pour calculer les deux membres de l'égalité annoncée, on peut remplacer X par un voisinage du support S de M, voisinage qu'on pourra supposer être "de Stein au dessus de Y" (sous l'hypothèse de finitude de S au dessus de Y).

On a donc d'après 14.3.1.

$$\mathbb{R}^q f_*(DR_{X/Y}(M)) = \mathscr{H}^q(f_*(DR_{X/Y}(M))),$$

et il reste seulement à montrer que le foncteur f_* transforme la suite exacte (*) du lemme 14.3.3 en une suite exacte ; pour cela on applique le résultat bien connu de géométrie analytique : le foncteur f_* est exact sur la catégorie des $\mathcal{O}_X$-Modules cohérents à support fini au dessus de Y (un argument de "bonne filtration" montre que la suite (*) est une limite inductive de suites exactes de la catégorie en question).

Nous avons maintenant rassemblé tous les matériaux nécessaires pour comprendre la définition générale de l'image directe d'un $\mathscr{D}_X$-Module. Avant d'énoncer cette définition, démontrons encore un lemme (plus fort que 14.3.3).

14.3.5. Lemme : Soit $f : X \longrightarrow Y$ une submersion.
Alors $DR_{X/Y}(\mathscr{D}_X)$ est une résolution localement libre de $\mathscr{D}_{Y \leftarrow X}$ dans la catégorie des $\mathscr{D}_X$-Modules à droite.

Preuve.

i) Construction de la flèche d'augmentation de $DR_{X/Y}(\mathscr{D}_X)$ vers $\mathscr{D}_{Y \leftarrow X}$

Dans des coordonnées locales $(y_1,\dots,y_p,z_1,\dots,z_q) \longmapsto (y_1,\dots,y_p)$ de la submersion f, l'ensemble des opérateurs différentiels de la forme $P = \sum_\alpha a_\alpha(y,z)\, D_z^\alpha$ $(a_\alpha \in \mathcal{O}_X)$ forme un sous-faisceau d'anneaux de $\mathscr{D}_X$ qui ne dépend pas du choix des coordonnées locales ; nous noterons $\mathscr{D}_{X/Y}$ ce faisceau, que nous appellerons "faisceau des opérateurs différentiels relatifs". De même que Ω_X^n a une structure naturelle de $\mathcal{D}_X$-Module à droite, on vérifie que $\Omega_{X/Y}^q$ a une structure naturelle de $\mathcal{D}_{X/Y}$-Module à droite, et que

$$\mathcal{D}_{Y\leftarrow X} = \Omega_{X/Y}^q \underset{\mathcal{D}_{X/Y}}{\otimes} \mathcal{D}_X.$$

La flèche d'augmentation cherchée n'est autre que la flèche évidente de $\Omega_{X/Y}^q \underset{\mathcal{O}_X}{\otimes} \mathcal{D}_X$ vers $\Omega_{X/Y}^q \underset{\mathcal{D}_{X/Y}}{\otimes} \mathcal{D}_X$.

ii) Exactitude du complexe de De Rham $DR_{X/Y}(\mathcal{D}_X)$ augmenté.

Cette exactitude peut se vérifier par un calcul en coordonnées locales $(y_1,\dots,y_p,z_1,\dots,z_q) \longmapsto (y_1,\dots,y_p)$, qui se réduit en fait à un résultat bien connu d'algèbre commutative.

Les endomorphismes

$$\mathcal{D}_X \xrightarrow{D_{z_i}\cdot} \mathcal{D}_X \quad (i=1,2,\dots,q)$$

de multiplication à gauche par $D_{z_1}, D_{z_2},\dots,D_{z_q}$ peuvent être considérés comme une "suite régulière d'endomorphismes commutant deux à deux" dans le $\mathcal{O}_X$-Module $\mathcal{D}_X$ (muni de la structure de $\mathcal{O}_X$-Module induite par sa structure de $\mathcal{D}_X$-Module à droite). On en déduit que le complexe de Koszul de cette suite régulière, que nous noterons $K_d^{\cdot}(D_{z_1},\dots,D_{z_q};\mathcal{D})$ et que nous appellerons "complexe de Koszul droit" (pour rappeler que la structure de $\mathcal{O}_X$-Module est celle induite par la multiplication à droite) est une résolution de

$$\mathcal{D}_X/D_{z_1}\mathcal{D}_X + \dots + D_{z_q}\mathcal{D}_X = \mathcal{D}_{Y\leftarrow X}$$

(dans la catégorie des $\mathcal{O}_X$-Modules).

Or un calcul immédiat en coordonnées locales montre que la suite exacte ainsi définie

$$K_d^{\cdot}(D_{z_1},\dots,D_{z_q};\mathcal{D}) \longrightarrow \mathcal{D}_{Y\leftarrow X} \longrightarrow 0$$

n'est autre que le complexe de De Rham $DR_{X/Y}(\mathcal{D}_X)$ muni de l'augmentation i).

14.4. Image directe d'un $\mathcal{D}_X$-Module : définition générale.

Soit $f : X \longrightarrow Y$ une application analytique de variétés. Etant donné un $\mathcal{D}_X$-Module à gauche M, on appelle "image directe" de M par f l'un des objets suivants (au choix !) :

le $\mathcal{D}_Y$-Module $\displaystyle\int_f^k M = \mathbb{R}^k f_*(\mathcal{D}_{Y\leftarrow X} \overset{L}{\underset{\mathcal{D}_X}{\otimes}} M)$

(appelé k-ième image directe), ou :

le complexe (défini à quasi-isomorphisme près) de $\mathcal{D}_Y$-Modules

$$\int_f^{\cdot} M = \mathbb{R}f_*(\mathcal{D}_{Y\leftarrow X} \overset{L}{\underset{\mathcal{D}_X}{\otimes}} M).$$

Ayant déjà expliqué la signification des sigles $\mathbb{R}f_*$, $\mathbb{R}^k f_*$, il nous reste à expliquer la lettre "L" au dessus du $\otimes$. Elle signifie qu'on remplace le foncteur (exact à droite) $\mathcal{D}_{Y\leftarrow X} \underset{\mathcal{D}_X}{\otimes}$ par son foncteur dérivé à gauche :

$\mathcal{D}_{Y\leftarrow X} \overset{L}{\underset{\mathcal{D}_X}{\otimes}} M = \mathcal{D}_{Y\leftarrow X} \underset{\mathcal{D}_X}{\otimes} M'^{\cdot}$, où $M'^{\cdot}$ est une résolution projective de M comme $\mathcal{D}_X$-Module à gauche :

$$\dots M'^{-1} \longrightarrow M'^{0} \longrightarrow M \longrightarrow 0.$$

On obtient ainsi un complexe de $f^{-1}(\mathcal{D}_Y)$-Modules à gauche, bien défini à quasi-isomorphisme près.

Cas particuliers.

14.4.1. f est une submersion

On déduit du lemme 14.3.5, par un argument standard d'algèbre homologique, que $\mathscr{D}_{Y\leftarrow X} \overset{L}{\underset{\mathscr{D}_X}{\otimes}} M$ est quasi-isomorphe à $DR_{X/Y}(M)\,[q]$ (complexe de De Rham relatif, à graduation décalée de q vers la droite ; q désigne la dimension relative de f).

Par conséquent,

$$\int_f^k M = \mathbb{R}^{k+q} f_*(DR_{X/Y}(M)).$$

14.4.2. f est une immersion propre.

Dansce cas $\mathscr{D}_{Y\leftarrow X}$ est localement libre sur $\mathscr{D}_X$, et l'on en déduit par le même argument standard d'algèbre homologique que $\mathscr{D}_{Y\leftarrow X} \overset{L}{\underset{\mathscr{D}_X}{\otimes}} M$ est quasi-isomorphe à $\mathscr{D}_{Y\leftarrow X} \underset{\mathscr{D}_X}{\otimes} M$ (complexe réduit à ce seul terme, en degré zéro). Par conséquent, comme f_* est dans ce cas un foncteur exact,

$$\int_f^k M = \begin{cases} f_*(\mathscr{D}_{Y\leftarrow X} \underset{\mathscr{D}_X}{\otimes} M) & \text{si } k = 0 \\ 0 & \text{si } k \neq 0 \end{cases}$$

14.4.3. Cas général :

f : X ⟶ Y peut être considérée comme application composée d'une immersion $X \overset{i}{\hookrightarrow} X\times Y$ et d'une submersion $X\times Y \overset{\pi}{\longrightarrow} Y$, et l'on montre qu'on a un isomorphisme canonique

$$\int_{\pi\circ i}^{\cdot} M = \int_{\pi}^{\cdot}\int_{i}^{0} M.$$

Le cas général se ramène ainsi aux cas particuliers i) et ii).

14.5. Problème de la cohérence des images directes.

De même qu'on a des théorèmes de "finitude de la cohomologie" pour les variétés analytiques dont le comportement à l'infini est suffisamment "honnête" (p. ex. toutes les variétés compactes), on peut espérer avoir des théorèmes de cohérence des images directes pour les $\mathcal{D}_X$-Modules cohérents se comportant assez bien à l'infini (dans la direction des fibres de f). Par exemple on peut espérer que si f est propre les images directes de tout $\mathcal{D}_X$-Module cohérent sont des $\mathcal{D}_Y$-Modules cohérents ; pour l'instant, ce résultat n'est établi qu'avec des hypothèses supplémentaires, par exemple si f est un morphisme projectif, avec M un $\mathcal{D}_X$-Module muni d'une bonne filtration globale (Kashiwara 1976).

15. Systèmes de Gauss-Manin.

On appelle "système de Gauss-Manin" d'une application analytique complexe $f : X \longrightarrow Y$ l'image directe par f du système de De Rham $\mathcal{O}_X$, c.à.d. si l'on veut :

le $\mathcal{D}_Y$-Module $\int_f^0 \mathcal{O}_X$; ou :

la collection des $\mathcal{D}_Y$-Modules $\int_f^k \mathcal{O}_X$; ou mieux : le complexe (défini à quasi-isomorphisme près) de $\mathcal{D}_Y$-Modules $\int_f^{\cdot} \mathcal{O}_X$.

Bien entendu on souhaite que les objets ainsi obtenus soient des $\mathcal{D}_Y$-Modules cohérents (et même holonomes), ce qui oblige à faire sur f des hypothèses géométriques convenables (du genre "propreté", ou "bon comportement à l'infini des fibres" : cf. n° 14.5).
L'étude des systèmes de Gauss-Manin est un sujet d'une richesse inépuisable. Je vais me contenter dans ce paragraphe d'esquisser, dans le langage des $\mathcal{D}$-Modules, quelques résultats "bien connus" mais qui jusqu'à présent n'avaient pas été formulés dans ce langage.

15.1. Connexion de Gauss-Manin d'une fibration localement triviale.

D'après 14.4.1. le système de Gauss-Manin d'une submersion peut s'écrire

$$\int_f^k \mathcal{O}_X = \mathbb{R}^{k+q} f_*(\Omega^{\cdot}_{X/Y})$$

et s'interprète comme le faisceau (sur Y) des familles analytiques (par rapport à y) de classes de cohomologie $c(y) \in H^{k+q}(f^{-1}(y),\mathbb{C})$.
Pour une submersion f quelconque ce faisceau n'est pas cohérent, mais moyennant l'hypothèse

(H1) "f est une fibration topologique localement triviale"

on trouve un faisceau localement libre de $\mathcal{O}_Y$-modules

$$\left(\int_f^k \mathcal{O}_X\right)_y = \mathcal{O}_{Y,y} \underset{\mathbb{C}}{\otimes} H^{k+q}(f^{-1}(y),\mathbb{C}).$$

Si l'on ajoute à (H.1) l'hypothèse

(H2) $\dim_{\mathbb{C}} H^{\cdot}(f^{-1}(y),\mathbb{C}) < \infty$

on trouve que le système de Gauss-Manin est un $\mathcal{O}_Y$-Module localement libre de type fini, c.à.d. une <u>connexion</u> au sens du § 7. Les sections horizontales de cette connexion sont appelées "familles horizontales de classes de cohomologie". Il est facile de fabriquer des <u>solutions holomorphes</u> (locales) d'un système de Gauss-Manin : il suffit de se donner, sur un ouvert $U \subset Y$, une famille continue de classes d'homologie $(h(y) \in H_{k+q}(f^{-1}(y),\mathbb{Z}))_{y\in U}$; l'intégration d'une classe de cohomologie $c(y)$ sur cette classe d'homologie $h(y)$ définit, si $c(y)$ dépend analytiquement de y, une fonction analytique

$$\int_h c = \left(\int_{h(y)} c(y)\right)_{y\in U} \in \mathcal{O}_Y(U),$$

et l'application $c \longmapsto \int_h c$ est un <u>homomorphisme de</u> $\mathcal{D}(U)$-<u>modules à gauche</u> :

$$\int_h : \left(\int_f^k \mathcal{O}_X\right)(U) \longrightarrow \mathcal{O}_Y(U)$$

c'est à dire une <u>solution holomorphe</u> (sur U) du système de Gauss-Manin. Nous avons ainsi défini, pour toute submersion f, un homomorphisme $h \longmapsto \int_h$ du <u>faisceau d'homologie de</u> X <u>au dessus de</u> Y" (que nous noterons $H_{k+q}(X/Y,\mathbb{Z})$) <u>dans le faisceau des solutions holomorphes du système de Gauss-Manin</u> $\int_f^k \mathcal{O}_X$.

Proposition.

Si f vérifie les hypothèses (H1) (H2), l'homomorphisme $h \mapsto \int_h$ définit un isomorphisme du faisceau localement constant de $\mathbb{C}$-espaces vectoriels

$H_{k+q}(X/Y,\mathbb{Z}) \underset{\mathbb{Z}_Y}{\otimes} \mathbb{C}_Y$ dans le faisceau des solutions holomorphes du système de Gauss-Manin $\int_f^k \mathcal{O}_X$.

Autrement dit toutes les solutions de Gauss-Manin sont engendrées sur $\mathbb{C}$ par des solutions de la forme $\int_h$.

Preuve. Sous l'hypothèse (H2), les espaces vectoriels $H^{k+q}(f^{-1}(y),\mathbb{C})$ et $H_{k+q}(f^{-1}(y),\mathbb{C})$ sont mis en dualité par la forme bilinéaire "d'intégration" ("dualité de De Rham"). On en déduit immédiatement grâce à l'hypothèse (H1), que l'homomorphisme $h \mapsto \int_h$ identifie le faisceau localement constant d'espaces vectoriels $H_{k+q}(X/Y,\mathbb{Z}) \underset{\mathbb{Z}_Y}{\otimes} \mathbb{C}_Y$ au dual du faisceau des sections horizontales de la connexion de Gauss-Manin - dual qui n'est autre que le faisceau des solutions holomorphes (corollaire 7.1.1.).

15.2. Système de Gauss-Manin d'une fonction à point critique isolé.

Il s'agit là d'un cas exemplaire de système de Gauss-Manin "avec singularité". La situation géométrique est celle étudiée par Milnor dans son livre "Singular points of complex hypersurfaces" :

On part d'une fonction analytique $f : \mathbb{C}^n \longrightarrow \mathbb{C}$ telle que $f(0) = 0$, ayant l'origine pour point critique isolé.

Algèbriquement cela revient à dire (d'après le théorème des zéros de Hilbert-Rückert) que l'anneau quotient $\mathbb{C}\{x_1,x_2,\dots,x_n\}/(f'_{x_1},f'_{x_2},\dots,f'_{x_n})$ est un $\mathbb{C}$-espace vectoriel de dimension finie μ ("le nombre μ de Milnor", selon la dénomination en usage).

L'hypersurface $f^{-1}(0)$ a alors l'origine comme point singulier isolé, et l'on peut choisir $\varepsilon > 0$ assez petit pour que les boules $B_{\varepsilon'} = \{x \in \mathbb{C}^n \mid \|x\| < \varepsilon'\}$ $(\varepsilon' \leq \varepsilon)$ aient toutes leurs bords $S_{\varepsilon'}$ transverses à cette hypersurface.

Ayant ainsi choisi ε, on choisit $\eta > 0$ assez petit pour que le disque $D_\eta = \{y \in \mathbb{C} \mid |y| < \eta\}$ ne soit adhérent à aucune valeur critique de $f|S_\varepsilon$.

On note finalement

$$f : X \longrightarrow Y$$

la restriction de la fonction f précédente à

$$X = B_\varepsilon \cap f^{-1}(D_\eta)$$

$$Y = D_\eta.$$

Avec de tels choix de ε et η, la fonction $f : X \longrightarrow Y$ a un type topologique (et même un type d'isotopie) qui ne dépend pas de ces choix mais seulement du germe de fonction f.

En restriction à $X - f^{-1}(0)$, l'application f est une fibration localement triviale de base $Y - \{0\}$ (le disque épointé), et dont la fibre a même type topologique qu'un bouquet de μ sphères S^{n-1} ("fibration de Milnor").

D'après 15.1. le système de Gauss-Manin $\int_f^k \mathcal{O}_X$ restreint à $Y - \{0\}$ s'identifie à la cohomologie en degré k+n-1 de la "fibre de Milnor" : cette cohomologie est nulle pour $k \neq 0$, $k \neq -(n-1)$, elle est de rang μ pour k=0 et de rang 1 pour $k=-(n-1)$ (à supposer que $0 \neq -(n-1)$). Mais que se passe-t-il à l'origine de Y ?

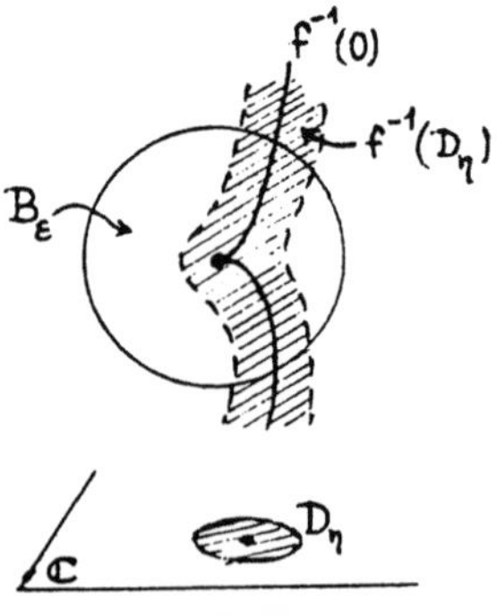

Proposition 15.2.1.

i) le $\mathcal{D}_{Y,0}$-module $\left(\int_f^k \mathcal{O}_X\right)_0$ ne dépend pas du choix du rayon ε de la boule B_ε qui a servi à définir X, mais seulement du germe à l'origine de la fonction $f : \mathbb{C}^n \longrightarrow \mathbb{C}$.

ii) Ce $\mathcal{D}_{Y,0}$-module peut être défini de façon purement algèbrique par la formule

$$\left(\int_f^k \mathcal{O}_X\right)_0 = H^{n+k}(K^\cdot) \quad k = 0,-1,-2,\dots,-n$$

où $K^\cdot$ désigne le complexe de De Rham relatif

$K^\cdot = DR_{X\times Y/Y}\,(\mathcal{B}_{[f]\,X\times Y})_0$. Pour k=0 on obtient ainsi

$$\left(\int_f^0 \mathcal{O}_X\right)_0 = H^n(DR_{X\times Y/Y}\,(\mathcal{B}_{[f]X\times Y})_0) = \mathcal{D}_{Y\longleftarrow X,0} \underset{\mathcal{D}_{X,0}}{\otimes} \mathcal{O}_{X,0}$$

Preuve :

i) En dehors de l'origine f est une submersion, de sorte que d'après 14.4.1. (et le lemme de Poincaré relatif) $\mathcal{D}_{Y\leftarrow X} \overset{L}{\underset{\mathcal{D}_X}{\otimes}} \mathcal{O}_X$ est quasi-isomorphe en dehors de l'origine à $f^{-1}(\mathcal{O}_Y)\,[n-1]$ (faisceau constant dans la direction des fibres, concentré en degré -(n-1)).

Par conséquent le complexe de faisceaux $\mathcal{D}_{Y\leftarrow X} \overset{L}{\underset{\mathcal{D}_X}{\otimes}} \mathcal{O}_X$ est laissé invariant (à quasi-isomorphisme près) par toute isotopie verticale constante dans un voisinage de l'origine (par "isotopie verticale" nous entendons une isotopie laissant invariante chaque fibre de la projection f). Or il est facile de construire un champ de vecteurs vertical de classe $\mathcal{C}^\infty$, nul au voisinage de l'origine, dont l'intégration réalise une telle isotopie entre $B_\varepsilon \cap f^{-1}(D_\eta)$ et $B_{\varepsilon'} \cap f^{-1}(D_\eta)$ (pour tous ε, ε' donnés, η assez petit).

ii) D'après l'exemple 14.1.1 l'image directe de $\mathcal{O}_X$ par l'inclusion

$$j_f : X \hookrightarrow X\times Y$$
$$x \longmapsto x, f(x)$$

n'est autre que $\mathcal{B}_{[f]X\times Y}$ (Module des couches multiples portées par le graphe de f). D'après 14.4.3. on a donc

$$\left(\int_f^k \mathcal{O}_X\right)_0 = \left(\int_\pi^k \mathcal{B}_{[f]X\times Y}\right)_0$$ (où π : XxY ⟶ Y est la projection évidente) ;

d'après 14.3.1. le second membre est encore égal à

$$H^{n+k}(DR_{X\times Y/Y}(\mathcal{B}_{[f]X\times Y})(B_\varepsilon \cap f^{-1}(0)).$$

En faisant tendre ε vers 0 et en appliquant la partie i) de la proposition 15.2.1. on en tire par passage à la limite inductive

$$\left(\int_f^k \mathcal{O}_X\right)_0 = H^{n+k}(DR_{X\times Y/Y}(\mathcal{B}_{[f]X\times Y})_0).$$

Par ailleurs le lemme 14.3.3 montre que le complexe $DR_{X\times Y/Y}(\mathcal{B}_{[f]X\times Y})_0$ a pour cohomologie en degré n :

$$\mathcal{D}_{Y\overset{\pi}{\leftarrow} X\times Y,0} \underset{\mathcal{D}_{X\times Y,0}}{\otimes} (\mathcal{B}_{[f]X\times Y})_0,$$

qui est bien égal à $\mathcal{D}_{Y\leftarrow X,0} \otimes_{\mathcal{D}_{X,0}} \mathcal{O}_{X,0}$ en vertu des formules de composition (n° 13.6).

15.2.2. Etude cohomologique du complexe de De Rham relatif.

Soit $K^\cdot = DR_{\mathbb{C}^n\times\mathbb{C}/\mathbb{C}}(\mathcal{B}_{[f]\mathbb{C}^n\times\mathbb{C}})_0$ le complexe de De Rham relatif d'un germe de fonction $f : \mathbb{C}^n \longrightarrow \mathbb{C}$ à point critique isolé (en fait, cette hypothèse n'interviendra pas avant le lemme ii)).

En remarquant que $(\mathscr{B}_{[f]\mathbb{C}^n\times\mathbb{C}})_0$ est libre sur $C\{x\}[D_y]$ (avec $\delta_{(y-f(x))}$ comme générateur), on trouve par un calcul immédiat que $K^\cdot$ peut s'écrire

$$K^\cdot = (\Omega^\cdot\,[D]\,,\ \underline{d})$$

où $\Omega^\cdot[D]$ désigne le $\mathbb{C}\{x\}[D]$ -module des polynômes à une indéterminée $D = D_y$ à coefficients dans $\Omega^\cdot = \Omega^\cdot_{X,0}$, et la différentielle $\underline{d}$ est donnée par

$$\underline{d}\,\underline{\omega} = d\underline{\omega} - df\wedge\underline{\omega}\,D$$

(on a noté d la différentielle "habituelle"

$d\,\Sigma\,\omega_i\,D_i = \Sigma\,d\omega_i\,D^i$).

<u>Lemme i)</u> : L'endomorphisme $D : H^p(K^\cdot)\circlearrowleft$ est <u>surjectif</u> pour $p \geq 1$, et <u>injectif</u> pour $p \geq 2$.

<u>Preuve de la surjectivité.</u>

Dire que $\underline{\omega} = \omega_0 + \omega_1 D + \ldots$ est un cocycle pour $\underline{d}$ revient à dire que $d\underline{\omega} = df\wedge\underline{\omega}\,D$, ce qui implique les deux relations $d\omega_0 = 0$, $d\omega_1 = df\wedge\omega_0$. D'après le lemme de Poincaré, la première relation implique $\omega_0 = d\chi_0$ (pourvu que deg $\underline{\omega} \geq 1$) ; en reportant dans la seconde, on trouve que $\omega_1 + df\wedge\chi_0$ est une forme fermée, donc que $\omega_1 = d\chi_1 - df\wedge\chi_0$ (toujours d'après le lemme de Poincaré).

On peut donc écrire $\underline{d}(\chi_0+\chi_1 D) = \omega_0+(\omega_1-df\wedge\chi_1 D)D$, ce qui signifie que ω_0 est cohomologue à $(-\omega_1+df\wedge\chi_1 D)D$, de sorte que D est bien surjectif.

<u>Preuve de l'injectivité.</u>

Il s'agit de montrer que l'égalité $D\underline{\omega} = \underline{d}\,\underline{\chi}$ (pour deg $\underline{\omega} \geq 2$) implique $\underline{\omega} = \underline{d}\underline{\chi}'$ pour un $\underline{\chi}'$ convenable. Ecrivons $\underline{\chi} = \chi_0+\chi_1 D+\ldots$ Dire que $\underline{d}\underline{\chi}$ est divisible par D, c'est dire que $d\chi_0 = 0$, donc que $\chi_0 = d\theta_0$ (lemme de Poincaré). Or $\underline{d}\theta_0 = d\theta_0 - df_1\wedge\theta_0 D = \chi_0 - df\wedge\theta_0\,D$, de sorte que $\underline{\chi}-\underline{d}\,\theta_0$ est divisible par D et peut s'écrire $D\underline{\chi}'$.

Alors, $D\underline{\omega} = \underline{d}\underline{\chi} = \underline{d}\, D\underline{\chi}' = D\, \underline{d}\underline{\chi}'$, de sorte que $\underline{\omega} = \underline{d}\underline{\chi}'$.

Il est naturel de considérer $H^p(K^\cdot)$ comme un $\mathscr{D}_{\mathbb{C},0}$-module filtré, dont le terme d'ordre m est l'ensemble des classes de cohomologie de formes "d'ordre m" : $\omega = \omega_o + \omega_1 D + \ldots + \omega_m D^m$.

Le lemme ci-dessous va nous permettre de calculer le terme d'ordre 0 de cette filtration.

Lemme ii). Pour $p \geq 2$, une forme "d'ordre 0" $\omega \in \Omega^p$ est le cobord d'un élément de K^{p-1} si et seulement si elle peut s'écrire
$\omega = df \wedge d\theta, \quad \theta \in \Omega^{p-2}$.

Preuve : Soit $\omega = \underline{d}\underline{\chi}$, $\underline{\chi} = \chi_o + \chi_1 D + \ldots + \chi_m D^m$.
On va raisonner par récurrence sur "l'ordre" m de $\underline{\chi}$.

Pour m=0, l'équation $\omega = \underline{d}\underline{\chi}$ équivaut aux deux équations $\omega = d\chi_o$, $0 = df \wedge \chi_o$.
Or le "lemme de De Rham" nous dit que si f est à point critique isolé le complexe $(\Omega^\cdot, df \wedge\ )$ est acyclique en degrés $< n$. La seconde équation équivaut donc à $\chi_o = -df \wedge \theta$, de sorte que la première peut se lire $\omega = df \wedge d\theta$.

Pour m > 0, l'équation $\omega = \underline{d}\underline{\chi}$ implique $0 = df \wedge \chi_m$. Toujours d'après le lemme de De Rham, χ_m est donc de la forme $\chi_m = -df \wedge \theta_m$, et l'on a $\underline{d}\, \theta_m D^{m-1} = d\theta_m D^{m-1} + \chi_m D^m$, ce qui permet d'écrire $\omega = \underline{d}\underline{\chi}'$, où $\underline{\chi}' = \underline{\chi} - \underline{d}\theta_m D^{m-1}$ est d'ordre m-1 ; on conclut par hypothèse de récurrence.

Proposition : $H^p(K^\cdot)$ est nul pour $1 \neq p \neq n$. Quant à $H^n(K^\cdot)$, que nous noterons dorénavant G, sa filtration naturelle est une "bonne filtration" (au sens 8.2.0) dont le terme d'ordre 0 est donné pour $n \geq 2$ par la formule

$$G^{(0)} = \Omega^n / df \wedge d\, \Omega^{n-2}.$$

L'isomorphisme D^{-1} du lemme i) laisse stable $G^{(0)}$, et associe à la classe de $\omega \in \Omega^n$ la classe de $df \wedge \chi$, où χ est n'importe quelle forme telle que $d\chi = \omega$.

Preuve : La nullité de $H^o(K^\cdot)$ est immédiate à vérifier, et nous supposerons donc $1 < p \leq n$.

Dire que $\omega \in \Omega^p$ est un $\underline{d}$-cocycle (d'ordre 0), c'est dire que $d\omega=0$ et $df\wedge\omega = 0$. La première équation implique $\omega = d\chi$ (lemme de Poincaré), de sorte que $\underline{d}\chi = \omega - df\wedge\chi D$, et l'on voit donc que ω est cohomologue à $df\wedge\chi D$.

On en déduit bien la stabilité de $H^p(K^\cdot)^{(0)}$ (terme d'ordre 0 de la filtration naturelle) par l'isomorphisme D^{-1} du lemme i), ainsi que la formule donnant cet isomorphisme.

Pour continuer la démonstration nous admettrons le lemme suivant.

Lemme iii) : $H^p(K^\cdot)^{(0)}$ est un $\mathbb{C}\{y\}$-module noethérien.

Maintenant nous allons distinguer deux cas :

Si $p < n$, le lemme de De Rham implique que tout $\underline{d}$-cocycle d'ordre 0 peut s'écrire $df\wedge\chi$, de sorte que d'après la description qui précède

$D^{-1}\, H^p(K^\cdot)^{(0)} = H^p(K^\cdot)^{(0)}$. Par conséquent $H^p(K^\cdot)^{(0)} = H^p(K^\cdot)^{(1)} = \ldots = H^p(K^\cdot)$: la filtration est triviale. On en déduit grâce au lemme iii) que le $\mathscr{D}_{\mathbb{C},0}$-module $H^p(K^\cdot)$ est une connexion (cf. Proposition 10.3), à moins qu'il ne soit nul. Mais un germe de connexion admet des sections horizontales, ce qui contredirait le lemme i).

Si $p = n$, la description qui précède montre que

$G^{(0)}/D^{-1}\, G^{(0)} = \Omega^n/df\wedge\Omega^{n-1} \approx \mathbb{C}\{x_1,\ldots,x_n\}\, /(f'_{x_1},\ldots,f'_{x_n}) \approx \mathbb{C}^\mu$ (où μ est le "nombre de Milnor").

Compte tenu du fait que D est un automorphisme de G (considérée comme $\mathbb{C}$-espace vectoriel), on en déduit que chaque terme de la filtration naturelle de G est une extension finie de $G^{(0)}$, de sorte que d'après le lemme iii) le module gradué Gr G est noethérien sur $\mathrm{Gr}\,\mathscr{D}_{\mathbb{C},0} = \mathbb{C}\{y\}\,[\eta]$, et on conclut grâce à 8.2.0.

Commentaire sur le lemme iii).

Désignons par $(\Omega^{\cdot}_{X/Y},d)$ le complexe des "formes différentielles relatives" du germe de projection $f : X \longrightarrow Y$: par définition, c'est le quotient du complexe $(\Omega^{\cdot},d)$ par le sous-complexe $df \wedge \Omega^{\cdot -1}$. On voit immédiatement que l'application

$$df\wedge \;:\; \Omega^{p-1}_{X/Y} \longrightarrow K^p$$
$$\omega \longmapsto df\wedge\omega$$

est un homomorphisme de complexes (au signe des différentielles près).

De plus on vérifie facilement grâce au lemme de De Rham que cet homomorphisme induit un isomorphisme entre $H^{p-1}(\Omega^{\cdot}_{X/Y})$ et $D^{-1}\, H^p(K^{\cdot})^{(0)}$ $(1 \leq p \leq n)$.

Le lemme iii) se ramène ainsi au lemme "bien connu":

Lemme iii)' : Si f est à point critique isolé, le complexe $\Omega^{\cdot}_{X/Y}$ est à cohomologie noethérienne sur $\mathbb{C}\{y\}$.

La démonstration que donne Brieskorn (1970) de ce lemme consiste à interpréter géométriquement la cohomologie de $\Omega^{\cdot}_{X/Y}$ comme fibre d'un faisceau de $\mathcal{O}_Y$-modules dont la cohérence découle du théorème des images directes de Grauert.

Assez curieusement, je ne connais pas de démonstration algébrique directe.

Additif à la proposition :

D'après un théorème de Sébastiani (1970), le $\mathbb{C}\{y\}$-module $G^{(0)}$ est non seulement noethérien mais libre de type fini.

Cas limite p=1,

Des calculs faciles (laissés au lecteur) montrent que

Si $n > 1$, $H^1(K^{\cdot}) = \mathbb{C}\{y\}$ (système de De Rham)

Le cas n=1 sera traité un peu plus loin.

15.2.3. Cas d'une singularité quasi-homogène.

Soit $\alpha = (\alpha_1, \alpha_2, \ldots, \alpha_n)$ une liste de nombres rationnels positifs choisis une fois pour toutes.

Nous appellerons degré d'un monôme $x^k = x_1^{k_1} x_2^{k_2} \ldots x_n^{k_n}$ le nombre rationnel $< \alpha, k > = \sum_{i=1}^{n} \alpha_i k_i$. Un polynôme sera dit quasi-homogène (de type α) si tous les monômes qui le composent ont le même degré.

Soit donc $f \in \mathbb{C}[x_1, x_2, \ldots, x_n]$ un polynôme quasi-homogène de type α . Quitte à diviser tous les α_i par un même nombre rationnel, nous pouvons toujours supposer que f est "de degré 1". Un calcul immédiat montre qu'alors

$$f = \sum_{i=1}^{n} \alpha_i x_i f'_{x_i} .$$

Lemme i). $\boxed{y\, G^{(0)} = D_y^{-1} G^{(0)}}$

Preuve : Le fait que f appartienne à son "idéal jacobien" $J = (f'_{x_1}, f'_{x_2}, \ldots, f'_{x_n}) \mathbb{C}\{x_1, x_2, \ldots, x_n\}$ équivaut à l'inclusion $f\, \Omega^n \subset df \wedge \Omega^{n-1}$, elle-même équivalente à l'inclusion $y\, G^{(0)} \subset D_y^{-1} G^{(0)}$ d'après la description de D_y^{-1} donnée par la proposition 15.2.2.

Pour démontrer l'inclusion inverse $D_y^{-1} G^{(0)} \subset y\, G^{(0)}$ il suffit de démontrer que toute forme $\omega \in \Omega^n$ admet une "primitive" χ (c.à.d. $\omega = d\chi$) telle que $df \wedge \chi$ soit divisible par f. Une construction explicite d'une telle "primitive" est facile à exhiber dans le cas d'une forme monomiale (voir plus loin), et l'on voit facilement que cette construction s'étend aux séries convergentes de formes monomiales (par linéarité, et continuité au sens de la convergence dans Ω^n).

Construction dans le cas d'une forme monomiale

$\omega = x^k\, dx_1 \wedge dx_2 \wedge \dots \wedge dx_n$.

On pose $\chi = \dfrac{1}{|\alpha|+\delta} \displaystyle\sum_{i=1}^{n} (-1)^{i-1} \alpha_i\, x_i\, x^k\, dx_1 \wedge \dots \wedge \widehat{dx_i} \wedge \dots \wedge dx_n$,

avec $|\alpha| = \displaystyle\sum_{i=1}^{n} \alpha_i$, et $\delta = \langle\alpha,k\rangle$, degré de la forme monomiale.

On a bien $\omega = d\chi$, et

$$df \wedge \chi = \frac{1}{|\alpha|+\delta} \sum_{i=1}^{n} \alpha_i\, x_i\, f'_{x_i}\, \omega = \frac{1}{|\alpha|+\delta} f\omega.$$

Par conséquent toute forme monomiale, et plus généralement toute forme quasi-homogène de degré δ , vérifie dans $G^{(0)}$ l'équation suivante :

(*) $\boxed{y\,\omega = (|\alpha|+\delta)\, D_y^{-1}\, \omega}$

Lemme ii) : Si f est quasi-homogène à point critique isolé, $G^{(0)}$ est un $\mathbb{C}\{y\}$-module libre de rang μ , dont une base peut être constituée par tout système de formes monomiales engendrant Ω^n mod. $df \wedge \Omega^{n-1}$.

Preuve : Nous admettons ici encore que $G^{(0)}$ est un $\mathbb{C}\{y\}$-module noethérien (cf. 15.2.2, lemme iii)). Pour engendrer ce $\mathbb{C}\{y\}$-module il suffit donc, d'après le lemme de Nakayama, de l'engendrer modulo $y\, G^{(0)}$. En appliquant le lemme i) et l'isomorphisme $G^{(0)}/D_y^{-1}\, G^{(0)} = \Omega^n/df \wedge \Omega^{n-1}$ on trouve bien que $G^{(0)}$ est engendré par une base de Ω^n mod. $df \wedge \Omega^{n-1}$.

Il reste à montrer qu'il est libre.

Mais le lemme i), compte tenu de la relation de commutation $[D_y, y] = 1$, montre que pour tout $m \in \mathbb{N}$ on a $y^m\, G^{(0)} = D_y^{-m}\, G^{(0)}$: la filtration y-adique de $G^{(0)}$ est égale à sa filtration D_y^{-1}-adique.

Comme D_y est un isomorphisme de G le gradué associé à cette filtration a ses composantes homogènes toutes de même dimension μ, de sorte que ce gradué est libre de rang μ sur $\mathbb{C}[y]$, ce qui implique la liberté de $G^{(0)}$ sur $\mathbb{C}\{y\}$.

Lemmme iii) : Les degrés δ des formes de base du lemme ii), ainsi que la "multiplicité" μ_δ correspondant à chaque degré (μ_δ = nombre de formes de base de degré δ) sont déterminés par la seule donnée du "type de quasi-homogénéité" α .

On pourra trouver une démonstration très simple de ce lemme dans Arnold [formes normales des fonctions au voisinage de points critiques dégénérés, Usp. Mat. Nauk XXIX 2 (176) (1974)] . Signalons en particulier que le nombre de Milnor $\mu = \sum_\delta \mu_\delta$ se déduit de α par la formule

$\mu = \prod_{i=1}^{n} (\frac{1}{\alpha_i} - 1)$ (les $\frac{1}{\alpha_i}$ sont entiers parce que l'origine est point critique isolé).

Proposition : A la base décrite par les lemmes ii) et iii) correspond la présentation suivante du système de Gauss-Manin :

$$G = \bigoplus_\delta \left[\mathscr{D}/\mathscr{D}(D_y y - |\alpha| - \delta)\right]^{\mu_\delta}$$

Preuve : L'équation (*) montre que les formes de base sont bien solutions des équations $(D_y y - |\alpha| - \delta)\omega = 0$, de sorte que le $\mathscr{D}$-module de droite s'envoie homomorphiquement dans le $\mathscr{D}$-module G. Pour montrer que cet homomorphisme est un isomorphisme il suffit de remarquer que

1°) le $\mathscr{D}$-module de droite a une filtration naturelle dont le terme d'ordre 0 est $\mathcal{O}^\mu$($\mathcal{O} = \mathbb{C}\{y\}$), qui est bien isomorphe à $G^{(0)}$ d'après le lemme ii) ;

2°) l'opérateur D_y est inversible dans les deux $\mathscr{D}$-modules considérés, de sorte que l'isomorphisme des termes d'ordre 0 de leurs filtrations implique l'isomorphisme des $\mathscr{D}$-modules.

Exemple : $f = x_1^2 + x_2^2 + \ldots + x_n^2$.

Dans ce cas $\mu = 1$, $\alpha = (\frac{1}{2}, \frac{1}{2}, \ldots, \frac{1}{2})$, G est engendré par la forme $\omega = dx_1 \wedge dx_2 \wedge \ldots \wedge dx_n$ soumise à la seule relation $(D_y y - \frac{n}{2})\omega = 0$.

En particulier pour n=2 on trouve

$$G = \mathscr{D}/\mathscr{D}\, y\, D_y \;\tilde{\sim}\; \mathscr{D}H \quad (H = \text{distribution de Heaviside}).$$

15.2.4. Cas particulier n=1.

Dans ce cas on peut choisir la coordonnée x à la source, y au but, de façon que le germe f soit donné par $x \longmapsto y = x^m$.

Le calcul de $G = H^1(K^\cdot) = \mathscr{D}_{Y\leftarrow X,0} \underset{\mathscr{D}_{X,0}}{\otimes} \mathcal{O}_{X,0}$ est celui de 13.7 iii) (vu dans un miroir !) et l'on a donc

$$G = \mathscr{G} \oplus \mathcal{O}$$

où $\mathcal{O} = \mathbb{C}\{y\}$ est le système de De Rham, tandis que

$$\mathscr{G} = \bigoplus_{\delta=0}^{m-2} \mathscr{D}/\mathscr{D}(D_y y - \frac{1}{m} - \delta).$$

Cette présentation du système $\mathscr{G}$ (que nous appellerons "système de Gauss-Manin réduit" par analogie avec la notion de "cohomologie réduite") peut être considérée comme un cas particulier de la Proposition 15.2.3. ($\alpha = \frac{1}{m}$, $\mu = m-1$, $\delta = 0,1,2,\ldots m-2$; $\mu_\delta = 1$).

15.2.5. "Système" de Gauss-Manin et "connexion" de Gauss-Manin.

Ce que la littérature étudie traditionnellement sous le nom de "connexion de Gauss-Manin" (d'un germe de fonction à point critique isolé) n'est autre que le localisé $G_{(y)}$ de notre "système de Gauss-Manin" G. Il s'agit d'une "connexion méromorphe" (au sens 11.7). L'exemple 15.2.3 ci-dessus montre que G ne s'injecte pas dans son localisé $G_{(y)}$, et contient donc davantage d'information que ce dernier.

La proposition 15.2.2 (qui nous dit que G est muni naturellement d'une bonne filtration) implique que G est un $\mathscr{D}$-module noethérien (exercice 8.2.0). En fait, le même genre de raisonnement permet d'étendre ce résultat "ponctuel" en un résultat "local" : avec les notations du début de 15.2, le $\mathscr{D}_Y$-Module

$G = \int_f^0 \mathcal{O}_X$ est cohérent, et définit donc dans le disque Y un système différentiel (qui coïncide dans le disque épointé avec la "connexion de Gauss-Manin"

15.2.6. Régularité du système de Gauss-Manin.

Théorème : Le système de Gauss-Manin G est à singularité régulière.

Ce théorème, facile dans le cas quasi-homogène (cf. 15.2.3), est beaucoup plus difficile à démontrer dans le cas général : en effet le "réseau canonique" $G^{(0)}$ n'est stable par $D_y y$ que dans le cas où f est quasihomogène (d'après un théorème de Saito (1971), l'appartenance de f à son idéal jacobien implique la quasi-homogénéité). Dans le cas général on ne sait démontrer algèbriquement l'existence d'un réseau stable par $D_y y$ qu'en utilisant le théorème de "résolution des singularités" d'Hironaka : la résolution des singularités" ramène le cas général à une situation quasi-homogène, mais non locale et à singularité non isolée ; c'est le principe de la démonstration de Katz-Deligne (qu'il serait intéressant de réécrire dans le langage des $\mathcal{D}$-modules). Tout récemment les résultats classiques sur la régularité de la connexion de Gauss-Manin ont pu être étendus de façon spectaculaire : on a défini la notion générale de "système différentiel à singularité régulière" (à plusieurs variables), et démontré des théorèmes de "conservation de la régularité par image directe ou image réciproque" ; les premiers résultats dans cette direction sont ceux de Ramis (1977), et des résultats beaucoup plus complets ont été annoncés par Kashiwara et Kawai (1978), qui utilisent des techniques microlocales.

B I B L I O G R A P H I E   Première Partie.

Des références correspondant d'assez près au contenu de cette première partie sont :

. la thèse de M. KASHIWARA (en japonais, introuvable)

. le "Séminaire sur les opérateurs différentiels..." (Grenoble 1975-76, quatre exposés de B. MALGRANGE et M. LEJEUNE)

. B. MALGRANGE : Algebraic aspects of the theory of partial differential equations (preprint de 13 pages, Grenoble 1978).

Comme références de base en Géométrie analytique, on pourra consulter :

J. FRISCH — Introduction à la Géométrie analytique complexe (Scuola Normale Superiore, Pisa 1971).

SEMINAIRE HENRI CARTAN 1960-61 — Notamment les exposés de C. HOUZEL : Géométrie analytique locale (Ecole Normale Supérieure de Paris).

cf. aussi, à un niveau plus élémentaire :

L. HORMANDER — An introduction to complex analysis in several variables (Van Nostrand 1966).

dans lequel on trouvera notamment une démonstration des théorèmes A et B de Cartan dans le cas complexe.

Pour le cas réel, cf.

H. CARTAN — Variétés analytiques réelles et variétés analytiques complexes (Bull. Soc. Math. France 85 (1957) pp. 77-99).

Le caractère noethérien de $\mathcal{O}(K)$ pour un polycylindre K est démontré dans

J. FRISCH — Points de platitude d'un morphisme d'espaces analytiques (Inv. Math. 4, 2 (1967), pp. 118-138).

Pour la notion classique d'équation différentielle à points singuliers réguliers (§ 11), cf.

W. WASOW — Asymptotic expansions for ordinary differential equations (Wiley § sons, 1965).

L'étude, du point de vue des $\mathcal{D}$-Modules, de la cohomologie locale d'une sous-variété (§ 14) est généralisé au cas non lisse par

Z. MEBKHOUT — Cohomologie locale d'une hypersurface (Séminaire Norguet, Paris 1976) et Local cohomology of analytic spaces (Publ. RIMS, Kyoto 12 suppl. 1977).

Dans le même ordre d'idées, d'autres résultats sont démontrés par

J.P. RAMIS — Variations sur le thème GAGA (preprint, Strasbourg 1977).

On pourra consulter au préalable

A. GROTHENDIECK — Local cohomology (Lecture Notes in Mathematics n° 41).

Pour la "connexion de Gauss-Manin" § 15, cf. notamment

E. BRIESKORN — Die Monodromie der isolierten singularitäten von Hyperflächen (Manuscripta math. 2 (1970) pp. 103-161 .

P. DELIGNE — Equations différentielles à points singuliers réguliers (Lecture Notes in Mathematics n° 163).

M. SEBASTIANI — Preuve d'une conjecture de Brieskorn (Manuscripta math. 2 (1970) pp. 301-308).

Enfin, voici des références où des résultats sur les $\mathcal{D}$-Modules sont démontrés par des techniques microlocales.

B. MALGRANGE — L'involutivité des caractéristiques des systèmes différentiels et microdifférentiels (Séminaire Bourbaki 1977-78, n° 522).

M. KASHIWARA — b-functions and holonomic systems (Inventiones math. 38 (1976) pp. 33-53).

M. KASHIWARA — On holonomic systems of linear differential equations (preprint 1977).

M. KASHIWARA § T. KAWAI — On holonomic systems with regular singularities (preprint 1978).

EXPOSANTS DE GAUSS - MANIN

Par

LO Kam Chan

EXPOSANTS DE GAUSS - MANIN

INTRODUCTION

CHAPITRE I La régularité

CHAPITRE II Les exposants

§ 1. Quelques généralités.

§ 2. Passage des calculs sur $G^{k(0)}$ aux calculs sur H^k

§ 3. Passage des calculs locaux en bas aux calculs locaux en haut.

§ 4. Recouvrements finis.

§ 5. Les valeurs propres de u sur les faisceaux de cohomologies et celles de u sur l'hypercohomologie.

§ 6. Calculs de $H^p(K_o^{\cdot(0)}/t\ K_o^{\cdot(0)})$ pour $\varphi = y^\beta = y_1^{\beta_1} \dots y_n^{\beta_n}$, tous $\beta_i > 0$.

§ 7. Calculs de $H^p(K_o^{\cdot(0)}/t\ K_o^{\cdot(0)})$ pour $\varphi = y_1^{\beta_1} \dots y_\ell^{\beta_\ell}$, tous $\beta_i > 0$ et $\ell < n$.

§ 8. La constructibilité des $\mathscr{H}^p(K^{\cdot(0)}/t\ K^{\cdot(0)}) \mid W_\iota$ et les valeurs propres de u.

§ 9. "Réseau" défini par un Idéal inversible.

BIBLIOGRAPHIE.

INTRODUCTION

Le système de Gauss-Manin d'une application holomorphe φ d'une variété X (de dimension n) dans une autre variété T est l'image directe par φ du système de De Rham $\mathcal{O}_X$, c.à.d. le $\mathcal{D}_T$-Module

$$G_\varphi = \int_\varphi^0 \mathcal{O}_X \quad \text{(ou plus généralement les } \int_\varphi^k \mathcal{O}_X).$$

Rappelons que par définition (c.f. [P] , § 15).

$$\int_\varphi^k \mathcal{O}_X = \mathbb{R}^{n-k}\ \pi_*\ (DR_\pi\ (\mathcal{B}_{[\varphi]XxT}))$$

où π : XxT $\longrightarrow$ T est la projection canonique,

$DR_\pi(\mathcal{B}_{[\varphi]XxT}) = \Omega_{XxT/T} \otimes_{\mathcal{O}_X} \mathcal{B}_{[\varphi]XxT}$, $\Omega_{XxT/T}$ est le faisceau des formes différentielles holomorphes relatives sur XxT, $\mathcal{B}_{[\varphi]XxT}$ est le $\mathcal{D}_{XxT}$-Module des couches multiples portées par le graphe de φ , défini comme le quotient de $\mathcal{O}_{XxT}\ [\frac{1}{t-\varphi}]$ par $\mathcal{O}_{XxT}$, dans lequel la classe de $(-1)^{k+1}\ k!/2\pi i(t-\varphi)^{k+1}$ est notée $\delta^{(k)}$ où $D_t^k\ \delta$; δ s'appelle la distribution de Dirac portée par le graphe de φ .

Nous nous proposons de démontrer les résultats suivants :

I. Si φ : X $\rightarrow$ T est une fonction holomorphe propre, localement quasi-homogène, son système de Gauss-Manin est à singularité régulière.

Ce résultat est essentiellement une reformulationde la démonstration de Deligne [D] de la régularité de la connexion de Gauss-Manin; rendue plus conceptuelle et plus simple par l'utilisation systèmatique des Modules sur l'anneau des opérateurs différentiels.

Nous avons remplacé l'hypothèse "diviseur à croisements normaux" de Deligne par l'hypothèse "localement quasi-homogène", qui ne coûte pas plus cher pour notre démonstration. L'idée consiste à construire un "réseau canonique" $G^{(0)}$ du système de Gauss-Manin, stable par $D_t t$.

La suite du travail consistera à évaluer les "exposants caractéristiques" de ce réseau, c.à.d. les valeurs propres de $D_t t : G^{(0)}/t\, G^{(0)}$.

II. Avec les hypothèses de I, si de plus φ est un diviseur à croisements normaux, les exposants caractéristiques du "réseau canonique" sont incluses dans le sous-ensemble de $\mathbb{Q}$

$$\{ \frac{\gamma}{\beta} \mid \beta\text{- une multiplicité du diviseur } \varphi \text{ , } 1 \leq \gamma \leq \beta \text{ , } \gamma \in \mathbb{N}\}$$

(une multiplicité d'un diviseur est un exposant ε_i apparaissant dans une écriture locale $y_1^{\varepsilon_1} \ldots y_n^{\varepsilon_n}$ de ce diviseur).

II'. Avec les hypothèses de II, on peut définir d'autres réseaux du système de Gauss-Manin (ici, on entend par réseau un sous-$\mathcal{O}_T$-Module cohérent stable par $D_t t$ dont le localisé engendre celui du système comme $\mathcal{D}_T$-Module), en "tordant" le réseau canonique au moyen d'un diviseur I porté par $\varphi^{-1}(0)$. Alors les exposants caractéristiques du réseau ainsi "tordu" sont incluses dans le sous-ensemble de Q

$$\{ \frac{\gamma}{\beta} \;\; \beta \text{ - une multiplicité du diviseur } \varphi \text{ , } m+1 \leq \gamma \leq \beta \text{ , } \gamma \in \mathbb{N},$$
$$m\text{- la multiplicité du diviseur I sur la composante correspondante}\}.$$

<u>Commentaire</u> : Dans le cas d'un germe de fonction à point critique isolé, on se ramène au cas d'un diviseur à croisements normaux en "résolvant les singularités" (ce n'est pas un cas propre, mais on peut se ramener au cas propre par la technique de Brieskorn [B]).

Soit $p : X \longrightarrow Y$ une résolution des singularités de f et soit $\varphi = f \circ p$. Alors on a une suite exacte de $\mathcal{D}_T$-Modules

$$0 \longrightarrow \text{Ker} \longrightarrow G_f \xrightarrow{p^*} G_\varphi \longrightarrow \text{Coker} \longrightarrow 0$$

où Ker et Coker sont des $\mathcal{D}_T$-Modules à support l'origine de T.
En appliquant le foncteur exact de localisation " $\otimes_{\mathcal{O}_T} \mathcal{O}_T [\frac{1}{t}]$", on en déduit l'isomorphisme $G_{f,loc} \xrightarrow{p^*_{loc}} G_{\varphi,loc}$ où $G_{f,loc}$ est appelé la connexion de Gauss-Manin de f. Au lieu de calculer les exposants caractéristiques du réseau canonique $G^{(0)}_{f,loc}$ (pour la définition de $G^{(0)}_f$, voir [P] § 15), on calcule ceux de $p^*_{loc}(G^{(0)}_{f,loc}) \subset G_{\varphi,loc}$.
Puisque l'image d'une forme de degré maximum sur Y par p^* est divisible par le jacobien de p, le saturé de $p^*_{loc}\ (G^{(0)}_{f,loc})$ est contenu dans le réseau $G^{(0)}_{\varphi,loc}$ "tordu" par le diviseur défini par l'Idéal jacobien de p. Le théorème II' donne ainsi une estimation des exposants caractéristiques de $G^{(0)}_f$, résultat analogue à un de ceux obtenus par des méthodes transcendantes par Varchenko [V] pour les intégrales oscillantes dans le domaine réel.

CHAPITRE I : LA REGULARITE.

Soient X une variété analytique, $T \subset \mathbb{C}$ un disque $|t| < \eta$ et $\varphi : X \longrightarrow T$ une application holomorphe.

Supposons qu'il existe un recouvrement $(W_i)_{i \in I}$ de X tel que chaque W_i est un domaine de carte de X dans laquelle φ est quasi-homogène. Supposons aussi que φ soit propre.

Soit $K^{\cdot} = DR_{\pi}(\mathscr{B}_{[\varphi]X\times T})$.

Remarquons que

$$(t-\varphi)\delta = 0$$

et

$$t\, D_t^k\, \delta = \varphi\, D_t^k\, \delta - k\, D_t^{k-1}\, \delta.$$

On a aussi

$$\mathscr{B}_{[\varphi]X\times T} = \bigoplus_{k=0}^{\infty} \mathcal{O}_X\, D_t^k\, \delta$$

de sorte que

$$K^{\cdot} = \bigoplus_{k=0}^{\infty} \Omega_X^{\cdot}\, D_t^k\, \delta \quad .$$

(La différentielle $\underline{d}$ est donnée par $\underline{d}\underline{\omega} = d\underline{\omega} - D_t\, d\varphi\wedge\underline{\omega}$ où d est la différentielle "habituelle" et $d\, \Sigma\, \omega_i\, D_t^i\, \delta = \Sigma\, d\, \omega_i\, D_t^i\, \delta$).

On va démontrer le

THEOREME :

$G^k = \mathbb{R}^k \pi_* K^\cdot$ est un système différentiel à singularité régulière sur T.

COMMENTAIRES :

Remarquons d'abord que la propreté de la restriction de π sur le graphe de φ est équivalente à la propreté de φ . Alors puisque $K^\cdot$ est un $\mathcal{D}_{X\times T}$-Module cohérent muni d'une bonne filtration globale de $\mathcal{O}_{X\times T}$-Modules cohérents à support le graphe de φ , G^k est un $\mathcal{D}_T$-Module cohérent de sorte qu'il est bien un système différentiel sur T (résultat de [H-S] qui généralise un résultat de [K]) . Donc il reste à démontrer la régularité de ce système, c.à.d. il faut trouver un sous $\mathcal{O}_T$-Module cohérent de G^k qui est stable par $D_t t$ et qui engendre G^k comme $\mathcal{D}_T$-Module. La recherche d'un tel Module consistera en trois parties :

1) Trouver un sous-complexe $K^{\cdot(o)}$ de $\mathcal{O}_{X\times T}$-Modules cohérents de $K^\cdot$ qui est localement stable par $D_t t$ à homotopie près, et qui engendre $K^\cdot$ comme $\mathcal{D}_{X\times T}$-Module.

2) Montrer que $\mathbb{R}\,\pi_*\, K^{\cdot(o)} \subset \mathbb{R}\,\pi_* K^\cdot$ est stable par $D_t t$ à homotopie près. (On utilisera une construction de Deligne dans [D]).

3) Montrer que l'image de $\mathbb{R}^k\, \pi_* K^{\cdot(o)} \xrightarrow{\mathbb{R}^k\,\pi_* j} \mathbb{R}^k\, \pi_* K^\cdot$ est un $\mathcal{O}_T$-Module cohérent stable par $D_t t$. (On utilisera le théorème d'image directe de Grauert et on a donc besoin encore de la propreté de φ).

DEMONSTRATION DE LA REGULARITE DE G^k.

1ère partie :

Soit $K^{\cdot(o)} = \Omega_X^\cdot \delta + d\varphi \wedge \Omega_X^{\cdot -1} D_t \delta$, on a les

LEMME (1.1).

$K^{\cdot(o)}$ est un sous- $\mathcal{O}_{X\times T}$-complexe de $K^\cdot$ qui engendre $K^\cdot$ comme $\mathcal{D}_{X\times T}$-Module.

PREUVE trivial

LEMME (1.2).

Soit $W \subset X$ un domaine de carte tel que $(\varphi|W)^r$ est dans l'idéal jacobien de $\varphi|W$ pour un $r \in N$, alors $K^{\cdot(o)}|WxT$ est stable par $D_t t^r$ à homotopie près, c.à.d. il existe un endomorphisme u de $K^{\cdot}|WxT$ tel que $u(K^{\cdot(o)}|WxT) \subset K^{\cdot(o)}|WxT$ et il existe une homotopie $H : D_t t^r \simeq u : K^{\cdot}|WxT \longrightarrow K^{\cdot}|WxT$.

PREUVE.

Pour simplifier, notons $\varphi|W$ par φ, $K^{\cdot}|WxT$ par $K^{\cdot}$, $K^{\cdot(o)}|WxT$ par $K^{\cdot(o)}$, D_t par D et ométtons δ (c.à.d. si $\omega \in \Omega^{\cdot}_X(U)$, U ouvert de WxT, on écrit ωD^k au lieu de $\omega D_t^k \delta$).

Par hypothèse, $\varphi^r = \sum_{i=1}^n f_i \frac{\partial \varphi}{\partial x_i}$. Soit $\xi = \sum_{i=1}^n f_i \frac{\partial}{\partial x_i}$, alors $i_\xi \, d\varphi = \varphi^r$. Supposons que $\omega \in K^{\cdot}$ soit un cocycle, alors $d\omega = 0$ et $d\varphi \wedge \omega = 0$. Cette dernière relation implique que $0 = i_\xi(d\varphi \wedge \omega) = i_\xi \, d\varphi \wedge \omega - d\varphi \wedge i_\xi \omega = \varphi^r \omega - d\varphi \wedge i_\xi \omega$ de sorte que $Dt^r \omega = \varphi^r \omega D = d\varphi \wedge i_\xi \omega D$ est cohomologue à $d i_\xi \omega = L_\xi \omega$ modulo $\underline{d}(-i_\xi \omega)$.

Ceci suggère la définition suivante.

Définissons $H : K^{\cdot} \longrightarrow K^{\cdot -1}$ par

$$H(\omega D^k) = -i_\xi \omega \, D^k$$

où $\omega \in \Omega^{\cdot}_X(U)$, U ouvert de WxT.

On va montrer que H est une homotopie entre $D_t t^r$ et un endomorphisme u de $K^{\cdot}$ qui laisse stable $K^{\cdot(o)}$. En fait, une fois que H a été défini, cet endomorphisme est entièrement déterminé, à savoir

$$u = Dt^r - \underline{d}H - H\underline{d}$$

puisqu'on demande $Dt^r - u = \underline{d}H + H\underline{d}$. On constate aussitôt que u est bien un endomorphisme de $K^{\cdot}$. Il reste donc à montrer que $u(K^{\cdot(o)}) \subset K^{\cdot(o)}$.

On a d'une part

$$(-\underline{d}H-H\underline{d})\ (\omega D^k)$$
$$= \underline{d}(i_\xi\ \omega D^k) - H(d\omega D^k - d\varphi\wedge\omega\ D^{k+1})$$
$$= [\underline{d}(i_\xi\omega) - H(d\omega - d\varphi\wedge\omega\ D)]D^k$$
$$= [d(i_\xi\omega) - (d\varphi\wedge i_\xi\omega)D + i_\xi(d\omega) - i_\xi\ d\varphi\wedge\omega\ D$$
$$+ (d\varphi\wedge i_\xi\omega)D]\ D^k$$
$$= [L_\xi\omega - \varphi^r\omega\ D]D^k,$$

d'autre part $Dt^r(\omega) = \varphi^r\ \omega D$ et $Dt^r(\omega D) = \omega(\varphi^r D - r\,\varphi^{r-1})D$ de sorte que pour $\ell = 0,1$, $u\,(\omega\,D^\ell) = (\omega\ \ \varphi^r D - \ell r\,\varphi^{r-1}\ \omega)\ D^\ell + (L_\xi\omega\ - \varphi^r\omega D)D^\ell =$ $[L_\xi\omega - \ell r\,\varphi^{r-1}\omega]\ D^\ell$.

Par conséquent,

$$u(\omega) = L_\xi\omega \in \Omega^{\cdot}(U),$$

et si $\chi \in \Omega^{\cdot -1}(U)$,

$$u(d\varphi\wedge\chi\ D) = [L_\xi(d\varphi\wedge\chi) - r\,\varphi^{r-1}\ (d\varphi\wedge\chi)]D\ ;$$

or,

$$L_\xi(d\varphi\wedge\chi) = (L_\xi\ d\varphi)\wedge\chi + d\varphi\wedge L_\xi\chi$$
$$= [d\ \ i_\xi(d\varphi) + i_\xi\ d(d\varphi)]\wedge\chi + d\varphi\wedge L_\xi\chi$$
$$= d\,\varphi^r\wedge\chi + d\,\varphi\wedge L_\xi\chi$$
$$= r\varphi^{r-1}\ d\varphi\wedge\chi + d\varphi\wedge L_\xi\chi,$$

on a donc

$$u(d\varphi\ \wedge\ \chi D) = (d\varphi\wedge L_\xi\chi)\ D \in d\varphi\wedge\Omega^{\cdot -1}D(u).$$

Donc $u(K^{\cdot(o)}) \subset K^{\cdot(o)}$.

<u>LEMME (1.3)</u>

$K^{k(o)}$ est un $\mathcal{O}_{X\times T}$-Module cohérent.

<u>PREUVE</u>.

Puisque $d\varphi\wedge\Omega_X^{k-1}$ est l'image de l'homomorphisme de $\mathcal{O}_X$-Module cohérent

$d\varphi\wedge : \Omega_X^{k-1} \longrightarrow \Omega_X^k : \Theta \longmapsto d\varphi\wedge\Theta$, il est cohérent. Alors, pour démontrer le lemme, il suffit de démontrer le

Sous-Lemme.

Soient $M \supset N$ deux sous-$\mathcal{O}_X$-Modules cohérents de Ω_X^k. Alors $M\delta + N\, D_t\delta$ est un $\mathcal{O}_{X\times T}$-Module cohérent.

Preuve.

Soit $(x_o,t_o) \in X\times T$. Soit W un voisinage ouvert de x_o tel que M (resp. N) est engendré par ses sections $m_1,\dots,m_s$ (resp. $n_1,\dots,n_q$) sur W, qu'on a les relations

$$\sum_{i=1}^{s} a_{ij}(x)\, m_i = 0 \quad \text{où } a_{ij} \in \mathcal{O}_X(W),\ j=1,\dots,r$$

$$\text{(resp. } \sum_{k=1}^{q} b_{k\ell}(x)\, n_k = 0 \text{ où } b_{k\ell} \in \mathcal{O}_X(W),\ \ell = 1,\dots,p).$$

et que toute relation locale (en x) entre les m_i (resp. n_k) se déduit de ces relations.

Prenons W assez petit tel que $\forall k = 1,\dots,q$

$$n_k = \sum_i c_{ki}(x)\, m_i \quad \text{où } c_{ki} \in \mathcal{O}_X(W).$$

Remarquons d'abord que les $m_i\delta$, $n_k\, D_t\delta$ engendrent $(M\delta + ND_t\delta)|W$ et qu'on a

$$(1) = \sum_{i=1}^{s} a_{ij}(x)\, m_i\, \delta = 0$$

$$(2) = \sum_{k=1}^{q} b_{k\ell}(x) n_k D_t\delta = 0$$

$$(3) = (t-\varphi)\, m_i\, \delta = 0$$

$$(4) = \sum_i c_{ki}(x)\, m_i\delta + (t-\varphi)\, n_k D_t\delta = 0.$$

On va montrer que ces relations engendrent toutes les relations locales (en x et t) entre les $m_i\delta$, $n_k\, D_t\delta$ dans le sens suivant :

si

$$(*) = \Sigma f_i\,(x,t)\; m_i\;\delta + \Sigma\; g_k(x,t)\; n_k D_t\delta = 0$$

au-dessus d'un point $(x',t') \in W\mathrm{x}T$, alors

$$f_i(x,t) = \sum_{j=1}^{r} a_{ij}(x)\; f'_j(x,t) + (t-\varphi)\; f''_i(x,t) + \sum_{k=1}^{q} c_{ki}(x)\; g''_k(x,t)$$

$$g_k(x,t) = \sum_{\ell=1}^{p} b_{k\ell}(x)\; g'_\ell(x,t) + (t-\varphi)\; g''_k(x,t)\;;$$

si on considère les $m_i\delta$, $n_k\; D_t\;\delta$ comme des indéterminées, ceci équivaut à dire qu'on a

$$(*) = (f'_j)(1) + (g'_\ell)(2) + (f''_i)(3) + (g''_k)(4).$$

Remarquons qu'un germe $h(x,t)$ en (x',t') peut toujours s'écrire sous la forme

$$h(x,t) = (t-\varphi)\; f(x,t) + g(x).$$

En fait, si (x',t') n'est pas dans le graphe de φ ,$(t-\varphi)$ est inversible de sorte que l'on peut écrire $h(x,t) = (t-\varphi)f(x,t)$.

Si (x',t') est dans le graphe de φ , alors $t' = \varphi(x')$. Soit $x_1,\ldots,x_n$ un système de coordonnées locales de X centré en x' de sorte que $x_1,\ldots,x_n$, t est un système de coordonnées locales de XxT au voisinage de (x',t'). Les fonctions $x_1,\ldots,x_n$, $y = t-\varphi(x_1,\ldots,x_n)$ définissent un système de coordonnées locales centré en (x',t'). Par conséquent, h s'exprime comme une série convergente en $x_1,\ldots,x_n,y$. Ceci nous permet d'écrire $h = y\; f_1(x,y) + g(x)$. Avec les anciennes coordonnées, h s'écrit donc $(t-\varphi)\; f(x,t) + g(x)$.

Soient

$$f_i(x,t) = (t-\varphi)\; u_i(x,t) + u'_i(x) \tag{5}$$

$$g_k(x,t) = (t-\varphi)\; g''_k(x,t) + g'''_k(x) \tag{6}$$

$$g''_k(x,t) = (t-\varphi)\; v_k(x,t) + v'_k(x). \tag{7}$$

Alors (*) = 0 implique que

$$0 = \sum_i f_i(x,t)\, m_i\delta + \sum_k g_k(x,t)\, n_k\, D_t\, \delta$$

$$= \sum_i u_i'(x)\, m_i\delta + \sum_k (t-\varphi)\, g_k''(x,t)\, n_k\, D_t\delta + \sum_k g_k'''(x)\, n_k\, D_t\, \delta$$

$$= \sum_i u_i'(x)\, m_i\delta - \sum_k g_k''(x,t)\, n_k\, \delta + \sum_k g_k'''(x)\, n_k\, D_t\, \delta$$

$$= \sum_i u_i'(x)\, m_i\, \delta - \sum_k v_k'(x)\, (\sum_i c_{ki}(x)\, m_i)\delta + \sum_k g_k'''(x)\, n_k\, D_t\, \delta$$

$$= \sum_i \left[u_i'(x) - \sum_k v_k'(x)\, c_{ki}(x)\right] m_i\delta + \sum_k g_k'''(x)\, n_k\, D_t\, \delta.$$

Donc

$$\sum_i \left[u_i'(x) - \sum_k v_k'(x)\, c_{ki}(x)\right] m_i = 0$$

et

$$\sum_k g_k'''(x)\, n_k = 0,$$

car les $D_t^k\delta$ sont libres sur Ω_X. Par conséquent

(8) $$u_i'(x) - \sum_k v_k'(x)\, c_{ki}(x) = \sum_j a_{ij}(x)\, f_j'(x)$$

et

(9) $$g_k'''(x) = \sum_\ell b_{k\ell}(x)\, g_\ell'(x).$$

Alors (par (5), (8) et (7))

$$f_i(x,t) = (t-\varphi)\, u_i(x,t) + \sum_k v_k'(x)\, c_{ki}(x) + \sum_j a_{ij}(x)\, f_j'(x)$$

$$+ \sum_k (t-\varphi)\, v_k(x,t)\, c_{ki}(x) - \sum_k (t-\varphi)\, v_k(x,t)\, c_{ki}(x)$$

$$= \sum_j a_{ij}(x)\, f_j'(x) + (t-\varphi)\left[u_i(x,t) - \sum_k v_k(x,t)\, c_{ki}(x)\right] (=f_i''(x,t))$$

$$+ \sum_k g_k''(x,t)\, c_{ki}(x)$$

et(par (6) et (9))

$$g_k(x,t) = (t-\varphi)\, g''_k(x,t) + \sum_{\ell} b_{k\ell}(x)\, g'_\ell(x) \;;$$

ce sont les expressions recherchées.

2ème Partie.

LEMME (2.1.)

$\mathbb{R}\,\pi_* K^{\cdot(o)} \subset \mathbb{R}\,\pi_* K^{\cdot}$ est stable par $D_t t$ à homotopie près, c.à.d. il existe un endomorphisme u de $\mathbb{R}\,\pi_* K^{\cdot}$ tel que

$$u(\mathbb{R}\pi_* K^{\cdot(o)}) \subset \mathbb{R}\,\pi_* K^{\cdot(o)}$$

et il existe une homotopie

$$H : D_t t \simeq u : \mathbb{R}\,\pi_* K^{\cdot} \longrightarrow \mathbb{R}\,\pi_* K^{\cdot}.$$

PREUVE :

Soit $\mathcal{U} = \{U_i = W_i \times T\}_{i \in I}$. Par l'hypothèse, toute $\varphi|W_i$ appartient à son idéal jacobien. D'après le lemme (1.2), pour tout i, il existe

$$u_i : K^{\cdot}|U_i \longrightarrow K^{\cdot}|U_i$$

tel que $u_i(K^{\cdot(o)}|U_i) \subset K^{\cdot(o)}|U_i$ et une homotopie H_i :

$$D_t t - u_i = \underline{d}\, H_i + H_i \underline{d}$$

Pour chaque couple (i,j), soit

$$H_{ij} = H_j - H_i \ (\text{sur } U_i \cap U_j),$$

alors H_{ij} est une homotopie entre u_i et u_j (sur $U_i \cap U_j$) et on a

$$H_{ij} + H_{jk} + H_{ki} = 0.$$

D'après Deligne, on déduit de ces données un endomorphisme de complexes $u : \mathbb{R}\,\pi_* K^{\cdot} \longrightarrow \mathbb{R}\,\pi_* K^{\cdot}$ ([D] , 7.4), et on a aussi une homotopie

$$H : D_t t \simeq u : \mathbb{R}\,\pi_* K^{\cdot} \longrightarrow \mathbb{R}\,\pi_* K^{\cdot} \ ([D], 7.5).$$

Pour montrer que u laisse stable $\mathbb{R}\,\pi_* K^{\cdot(o)}$, il suffit de montrer que les u_i laissent stable $K^{\cdot(o)}|U_i$ - c'est le cas, et que les H_{ij} laissent stable $K^{\cdot(o)}|U_i \cap U_j$ (c.f. [D] p. 114) :

Par définition, $H_{ij} = H_j - H_i$ (sur $U_i \cap U_j$) où

$$H_j(\omega D^k\delta) = -i_{\xi_j} \omega \, D^k\delta$$

et

$$H_i(\omega D^k\delta) = -i_{\xi_i} \omega \, D^k\delta \, .$$

Soit $\omega\delta + d\varphi \wedge \chi \, D_t\delta \in K^{m(o)}(U)$ où $U \subset U_i \cap U_j$ est un ouvert.

Alors

$$H_{ji} \, (\omega\delta + d\varphi \wedge \chi \, D_t\delta)$$

$$= (-i_{\xi_j}\omega + i_{\xi_i}\omega)\delta \; - d\varphi \wedge (i_{\xi_j}\chi - i_{\xi_i}\chi) \, D_t \, \delta$$

$$\in K^{m-1(o)}(U).$$

Donc H_{ji} laisse stable $K^{\cdot(o)} | \, U_i \cap U_j$.

<u>3ème Partie</u>.

On a un homomorphisme

$$H^k = \mathbb{R}^k \, \pi_* \, K^{\cdot(o)} \xrightarrow{\;\bar{j}\;} \mathbb{R}^k \, \pi_* \, K^{\cdot} = G^k$$

où j est l'inclusion $K^{\cdot(o)} \hookrightarrow K^{\cdot}$ et $\bar{j} = \mathbb{R}^k \, \pi_* j$. Soit $G^{k(o)}$ l'image de H^k par $\bar{j}$.

<u>LEMME (3.1.)</u>

$G^{k(o)}$ est stable par $D_t t$.

<u>PREUVE</u>.

C'est une conséquence immédiate du lemme (2.1).

<u>LEMME (3.2.)</u>

$G^{k(o)}$ est un $\mathcal{O}_T$-Module cohérent.

PREUVE.

Puisque $K^{\cdot(o)}$ est un $\mathcal{O}_{X\times T}$-Module cohérent à support le graphe de φ et que la restriction de π sur le graphe de φ est propre, H^k est un $\mathcal{O}_T$-Module cohérent d'après le théorème d'image directe de Grauert. Il suffit donc de démontrer le lemme suivant :

LEMME (3.3).

Sur une variété analytique complexe Z, l'image d'un $\mathcal{O}_Z$-Module cohérent N par un homomorphisme $\mathcal{O}_Z$-linéaire h à valeur dans un $\mathcal{D}_Z$-Module cohérent M est $\mathcal{O}_Z$-cohérent.

PREUVE.

Soit D un polycylindre (c.à.d. un compact analytiquement isomorphe à un polycylindre de $\mathbb{C}^n$) de Z, assez petit, tel que M admet une bonne filtration par des $\mathcal{O}$-Modules cohérents $\mathcal{F}^{(m)}$ sur un voisinage de D dans Z (grâce à la cohérence de M comme $\mathcal{D}_Z$-Module). Alors

$$M(D) = \bigcup_{m=0}^{\infty} \mathcal{F}^{(m)}(D)$$

car D est compact.

Les $h^{-1}(\mathcal{F}^{(m)}(D))$ forment une filtration de sous $\mathcal{O}(D)$-module de N(D) qui est noethérien (car D est un polycylindre) et donc stationnaire pour $m \geq m_o$ assez grand. Par conséquent, N(D) s'envoie dans $\mathcal{F}^{(m_o)}(D)$.
Comme $N|D$ est engendré par ses sections globales sur D (Théorème A de Cartan), $N|D$ s'envoie dans $\mathcal{F}^{(m_o)}|D$. Désignons l'image de h par E, alors $E|D^o$, étant l'image de l'homomorphisme de $\mathcal{O}_Z|D^o$-Modules cohérents $h|D^o$: $N|D^o \longrightarrow \mathcal{F}^{(m_o)}|D^o$, est un $\mathcal{O}_Z$ D^o-Module cohérent. On en conclut que E est $\mathcal{O}_Z$-cohérent.

Conclusion finale :

$G^{k(o)}$ est un sous-$\mathcal{O}_T$-Module cohérent (lemme (3.2)) de G qui est stable par $D_t t$ (lemme (3.1)) et qui engendre G comme $\mathcal{D}_T$-Module (conséquence immédiate du lemme (1.1)).

Donc G^k est à singularité régulière sur T. c.q.f.d.

CHAPITRE II

§ 1. Quelques généralités.

Soit $\mathcal{U} = \{U_i = W_i \times T\}_{i \in I}$ un recouvreme[illegible] ouvert de XxT tel que tout $W_\iota = W_{i_0} \cap \ldots \cap W_{i_k}$ non vide est de Stein.

Alors, tout $U_\iota = U_{i_0} \cap \ldots \cap U_{i_k}$ non vide est de Stei[illegible] Soient $K^\cdot$ (pas le même $K^\cdot$ qu'avant) un $\mathcal{O}_{X\times T}$-Module cohérent, $K^\cdot = F^0 K^\cdot \supset$ [illegible] $K^\cdot \supset F^2 K^\cdot \supset \ldots$ une filtration de $\mathcal{O}_{X\times T}$-Modules cohérents. On va démontrer la

PROPOSITION (1.1.)

L'homomorphisme naturel $gr^p\, \pi_* \check{C}^k(\mathcal{U},K^q) \longrightarrow \pi_* \check{C}^k(\mathcal{U},gr^p K^q)$ est un isomorphisme.

On déduit immédiatement de cette proposition le

COR. (1.2.)

a) Le gradué du complexe simple associé $gr^p\, \overline{\pi_* \check{C}^\cdot(\mathcal{U},K^\cdot)}$ est égal au complexe simple associé $\overline{\pi_* \check{C}^\cdot(\mathcal{U},gr^p K^\cdot)}$.

b) Soit $L^\cdot = \overline{\pi_* \check{C}^\cdot(\mathcal{U},K^\cdot)}$, alors $\mathcal{H}^\ell(gr^p L^\cdot) = \mathbb{R}^\ell\, \pi_*(gr^p K^\cdot)$.

Démonstration de la proposition : Il suffit de montrer l'isomorphisme sur les fibres.

Soit V un disque ouvert contenu dans T, alors tout $W_\iota \times V$ non vide est de Stein de sorte que $gr^p K^q(W_\iota \times V) = F^p K^q(W_\iota \times V)/ F^{p+1} K^q(W_\iota \times V)$ (d'après le théorème B de Cartan). Par conséquent, les k-cochaînes de Čech (associées à $\mathcal{U}$) sur XxV du faisceau $gr^p K^q$, c.à.d. les sections de $\pi_* \check{C}^k(\mathcal{U},gr^p K^q)(V)$, sont les sections de $\check{C}^k(\mathcal{U},F^pK^q)(X\times V)$ / $\check{C}^k(\mathcal{U},F^{p+1}K^q)(X\times V)$ qui est par définition $F^p\ \pi_*\ \check{C}^k(\mathcal{U},K^q)(V)$ / $F^{p+1}\ \pi_*\ \check{C}^k(\mathcal{U},K^q)(V)$. Ceci implique $\pi_*\ \check{C}^k(\mathcal{U},gr^pK^q)_t = gr^p\ \pi_*\ \check{C}^k(\mathcal{U},K^q)_t$ en tout $t \in T$.

§ 2. Passage des calculs sur $G^{k(o)}_{\cdot}$ aux calculs sur $H^k_{\cdot}$

Rappelons qu'on a des homomorphismes

$$\begin{array}{ccccc}
H^k = \mathbb{R}^k\ \pi_*\ K^{\cdot}(o) & \xrightarrow{\ \bar{j}\ } & G^{k(o)} & \longrightarrow & 0 \\
\Big\downarrow u & \circlearrowright & \Big\downarrow u = Dt & & \\
\mathbb{R}^k\ \pi_*\ K^{\cdot}(o) & \xrightarrow{\ \bar{j}\ } & G^{k(o)} & \longrightarrow & 0
\end{array}$$

On développera une théorie pour estimer les exposants caractéristiques de $u : H^k \circlearrowleft$ et on expliquera pourquoi tout exposant caractéristique de $u : G^{k(o)} \circlearrowleft$ est un exposant caractéristique de $u : H^k \circlearrowleft$.

Pour estimer les exposants caractéristiques de $u : H^k \circlearrowleft$, c.à.d. les valeurs propres de $u : gr^o\ H^k \circlearrowleft$, où la filtration en question est $H^k \supset tH^k \supset t^2H^k \supset \ldots$, on considère la suite spectrale qui part de

$E_1^{p,q} = \mathscr{H}^{p+q}(gr^pL^{\cdot(o)})$ et aboutit à $\mathscr{H}(L^{\cdot(o)}) = H$ où $L^{\cdot(o)} = \overline{\pi_*\check{C}^{\cdot}(\mathcal{U},K^{\cdot(o)})}$.

Tout d'abord, on démontre un lemme très utile :

<u>LEMME (2.1)</u>. $E_1^{p,q}$ est à support l'origine.

$(E_1^{p,q})_o$ est un $\mathbb{C}$-espace vectoriel de dimension finie.

<u>PREUVE</u>.

D'après le Cor (1.2) b), $E_1^{p,q} = \mathbb{R}^{p+q}\ \pi_*(gr^pK^{\cdot(o)})$ puisque $K^{\cdot(o)}$ et sa filtration sont $\mathcal{O}_{X\times T}$-cohérents. D'ailleurs, comme $gr^pK^{\cdot(o)}$ est $\mathcal{O}_{X\times T}$-cohérent, $\mathbb{R}^{p+q}\ \pi_*(gr^p\ K^{\cdot(o)})$ est $\mathcal{O}_T$-cohérent (Théorème d'image directe de Grauert).

Puisque $gr^p K^{\cdot(o)} = t^p K^{\cdot(o)} / t^{p+1} K^{\cdot(o)}$ est à support $(\text{graphe de } \varphi) \cap (X \times \{0\}) \subset X \times \{0\}$, $E_1^{p,q}$ est à support l'origine. Avec sa cohérence, on conclut qu'il est de dimension finie sur $\mathbb{C}$.

Notons $\beta^{p,q}$ l'isomorphisme entre $E_\infty^{p,q}$ et $gr^p\, H^{p+q}$. Remarquons que ce dernier est aussi à support l'origine. Dans la suite de cette section, on ne considère que des fibres au-dessus de $0 \in T$ et on omettra les indices 0 lorsqu'aucune confusion ne sera à craindre.

Par définition, $E_\infty^{p,q} = Z_\infty^{p,q} / B_\infty^{p,q}$ où $B_\infty^{p,q} \subset Z_\infty^{p,q} \subset E_1^{p,q}$.

Sur $E_1^{p,q}$, il y a un endomorphisme u. On constate que celui-ci laisse stable $B_\infty^{p,q}$ et $Z_\infty^{p,q}$. Notons aussi u l'endomorphisme induit sur $E_\infty^{p,q}$.

On constate aussi qu'on a le diagramme commutatif

$$\begin{array}{ccc} E_\infty^{p,q} & \xrightarrow[\sim]{\beta^{p,q}} & gr^p\, H^{p+q} \\ \downarrow u & & \downarrow u \\ E_\infty^{p,q} & \xrightarrow[\sim]{\beta^{p,q}} & gr^p\, H^{p+q} \end{array}$$

de sorte que les valeurs propres de u sur $gr^p\, H^{p+q}$ sont celles de u sur $E_\infty^{p,q}$.

Il suffit donc de calculer les valeurs propres de u sur $E_\infty^{p,q}$ dont une estimation est donnée par la proposition suivante.

PROPOSITION (2.2).

Toute valeur propre de u sur $E_\infty^{p,q}$ est une valeur propre de u sur $E_1^{p,q}$.

DEMONSTRATION.

Il nous faut le

LEMME (2.3).

Soient $Y \subset X$ deux espaces vectoriels de dimension finie, ξ un endomorphisme sur X qui laisse stable Y. Alors le polynôme caractéristique de ξ est le produit de ceux de $\xi|Y$ et $\bar{\xi} : X/Y \circlearrowleft$. On a donc

$$\{\text{v.p. (valeur propre) de } \xi \text{ sur } X\} = \{\text{v.p. de } \xi|Y\} \cup \{\text{v.p. de } \bar{\xi}\} .$$

PREUVE. C'est trivial.

Pour démontrer la proposition, on remarque que $E_1^{p,q}$ (à fortiori $B_\infty^{p,q}$ et $Z_\infty^{p,q}$) est de dimension finie et qu'on a le diagramme commutatif

$$\begin{array}{ccccccccc}
0 & \longrightarrow & B_\infty^{p,q} & \longrightarrow & Z_\infty^{p,q} & \longrightarrow & Z_\infty^{p,q}/B_\infty^{p,q} & \longrightarrow & 0 \\
 & & \downarrow u & & \downarrow u & & \downarrow u & & \\
0 & \longrightarrow & B_\infty^{p,q} & \longrightarrow & Z_\infty^{p,q} & \longrightarrow & Z_\infty^{p,q}/B_\infty^{p,q} & \longrightarrow & 0
\end{array}$$

Alors

$$\begin{aligned}
\{\text{v.p. de } u \text{ sur } E_\infty^{p,q}\} &\subset \{\text{v.p. de } u \text{ sur } Z_\infty^{p,q}\} \\
&\subset \{\text{v.p. de } u \text{ sur } E_1^{p,q}\}
\end{aligned}$$

car $Z_\infty^{p,q} \subset E_1^{p,q}$.

COROLLAIRE (2.4)

On a $\{\text{v.p. de } u \text{ sur } E_1^{p,q}\} \supset \{\text{v.p. de } Dt \text{ sur } gr^p\, H^{p+q}\}$.

PROPOSITION (2.5).

$\{\text{v.p. de } \bar{u} \text{ sur } gr^p H^k\} \supset \{\text{v.p. de } \overline{Dt} \text{ sur } gr^p G^{k(o)}\}$

DEMONSTRATION.

Il suffit de remarquer qu'on a le diagramme commutatif

$$\begin{array}{ccccc}
gr^p H^k & \xrightarrow{j^p} & gr^p \, G^{k(o)} & \longrightarrow & 0 \\
\Big\downarrow \bar{u} & & \Big\downarrow \overline{Dt} & & \\
gr^p H^k & \xrightarrow{j^p} & gr^p G^{k(o)} & \longrightarrow & 0
\end{array}$$

(car Dt (u resp.) laisse stable $t^q \, G^{k(o)}$ ($t^q \, H^k$ resp.) quelque soit q) et appliquer le lemme (2.3).

Donc tout exposant caractéristique de Dt = u : $G^{k(o)}\circlearrowleft$ est un exposant caractéristique de u : $H^k\circlearrowleft$.

§ 3. Passage des calculs locaux en bas aux calculs locaux en haut.

Ici, on ne considère que des objets algèbriques au-dessus de $0 \in T$.

On veut calculer des valeurs propres de u sur

$$\begin{aligned} H^{p+q}(gr^p\, L^{\cdot}(o)) &= \mathbb{R}^{p+q}\, \pi_*(gr^p\, K^{\cdot}(o)) \\ &= H^{p+q}\, (\overline{\pi_*\, \check{C}^{\cdot}(\mathcal{U}, gr^p\, K^{\cdot}(o))}). \end{aligned}$$

Soient

$$M^{\cdot\cdot} = \pi_*\, \check{C}^{\cdot}\, (\mathcal{U}, gr^{\ell}\, K^{\cdot}(o))$$

et

$$M^{\cdot} = \overline{\pi_*\, \check{C}^{\cdot}(\mathcal{U}, gr^{\ell} K^{\cdot}(o))}$$

son complexe simple associé. L'homomorphisme de complexes

$$u : M^{\cdot} \longrightarrow M^{\cdot}$$

est la somme de

$$u_1^* : M^{i,j} \longrightarrow M^{i,j}$$

et

$$u_2^* : M^{i,j} \longrightarrow M^{i+1,j-1}$$

$$\begin{array}{ccccc}
\vdots & & \vdots & & \\
d \uparrow & & d \uparrow & & \\
\check{C}^o(\mathcal{U}, gr^{\ell} K^2(o)) \circlearrowleft u_1^* & \xrightarrow{\delta} & \check{C}^1(\mathcal{U}, gr^{\ell} K^2(o)) \circlearrowleft u_1^* & \longrightarrow & \cdots \\
d \uparrow & \searrow u_2^* & d \uparrow & \searrow u_2^* & \\
\check{C}^o(\mathcal{U}, gr^{\ell} K^1(o)) \circlearrowleft u_1^* & \xrightarrow{\delta} & \check{C}^1(\mathcal{U}, gr^{\ell} K^1(o)) \circlearrowleft u_1^* & \longrightarrow & \cdots \\
d \uparrow & \searrow u_2^* & d \uparrow & \searrow u_2^* & \\
\check{C}^o(\mathcal{U}, gr^{\ell} K^o(o)) \circlearrowleft u_1^* & \xrightarrow{\delta} & \check{C}^1(\mathcal{U}, gr^{\ell} K^o(o)) \circlearrowleft u_1^* & \longrightarrow & \cdots
\end{array}$$

où u_1^* égale $u_{i_0} \mid U_{i_0 \cdots i_\ell}$ sur $gr^p K^{\cdot(o)} (U_{i_0 \cdots i_\ell})$. Considérons les deux filtrations (verticale et horizontale) $'M^\cdot$ et $''M^\cdot$ du complexe simple $M^\cdot$. Alors u respecte la première filtration, mais pas la deuxième, car u_2^* ne la respecte pas.

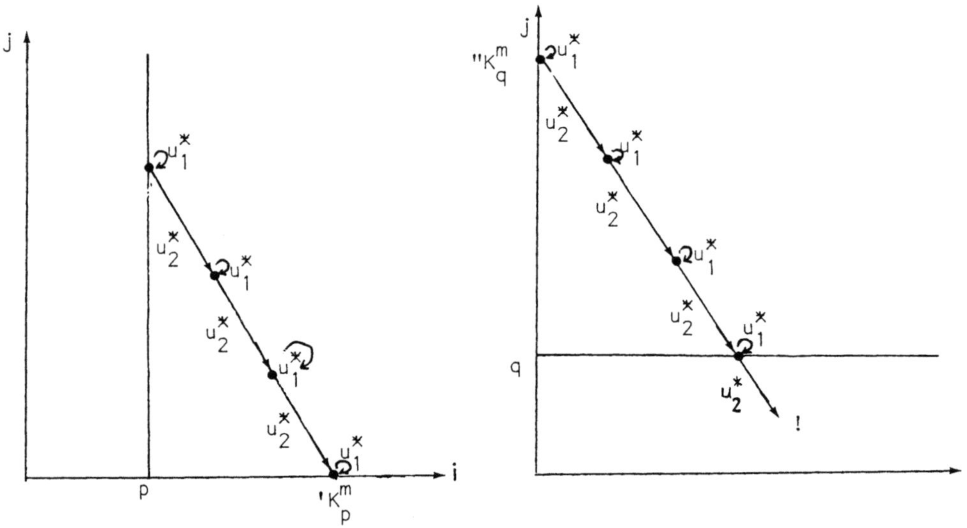

u respecte la 1e filtration   u ne respecte pas la 2e filtration

Rappelons-nous que les $H^{p+q}(M^\cdot)$ sont de dimension finie sur $\mathbb{C}$. Au lieu de calculer les valeurs propres de $u : H^{p+q}('M^\cdot)$, on va calculer celles de ses gradués $u : gr^k\, H^{p+q}('M^\cdot)$. On aura exactement les mêmes valeurs propres :

$$\{ \text{v.p. de } u : H^{p+q}('M^\cdot) \} = \bigcup_{k=0}^{p+q} \{\text{v.p. de } u : gr^k\, H^{p+q}('M^\cdot)\}$$

grâce au lemme (2.3) et au fait que la filtration de $H^{p+q}('M^\cdot)$ induite par celle de $'M^\cdot$ n'a qu'un nombre fini (au plus p+q+1 en fait) de termes non nuls car $'M_k^{p+q}=0$ si $k > p+q$.

Considérons la suite spectrale qui part de $'E_1^{p,q} = H^{p+q}(gr^p\,'M^\cdot)$ d'aboutissement $H('M^\cdot)$, et aussi les isomorphismes

$$'E_\infty^{p,q} \xrightarrow{\beta^{p,q}} gr^p(H^{p+q}('M^\cdot)).$$

D'une manière tout à fait analogue à celle de la section précédente, on constate, <u>en supposant la finitude sur $\mathbb{C}$ de</u> $'E_1^{p,q}$, que

$$\{\text{v.p. de } u : {}'E_1^{p,q}\} \supset \{\text{v.p. de } u : gr^p(H^{p+q}('M^\cdot))\}.$$

On a

homo. induit par u = homo. induit par $u_1^* : {}'E_1^{p,q} = H^q(M^{p,\cdot})\circlearrowleft$,

car u_2^* induit l'homomorphisme nul sur $gr^p('M^\cdot)$.

On s'intéresse aux exposants caractéristiques de Dt sur $G_o^{k(o)}$ qui sont tous des exposants caractéristiques de u sur $\mathbb{R}^k\ \pi_*\ K_o^{\cdot(o)} = H_o^k$, c.à.d. des valeurs propres de u sur gr^oH^k, et donc celles de u sur $E_\infty^{o,k}$. Ces dernières sont des valeurs propres de u sur $E_1^{o,k} = H^k('M^\cdot)$ (on prend $\ell = 0$) dont toute valeur propre sera une valeur propre de u sur un $'E_1^{h,k-h} = H^{k-h}(M^{h,\cdot})$ $= H^{k-h}(\pi_*\ \check{C}^h(\mathcal{U},gr^oK^{\cdot(o)}))$, si ceci est de dimension finie sur $\mathbb{C}$.

Remarquons que dans la dernière suite spectrale, l'aboutissement $H('M^\cdot) = \mathbb{R}^\cdot\ \pi_*(gr^oK^{\cdot(o)})_o$ est indépendant du recouvrement $\mathcal{U}$ qui sert à le définir. Cependant, les $'E_1^{p,q}$ dépendent de $\mathcal{U}$. Pour que ces derniers soient de dimension finie, il faut au moins que $\mathcal{U}$ soit finie. D'après ce qui précède, tout $\mathcal{U}$ tel que les $'E_1^{h,k-h}$ associés sont de dimension finie donne une estimation de valeurs propres de $u : H^k('M^\cdot)\circlearrowleft$.

Dans les prochaînes sections, on expliquera pourquoi on peut prendre un $\mathcal{U}'$ fini pour définir $H('M^\cdot)$ et on calculera les valeurs propres de $u_1^* : {}'E_1^{h,k-h}\circlearrowleft$ dans le cas d'un diviseur à croisement normaux.

§ 4. Recouvrement finis.

On s'intéresse aux valeurs propres de u sur

$$E_1^{\ell,q} = \mathbb{R}^{\ell+q}\, \pi_* \,(gr^\ell\, K^{\cdot(o)})_o$$

et on sait que u dépend du recouvrement de Leray $\mathscr{U} = \{W_i \times T\}$ de départ. Soit $V \subsetneqq T$ un disque de centre 0. Alors $\overline{V}$ est compact de sorte que $(X\times\overline{V}) \cap$ supp. du complexe $\mathscr{F}^\cdot$ (= $gr^\ell\, K^{\cdot(o)}$) est compact car π restreint au support de ce complexe est propre. Il existe donc $i_1,\ldots,i_q$ tels que $\{W_{i_j} \times T\}$ recouvre $(X\times\overline{V}) \cap \operatorname{supp}\mathscr{F}^\cdot \supset (X\times V) \cap \operatorname{supp}\mathscr{F}^\cdot$. alors

$$\mathscr{U}' = \{W_{i_j} \times V\} \cup \{X\times V \setminus \operatorname{supp}\mathscr{F}^\cdot\}$$

recouvre XxV et il est de Leray car $\mathscr{U}$ l'est et la participation de $X\times V \setminus \operatorname{supp}\mathscr{F}^\cdot$ ne crée aucun ennui parce que $\mathscr{F}^\cdot$ s'annule là-dessus. Donc on a

$$\begin{aligned}
&(\mathbb{R}^{\ell+q}\, \pi_* \mathscr{F}^\cdot) \mid V \\
&= \mathbb{R}^{\ell+q}\, \pi_* (\mathscr{F}^\cdot \mid X\times V) \\
&= \mathscr{H}^{\ell+q}\left(\overline{\pi_*\, \check{C}^\cdot(\mathscr{U}', \mathscr{F} \mid X\times V)}\right).
\end{aligned}$$

Quant à u, puisque $\mathscr{U}' \setminus \{X\times V \setminus \operatorname{supp}\mathscr{F}^\cdot\}$ est une sous-famille de $\mathscr{U}$, les deux homomorphismes donnés par $(u_i)_{U_i \in \mathscr{U}}$ et $(u_i)_{W_i \times V \in \mathscr{U}' \mid \{X\times V \setminus \operatorname{supp}\mathscr{F}^\cdot\}}$ sur $(\mathbb{R}^{\ell+q}\, \pi_* \mathscr{F}^\cdot) \mid V$ coïncident.

Notons le faisceau $\pi_*\, \check{C}^p(\mathscr{U}', gr^\ell\, K^{\cdot(o)})$ aussi par $M^{p,\cdot}$.

Alors

$$\begin{aligned}
{}'E_1^{p,q} &= \mathscr{H}^q(M^{p,\cdot})_o \\
&= \varinjlim_{\substack{0 \in V' \subset V \\ V' \text{ disque}}} H^q(M^{p,\cdot}(V')) \\
&= \varinjlim H^q\Big(\prod_{\iota = i_0 \ldots i_p} \Gamma\,(W_\iota \times V', gr^\ell\, K^{\cdot(o)})\Big) \\
&= \varinjlim \prod H^q(\Gamma(W_\iota \times V', gr^\ell\, K^{\cdot(o)}))
\end{aligned}$$

$= \Pi \varinjlim H^q(\Gamma(W_\iota \times V', gr^\ell K^{\cdot(o)}))$ (car $\mathcal{U}'$ est fini)

$= \Pi H^q(\Gamma(W_\iota, gr^\ell K^{\cdot(o)} \mid X\times\{0\}))$.

Désormais, prenons $\ell = 0$. Remarquons que $gr^o K^{\cdot(o)} \mid X\times\{0\} =$ $K^{\cdot(o)}/tK^{\cdot(o)} \mid X\times\{0\}$ est un $\mathcal{O}_X$-Module cohérent. Alors $'E_1^{p,q}$ est de dimension finie sur $\mathbb{C}$. Dans la suite, on estime les valeurs propres de u_i sur $H^q(\Gamma(W_\iota, K^{\cdot(o)}/t K^{\cdot(o)}) = \mathbb{H}^q(W_\iota, K^{\cdot(o)}/tK^{\cdot(o)})$ où on écrit $K^{\cdot(o)}/tK^{\cdot(o)}$ au lieu de $K^{\cdot(o)}/tK^{\cdot(o)} \mid X\times\{0\}$.

§ 5. Les valeurs propres de u sur les faisceaux de cohomologie et celles de u sur l'hypercohomologie.

Le contenu de ce paragraphe nous a été communiqué par J.L. Verdier.

LEMME :

Soient X une variété analytique compacte, F un faisceau constructible sur X et $u : F \longrightarrow F$ un endomorphisme. Alors $\Lambda = \bigcup_{x \in X} \{\text{v.p. de } u_x : F_x \circlearrowleft\}$ contient $\{\text{v.p. de } u : H^p(X,F) \circlearrowleft\}$ pour tout p.

Par un faisceau constructible, on entend un faisceau de $\mathbb{C}$-espaces vectoriels de dimension finie qui est constant sur chaque strate d'une certaine stratification de X.

PREUVE :

Pour tout $\lambda \in \mathbb{C}$, soit F_λ le sous faisceau de Fitting de λ. On a $F_{\lambda,x} = \ker_{n \gg} (u-\lambda)^n$. Remarquons que $\forall m \in \mathbb{N}$, $(u-\lambda)^m : F/F_\lambda \circlearrowleft$ est un isomorphisme.

Puisque F est constructible, Λ est fini ; on écrit $\Lambda = \{\lambda_1, \ldots, \lambda_k\}$.

On démontre l'inclusion

$\{\text{v.p. de } u : H^p(X,F)\} \subset \Lambda$

par récurrence sur k.

Lorsque k=1, il existe m tel que $(u-\lambda_1)^m : F\circlearrowleft$ est nul.

Donc $(u-\lambda_1)^m : H^p(X,F)\circlearrowleft$ est nul.c.q.f.d.

Lorsque k > 1, considérons la suite exacte

$$0 \longrightarrow F_{\lambda_k} \longrightarrow F \longrightarrow F/F_{\lambda_k} \longrightarrow 0$$

et sa suite exacte longue de cohomologie

$$\ldots \longrightarrow H^p(X,F_{\lambda_k}) \longrightarrow H^p(X,F) \longrightarrow H^p(X,F/F_{\lambda_k}) \longrightarrow \ldots .$$

Alors

$$\{\text{v.p. de } u : H^p(X,F)\circlearrowleft\}$$
$$\subset \{\text{v.p. de } u : H^p(X,F_{\lambda_k})\} \cup \{\text{v.p. de } u : H^p(X,F/F_{\lambda_k})\}$$
$$\subset \{\lambda_k\} \cup \{\lambda_1,\ldots,\lambda_{k-1}\} = \Lambda$$

par l'hypothèse de récurrence.

PROPOSITION (5.1.)

Soient X une variété analytique compacte, $K^\cdot$ un complexe borné à cohomologies constructibles, et u un endomorphisme sur $K^\cdot$. Soit $\Lambda = \bigcup_{\substack{x\in X\\ q\in N}} \{\text{v.p. de } u_x : \mathcal{H}^q(K^\cdot)_x\circlearrowleft\}$

Alors Λ contient $\{\text{v.p. de } u : \mathbb{H}^p(X,K^\cdot)\}$ pour tout p.

PREUVE :

Par récurrence sur le nombre m de faisceaux de cohomologies non nuls.

Pour m=1, soit $\mathcal{H}^q(K^\cdot)$ non nul. Alors $K^\cdot$ est quasi-isomorphe au complexe

$L^\cdot : 0 \longrightarrow \ldots \longrightarrow 0 \longrightarrow \mathcal{H}^q(K^\cdot) \longrightarrow 0 \longrightarrow \ldots .$

Puisque $\mathbb{H}^p(X,K^\cdot) \cong \mathbb{H}^p(X,L^\cdot) = H^{p-q}(X,\mathcal{H}^q(K^\cdot))$, d'après le lemme précédent, $\{\text{v.p. de } \mathbb{H}^p(X,K^\cdot)\} \subset \Lambda$.

Soit m > 1. Soit g le plus petit entier tel que $\mathcal{H}^q(K^\cdot) \neq 0$.

Alors $K^\cdot$ est quasi-isomorphe à un complexe $L^\cdot : 0 \longrightarrow \ldots \longrightarrow 0 \longrightarrow L^q \longrightarrow L^{q+1} \longrightarrow \ldots$.On a donc une inclusion i (à un isomorphisme près) :

$$0 \longrightarrow \mathcal{H}^q(K^\cdot) \overset{i}{\hookrightarrow} L^\cdot \overset{p}{\longrightarrow} L^\cdot/\mathcal{H}^q(K^\cdot) \longrightarrow 0.$$

Par l'hypothèse de récurrence, on voit grâce à la suite exacte lonque correspondante que

$\{$v.p. de u : $\mathbb{H}^p(X,L^\cdot)\}$

$\subset$ $\{$v.p. de u : $\mathbb{H}^p(X,\mathcal{H}^q(K^\cdot))\} \cup \{$v.p. de u : $H^p(X,L^\cdot/\mathcal{H}^q(K^\cdot))\} \subset \Lambda$.

REMARQUE :

Les raisonnements de ce praragraphe sont valables non seulement pour X variété analytique compacte mais aussi pour toute variété sur laquelle les faisceaux constructibles considérés sont à cohomologie finie. Nous aurons besoin dans la suite de les appliquer aux ouverts W_ι d'un recouvrement de Čech (c.f. § 4), auxquels nous admettrons que l'hypothèse de finitude ci-dessus s'applique : cette condition imposée au recouvrement n'est pas très forte, elle est automatique pour des ouverts relativement compacts à bord semi-analytique, par exemple.

§ 6. Calculs de $H^p(K_o^{\cdot(o)}/t\, K_o^{\cdot(o)})$ pour $\varphi = y^\beta = y_1^{\beta_1} \dots y_n^{\beta_n}$, tous $\beta_i > 0$.

On a toujours $H^o(K^{\cdot(o)}_o) = 0$ car il n'y a pas de cocycle non nul.

Alors $H^o(K^{\cdot(o)}_o/tK^{\cdot(o)}_o) = 0$ car $H^1(K^{\cdot(o)}_o)$ est sans torsion (c.f. les cor (6.3) et (6.6)).

Cas $n \geq 2$, $1 \leq p \leq n$.

1°) Soit $\{i_1,\dots,i_p\} \subset \{1,\dots,n\}$ tel que $i_1 < \dots < i_p$. On désigne par $\{i_{p+1},\dots,i_n\}$ l'ensemble d'indices tel que $\{i_1,\dots,i_n\} = \{1,\dots,n\}$.

$\forall \alpha \in N^n$, soient

$$\Omega^n_\alpha = \{\lambda y^\alpha \; dy_1 \wedge \dots \wedge dy_n \mid \lambda \in \mathbb{C}\} ,$$

$$\Omega^p_\alpha = \{\sum_{i_1<\dots<i_p} \lambda_{i_1\dots i_p} y^\alpha y_{i_{p+1}}\dots y_{i_n} dy_{i_1} \wedge \dots \wedge dy_{i_p} \mid \lambda_{i_1\dots i_p} \in \mathbb{C}\}$$

$(1 \leq p \leq n)$,

et

$$\Omega^o_\alpha = \{\lambda y^\alpha y_1\dots y_n \mid \lambda \in \mathbb{C}\} ,$$

alors $(\Omega^{\cdot}_{\alpha},d)$ est un sous-complexe de $(\Omega^{\cdot},d)$.

Si $\underline{d}\omega\delta = 0$ $(\omega = \sum_{i_1<\ldots<i_p} a_{i_1,\ldots,i_p} dy_{i_1}\wedge \ldots \wedge dy_{i_p} \in \Omega^p)$,

alors $d\omega = 0$ et $d\varphi\wedge \omega = 0$. Cette dernière implique que $y_{i_{p+1}} \ldots y_{i_n}$ divise $a_{i_1\ldots i_p}$ de sorte que ω admet un développement en série convergente du type $\sum_{\alpha} \omega_{\alpha}$ où $\omega_{\alpha} \in \Omega^p_{\alpha}$ telle que $d\varphi\wedge\omega_{\alpha} = 0$. La relation $d\omega = 0$ implique que $d\omega_{\alpha} = 0$ $\forall\alpha$. On a donc $\underline{d}\omega_{\alpha}\delta = 0$.

2°) Soit $\xi_i = \frac{1}{\beta_i} y_i \frac{\partial}{\partial y_i}$, alors $H_i : u_i \simeq Dt : K^{\cdot} \longrightarrow K^{\cdot}$ (c.f. lemme (1.2) du chapitre I). On a $H_{ij} = H_j - H_i : u_i \simeq u_j : K^{\cdot(o)} \longrightarrow K^{\cdot(o)}$.

Rappelons que $u_i(\omega\delta) = (L_{\xi_i}\omega)\delta$.

On trouve par les calculs que

$$L_{\xi_i} \omega_{\alpha} = \frac{\alpha_i+1}{\beta_i} \omega_{\alpha}.$$

Si $\omega_{\alpha}\delta$ est fermé, alors

$$\frac{\beta_j(\alpha_i+1) - \beta_i(\alpha_j+1)}{\beta_i\,\beta_j} \omega_{\alpha}\delta = (L_{\xi_i} - L_{\xi_j})\omega_{\alpha}\delta$$

$$= \underline{d}\, H_{ij}\, \omega_{\alpha}\delta.$$

Soit $B = B(\beta) = \{\alpha \in \mathbb{N}^n \mid (\alpha_i+1)\beta_j = (\alpha_j+1)\,\beta_i \ \forall\, i,j = 1,\ldots,n\}$.

On dit que B est <u>l'ensemble des bons indices</u> (par rapport à β). Soit $B_o = B_o(\beta) = B\cap\{\alpha \in \mathbb{N}^n \mid \alpha \leq \beta\}$. C'est <u>l'ensemble des bons indices initiaux.</u>

Si

$$\omega\delta = \sum_{\substack{\alpha \in \mathbb{N}^n\setminus B \\ \frac{\alpha_i+1}{\beta_i} \neq \frac{\alpha_j+1}{\beta_j}}} \omega_{\alpha}\delta$$

est fermé, alors

$$\omega\delta = \underline{d}\, H_{ij}\ (\Sigma\ \ \beta_i\ \beta_j\ \frac{\omega_\alpha}{\beta_j(\alpha_i+1)-\beta_i(\alpha_j+1)}\ )\ \delta$$

où la somme converge car $|\beta_j(\alpha_i+1) - \beta_i(\alpha_j+1)| \geq 1$. A l'aide d'une partition convenable de $\mathbb{N}^n \setminus B$, on prouve que $[\sum_{\alpha \notin B} \omega_\alpha \delta] = 0$ dans $H^p(K_o^{\cdot}(o))$.

3°) On a la

PROPOSITION (6.1.).

Dans $H^p(K_o^{\cdot}(o))$, $[\sum_{\alpha \in B} \omega_\alpha \delta] = 0 \Rightarrow \omega_\alpha = 0\ \forall \alpha \in\ B$.

PREUVE.

Si $\sum_{\alpha \in B} \omega_\alpha \delta = \underline{d}\chi\delta$, alors $\forall \alpha \in B$, $\omega_\alpha \delta = \underline{d}\chi_\alpha \delta$ où χ_α est définie comme ω_α :

$$\chi_\alpha = \sum_{\ell_1 < \ldots < \ell_{p-1}} c_{\ell_1 \ldots \ell_{p-1}}\, y^\alpha\, y_{\ell_p} \ldots y_{\ell_n}\, dy_{\ell_1} \wedge \ldots \wedge dy_{\ell_{p-1}}$$

On a $\omega_\alpha = d\chi_\alpha \Leftrightarrow$

$$\lambda_{i_1 \ldots i_p} = \sum_{\{\ell, \ell_1, \ldots, \ell_{p-1}\} = \{i_1, \ldots, i_p\}} c_{\ell_1 \ldots \ell_{p-1}} (\alpha_\ell + 1)(-1)^{\ell, \ell_1 \ldots \ell_{p-1}}$$

tandis que $dy^\beta \wedge \chi_\alpha = 0 \Leftrightarrow$

$$0 = \sum_{\{\ell, \ell_1, \ldots, \ell_{p-1}\} = \{i_1, \ldots, i_p\}} c_{\ell_1 \ldots \ell_{p-1}} \beta_\ell\ (-1)^{\ell, \ell_1 \ldots \ell_{p-1}}$$

où $(-1)^{\ell, \ell_1 \ldots \ell_{p-1}}$ satisfait $dy_\ell \wedge dy_{\ell_1} \wedge \ldots \wedge dy_{\ell_{p-1}} = (-1)^{\ell, \ell_1 \ldots \ell_{p-1}}$. $dy_{\ell_1} \wedge \ldots \wedge dy_\ell \wedge \ldots \wedge dy_{\ell_{p-1}}$, $\ell_1 < \ldots < \ell < \ldots < \ell_{p-1}$. Puisque $\alpha \in B(\beta)$, les systèmes homogènes de ces deux systèmes linéaires coïncident, donc $\lambda_{i_1 \ldots i_p} = 0\ \forall i_1 < \ldots < i_p$.

Pour calculer $H^p(K_o^{\cdot(o)})$, remarquons que $d\varphi \wedge \Theta\, \delta'$ est cohomologue à $d\Theta\delta$ (modulo $\underline{d}\,(-\Theta\delta) \in \underline{d}\, K_o^{p-1(o)}$), il suffit donc de regarder les classes de cohomologie des $\omega\delta$. Ce qui précède nous donne les

COROLLAIRE (6.2.)

$H^p(K_o^{\cdot(o)})$ est sans torsion sur $\mathbb{C}\{t\}$. Par conséquent,
$H^p(K_o^{\cdot(o)}/t\, K_o^{\cdot(o)}) = H^p(K_o^{\cdot(o)})/\, t\, H^p(K_o^{\cdot(o)})$.

COROLLAIRE (6.3.)

$H^p(K_o^{\cdot(o)}) = H^p(K_o^{\cdot(o)})^o \oplus t\, H^p(K_o^{\cdot(o)})$ où $H^p(K_o^{\cdot(o)})^o = \{ \sum_{\alpha \in B_o} [\omega_\alpha] \}$

Soit $B_o = \{\alpha^1,\ldots,\alpha^\nu\}$, $\nu = \text{p.g.c.d.}\ (\beta_1,\ldots,\beta_n)$.

Soient

$[\omega^1_{\alpha^1}]$,..., $[\omega^m_{\alpha^1}]$ une base de $\{[\omega_{\alpha^1}]\}$

$[\omega^1_{\alpha^\nu}]$,..., $[\omega^m_{\alpha^\nu}]$ une base de $\{[\omega_{\alpha^\nu}]\}$

où $m = \binom{n}{p} - \binom{n-1}{p}$ si $p \leq n-1$ et $m=1$ si $p=n$. Alors ses classes forment une base dans $H^p(K_o^{\cdot(o)})/t\, H^p(K_o^{\cdot(o)})$.

REMARQUE. (6.4).

Si u est défini par ξ_i dans la carte en question, alors $L_{\xi_i}\omega_\alpha = \dfrac{\alpha_i+1}{\beta_i}\,\omega_\alpha$ implique que {valeur propre de u : $H^p(K_o^{\cdot(o)})/\, t\, K_o^{\cdot(o)}$ ↺} $= \{\dfrac{\alpha_i+1}{\beta_i} \mid \alpha \in B_o(\beta)\}$

Cas n=1. Soit $\varphi = y^\beta$ $(\beta \in \mathbb{N}^+)$.

PROPOSITION (6.5).

$$\left(\sum_{\alpha \in \mathbb{N}} c^k_\alpha\, y^\alpha\, dy\right)\delta \equiv 0 \bmod \underline{d}\, K_o^{o(o)} \Rightarrow c^k_\alpha = 0\ \forall \alpha \in \mathbb{N}.$$

PREUVE.

Supposons que $\left(\sum_{\alpha \in \mathbb{N}} c^k_\alpha\, y^\alpha\, dy\right)\delta = \underline{d}(f\delta)$ où f est un germe de fonctions holomorphes. Alors on a des relations

$$\sum_{\alpha \in \mathbb{N}} C_\alpha^k \; y^\alpha \, dy = df$$

$$0 = f \, d\varphi \, .$$

Donc f=0 de sorte que $C_\alpha^k = 0 \;\; \forall \alpha \in \mathbb{N}$.

Soient $B(\beta) = N$, $\nu = \text{p.g.c.d}(\beta) = \beta$. Alors $B_o(\beta) = \{0,1,\ldots,\beta-1\}$.

On a le

COROLLAIRE (6.6).

(i) $H^1(K_o^{\cdot(o)}) = \bigoplus_{\alpha=0}^{\beta-1} \mathbb{C}\{t\}[y^\alpha \, dy \, \delta]$

(ii) $H^1(K_o^{\cdot(o)}/t\, K_o^{\cdot(o)}) = \bigoplus_{\alpha=0}^{\beta-1} \mathbb{C}\, [y^\alpha \, dy \, \delta]$

REMARQUE (6.7).

Soit $\xi = \frac{1}{\beta} y \frac{\partial}{\partial y}$. Alors $L_\xi \, y^\alpha \, dy = \frac{\alpha+1}{\beta} \, y^\alpha \, dy$.

§ 7. Calculs des $H^p(K_o^{\cdot(o)}/tK_o^{\cdot(o)})$ pour $\varphi = y_1^{\beta_1} \ldots y_\ell^{\beta_\ell}$, tous $\beta_i > 0$ et $\ell < n$.

C'est le cas d'une suspension. On va montrer qu'une suspension d'une fonction ne suscite aucun changement au niveau de la cohomologie.

Soient $\mathbb{C}^n = \mathbb{C}^\ell \times \mathbb{C}^{n-\ell}$, i l'inclusion de $\mathbb{C}^\ell$ dans $\mathbb{C}^n$, et p la projection canonique de $\mathbb{C}^n$ sur $\mathbb{C}^\ell$. Soient $\varphi_o : \mathbb{C}^\ell,0 \longrightarrow \mathbb{C},0$ et $\varphi : \mathbb{C}^n,0 \longrightarrow \mathbb{C},0$ deux germes de fonctions holomorphes tels que $\varphi = \varphi_o \circ p$. Soit $\pi_o : C^\ell \times \mathbb{C}_t \longrightarrow \mathbb{C}_t$ la projection canonique. On a le

PROPOSITION (7.1).

$$H^q(DR_{\pi_o}(\mathscr{B}_{[\varphi_o]}\,\mathbb{C}^\ell \times \mathbb{C}_t)_o) \overset{\mathscr{D}_{T,0}}{\simeq} H^q(DR\,(\mathscr{B}_{[\bar{\varphi}]}\,\mathbb{C}^n \times \mathbb{C}_t)_o)$$

$$\text{classe de } \omega\delta_o^{(k)} \longmapsto \text{classe de } p^*\omega \;\; \delta^{(k)}$$

où $\delta_o = \delta_{(t-\varphi_o)}$.

PREUVE.

Soit $F : \mathbb{C}^n \times \mathbb{C}_s \longrightarrow \mathbb{C}^n$ l'homotopie entre $i \circ p$ et $1\!\!1_{\mathbb{C}^n}$ définie par

$F(x_1,\ldots,x_n \; ; \; s) = (x_1,\ldots,x_\ell, \; sx_{\ell+1},\ldots,sx_n)$.

Définissons $1\!\!1^*$, $(i\circ p)^*$, p^* et i^* entre des complexes de De Rham convenables de façon naturelles (par exemple, $i^* : DR^{\cdot}_{\pi} \, (\mathscr{B}_{[\varphi]})_o \longrightarrow DR^{\cdot}_{\pi_o} (\mathscr{B}_{[\varphi_o]})_o$ est défini par $i^*(\omega\delta^{(k)}) = (i^*\omega) \; \delta_o^{(k)})$.

Alors ce sont tous des homomorphismes de complexes de $\mathscr{D}_{T,o}$-modules car φ est une suspension de φ_o.

Fabriquons maintenant une homotopie $h : 1\!\!1^* \simeq (i\circ p)^* : DR^{\cdot}_{\pi}(\mathscr{B}_{[\varphi]})_o \circlearrowleft$.

Soit $I = [0,1]$, soit

$$h(\omega\delta^{(k)}) = h(\omega) \; \delta^{(k)}$$

où

$$h(\omega)(x) = \int_{\{x\}XI} (F^*\omega)(x,s)$$

intégration partielle à 1 variable.

Alors on a

$$h(\underline{d} \; \omega\delta^{(k)}) = h(d\omega) \; \delta^{(k)} - h(d\varphi \wedge \omega) \quad \delta^{(k+1)}$$

où

$$\begin{aligned} h(d\omega)(x) &= \int_{\{x\}XI} (F^*d\omega)(x,s) \\ &= \int_{\{x\}XI} (\bar{d}F^*\omega)(x,s) \quad (\bar{d} \text{ est la différentielle de } \Omega^{\cdot}_{\mathbb{C}^n X \mathbb{C}_s}) \\ &= \int_{\{x\}XI} (d_x + d_s) \; F^* \; \omega(x,s) \\ &= F^*\omega \; (x,s) \Big|_o^1 + \int_{\{x\}XI} (d_x \; F^*\omega) \; (x,s) \\ &= [1\!\!1^* \; \omega(x) - (i\circ p)^* \; \omega(x)] - d_x \int_{\{x\}XI} (F^*\omega)(x,s) \\ &= [1\!\!1^*\omega \; (x) - (i\circ p)^* \; \omega(x)] - d_x h(\omega)(x) \end{aligned}$$

et

$$h(d\varphi\wedge\omega)(x) = \int_{\{x\}XI} F^*(d\varphi\wedge\omega)(x,s)$$

$$= \int_{\{x\}XI} (\bar{d}F^*\varphi\wedge F^*\omega\quad)(x,s)$$

$$= \int_{\{x\}XI} (d\varphi\wedge F^*\omega)(x,s)$$

$$= -d\varphi(x)\wedge\int_{\{x\}\ XI} (F^*\omega)(x,s)$$

$$= -(d\varphi\wedge h(\omega))(x) \qquad (*)$$

Donc

$$h(\underline{d}\omega\ \delta^{(k)}) = \mathbb{1}^*\omega\ \delta^{(k)} - (i\circ p)^*\omega\ \delta^{(k)} - \underline{d}(h(\omega)\ \delta^{(k)}),$$

c.à.d. $h : \mathbb{1}^* \simeq (i\circ p)^*$. Par conséquent, $H^q(p^*)\circ H^q(i^*)$ égale l'identité sur $H^q(DR_{\pi}(\mathscr{B}_{[\varphi]})_o)$.

D'autre part, puisque $p\circ i = \mathbb{1}_{\mathbb{C}^k}$, $H^q(i^*)\circ H^q(p^*)$ égale l'identité sur $H^q(DR_{\pi_o}(\mathscr{B}_{[\varphi_o]})_o)$. c.q.f.d.

REMARQUE (7.2).

L'homotopie h apparaissant dans la démonstration de la proposition précédente laisse stable les gens divisibles par $d\varphi$ (c.f. (*)) de sorte que si l'on remplace respectivement les deux complexes dans la proposition par $\Omega^{\cdot}_{\mathbb{C}^\ell,o}\ \delta_o + d\varphi\wedge\Omega^{\cdot -1}_{\mathbb{C}^\ell,o}\ \delta'_o$ et $\Omega^{\cdot}_{\mathbb{C}^n,o}\ \delta + d\varphi\wedge\Omega^{\cdot -1}_{\mathbb{C}^n,o}\ \delta'$ $(= K^{\cdot}_o{}^{(o)})$, h est encore bien défini. On a donc des isomorphismes de cohomologie. On peut donc appliquer les résultats de § 6.

§ 8. La constructibilité des $\mathscr{H}^p(K^{\cdot(o)}/tK^{\cdot(o)})\,|\,W_\iota$ et les valeurs propres de u.

Il suffit de regarder le cas où $\iota = i$.

Grâce à la section 7, il suffit d'examiner le cas où tous $\beta_i > 0$.

Soit $T_{j_1 \ldots j_m} = \{(y_1,\ldots,y_n) \mid y_{j_1} = \ldots = y_{j_m} = 0,\ y_{j_{m+1}},\ldots,y_{j_n} \neq 0\}$

où $\{j_1,\ldots,j_n\} = \{1,\ldots,n\}$. Soit $T_o = \{(y_1,\ldots,y_n)\} \mid y_1,\ldots,y_n \neq 0\}$

Alors

$$\mathbb{C}^n = \bigcup_{\substack{j_1 < \ldots < j_p \\ p=1,\ldots,n}} T_{j_1 \ldots j_p} \cup T_o$$

est une stratification.

On a évidemment $\mathscr{H}^p(K^{\cdot(o)}/tK^{\cdot(o)}) \mid T_o = 0$.

Pour les $T_{j_1 \ldots j_m}$, regardons par exemple $T_{1\ldots m}$. $\forall\, y^o \in T_{1\ldots m}$, on a $\mathscr{H}^p(K^{\cdot(o)}/tK^{\cdot(o)})_{y_o} = 0$ si $p > m$. Donc $\mathscr{H}^p(K^{\cdot(o)}/tK^{\cdot(o)} \mid T_{1\ldots m} = 0$ si $p > m$.

Si $p \leq m$, $\mathscr{H}^p(K^{\cdot(o)}/tK^{\cdot(o)})_{y_o} = \{ \sum_{\alpha \in B_o(\beta_1,\ldots,\beta_m)} [\omega_\alpha]\}$

où

$$\omega_\alpha = \omega_\alpha\,(z_1,\ldots,z_m) = \sum_{i_1 < \ldots < i_p} \lambda_{i_1 \ldots i_p}\, z_1^{\alpha_1} \ldots z_m^{\alpha_m}\, z_{i_{p+1}} \ldots z_{i_m}$$

$$dz_{i_1} \wedge \ldots \wedge dz_{i_p}$$

$\{i_1,\ldots,i_m\} = \{1,\ldots,m\}$ et (z_i) est lié à (y_i) par un changement de coordonnées, à savoir (si $y^o = (0,\ldots,0,\ y^o_{m+1},\ldots,y^o_n)$ où $y^o_{m+1},\ldots,y^o_n \neq 0$)

$$\begin{cases} z_1 = y_1 \\ \vdots \\ z_{m-1}=y_{m-1} \\ z_m=y_m\, y_{m+1}^{\beta_{m+1}/\beta_m} \dots y_n^{\beta_n/\beta_m} \\ z_{m+1}=y_{m+1}-y_{m+1}^o \\ \vdots \\ z_n=y_n-y_n^o \end{cases}$$

(on a $\varphi = z_1^{\beta_1} \dots z_m^{\beta_m}$).

Soit $\mathscr{F}^p(T_{1\dots m}) = \{ \sum_{\alpha \in B_o(\beta_1,\dots,\beta_m)} [\omega_\alpha(z_1,\dots,z_m)] \} \subset$ sous-esp. vect.

$\mathscr{H}^p(K^{\cdot(o)}/tK^{\cdot(o)})(T_{1\dots m})$ et pour un ouvert V de $T_{1\dots m}$, soit

$\mathscr{F}^p(V) = \{ \sum_{\alpha \in B_o} [\omega_\alpha(z_1,\dots,z_m)] \mid V\}$. Alors $\mathscr{F}^p$ est un préfaisceau constant de $\mathbb{C}$-esp. vect. sur $T_{1\dots m}$ et il engendre $\mathscr{H}^p(K^{\cdot(o)}/t\, K^{\cdot(o)}) \mid_{T_{1\dots m}}$

On a donc la

PROPOSITION (8.1.).

$\mathscr{H}^p(K^{\cdot(o)}/tK^{\cdot(o)})$ est constructible.

Dans chaque W_{i_o}, soit u_{i_o} défini par $\xi_{i_o} = \frac{1}{\beta_{i_o}} y_{i_o} \frac{\partial}{\partial y_{i_o}}$ où $\beta_{i_o} \neq 0$.

Alors on a le

LEMME (8.2.).

{v.p. de $u_1^* = \mathscr{H}^p(K^{\cdot(o)}/t\, K^{\cdot(o)}) \mid W_1$}

$\subset \{\frac{\alpha^j_{k_1}+1}{\beta^{i_o}_{k_1}} \mid (\alpha^j_{k_1},\dots,\alpha^j_{k_\ell}) \in B_o\,(\beta^{i_o}_{k_1},\dots,\beta^{i_o}_{k_\ell})$, tout $\beta^{i_o}_{k_q} \neq 0$, $\ell = 1,\dots,n\}$.

D'après la § 5 on a le

THEOREME (8.3).

$$\bigcup_{h=0}^{k} \{\text{v.p. de } u_1^* : {}'E_1^{h,k-h}\}$$

$$\subset \{ \frac{\alpha_{k_1}^j + 1}{\beta_{k_1}^i} \mid (\alpha_{k_1}^j, \ldots, \alpha_{k_\ell}^j) \in B_o \ (\beta_{k_1}^i, \ldots, \beta_{k_\ell}^i), \text{ tout } \beta_{k_q}^i \neq 0,$$

$$\ell = 1, \ldots, n,\ i \in I\} .$$

Ceci nous donne une estimation des exposants caractéristiques du $G_o^{k(o)}$ du système G_o^k, et démontre le résultat II de l'introduction.

§ 9. "Réseau défini par un Idéal inversible.

Soit I un faisceau cohérent d'idéaux de $(\mathcal{O}_X)$ "inversible" (c.à.d. localement principal) tel qu'il admet dans chaque W_i comme générateur un monôme $y^m = y_1^{m_1} \ldots y_n^{m_n}$.

Ce faisceau peut être non trivial seulement sur le diviseur à croisements normaux (c.à.d. $\varphi^{-1}(o)$). A partir d'un tel I, définissons un sous-complexe de $\Omega^\cdot$.

$$N^\cdot = I \ \Omega^\cdot \cap d^{-1}(I\ \Omega^{\cdot+1})$$

(c'est évidemment un complexe). Pour pouvoir réaliser des calculs, on cherche une caractérisation en coordonnées locales du complexe $N^\cdot$.

Sur $W = W_i$, pour que la différentielle d'une forme non fermée $y^{m+\alpha}\, dy_{\hat{j}_1 \ldots \hat{j}_{n-q}}$ soit divisible par y^m, il faut que $\alpha_{j_s} \geq 1$ lorsque $m_{j_s} \neq 0$.

Cela nous fait penser à démontrer le

LEMME (9.1.).

Sur W,

$$I\,\Omega^q \cap d^{-1}(I\,\Omega^{q+1}) = \sum_{\text{tous } j_\ell \text{ distincts}} \mathcal{O}_W\, y^{m+j_1(m)+\ldots+j_{n-q}(m)}\, dy_{\hat{j}_1\ldots\hat{j}_{n-q}}$$

où

$$j_s(m) = \begin{cases} (0,\ldots,1\ (j_s^e \text{ place}),\ldots,0) & \text{si } m_{j_s} \neq 0 \\ (0,\ldots,0) & \text{autrement.} \end{cases}$$

PREUVE. " $\subset$ "

Soit $\chi \in I\,\Omega^q \cap d^{-1}(I\,\Omega^{q+1})$. Alors $\chi = y^m\omega$ et $d\chi \in I\ \Omega^{q+1}$.

Donc dans l'égalité

$$d(y^m\,\omega) = dy^m \wedge \omega + y^m\, d\omega\ ,$$

le membre de gauche et le deuxième terme à droite sont divisibles par y^m de sorte que $dy^m \wedge \omega$ l'est aussi.

Ecrivons

$$\omega = \sum_{i_1<\ldots<i_q} f_{i_1\ldots i_q}\, dy_{i_1\ldots i_q}.$$

Alors

$$dy^m \wedge \omega = \sum_{i=1}^{n} \Sigma\, m_i\, y^{m-(i)}\, f_{i_1\ldots i_q}\, dy_i \wedge dy_{i_1\ldots i_q}.$$

Ça implique que

$$\Sigma\ m_i\ y^{m-(i)}\, f_{i_1\ldots i_q}\sigma\ dy_{k_1\ldots k_{q+1}} = y^m\, h(y)\, dy_{k_1\ldots k_{q+1}}\ (\sigma = \pm 1)$$

où la somme est prise pour tout ensemble d'indices $\{i,i_1,\ldots,i_q\}$ $= \{k_1,\ldots,k_{q+1}\} = K$ donné (les k_i sont tous distincts). Ceci équivaut à

$$(*)\quad \sum_{i\in K} m_i\, y^{m-(i)}\ f_{i_1(i)\ldots i_q(i)}\,\sigma = y^m\, h(y),$$

$$\{i,i_1(i),\ldots,i_q(i)\} = K.$$

Etant donné $\ell_1 <\ldots< \ell_q$, et $\ell \neq \ell_1,\ldots,\ell_q$ tel que $m_\ell \neq 0$, considérons $K = \{\ell,\ell_1,\ldots,\ell_q\}$. Alors (*) s'écrit

$$m_\ell\, y^{m-(\ell)}\, f_{\ell_1\ldots\ell_q}\,\sigma = y^m\, h(y) - \sum_{i \in K\setminus\{\ell\}} m_i\, y^{m-(i)}\, f_{i_1(i)\ldots i_q(i)}\,\sigma$$

dont le membre de droite est divisible par $y_\ell^{m_\ell}$. Donc $y_\ell \setminus f_{\ell_1\ldots\ell_q}$.
Ceci est vrai quelque soit $\ell \neq \ell_1,\ldots,\ell_q$ tel que $m_\ell \neq 0$. c.q.f.d.

" $\supset$ " $d(f\, y^{m+j_1(m)+\ldots+j_{n-q}(m)}\, dy_{\hat{j}_1\ldots\hat{j}_{n-q}})$

$$= df \wedge y^{m+j_1(m)+\ldots+j_{n-q}(m)}\, dy_{\hat{j}_1\ldots\hat{j}_{n-q}}$$

$$+ f\, dy^{m+j_1(m)+\ldots+j_{n-q}(m)} \wedge dy_{\hat{j}_1\ldots\hat{j}_{n-q}}$$

$$= \sum_{\ell=1}^{n-q} \frac{\partial f}{\partial y_{j_\ell}}\, y^{m+j_1(m)+\ldots+j_{n-q}(m)}\,\sigma\, dy_{\hat{j}_1\ldots\hat{\hat{j}}_\ell\ldots\hat{j}_{n-q}} \qquad (\sigma = \pm 1)$$

$$+ f \sum_{\ell=1}^{n-q} (m_{j_\ell} + \delta(j_\ell))\, y^{m+j_1(m)+\ldots+\widehat{j_\ell(m)}+\ldots+j_{n-q}(m)}\,\sigma\, dy_{\hat{j}_1\ldots\hat{\hat{j}}_\ell\ldots\hat{j}_{n-q}}$$

$$\left(\text{où } \delta(j_\ell) = \begin{cases} 0 & \text{si } m_{j_\ell} = 0 \\ 1 & \text{autrement} \end{cases}\right)$$

$\in I\ \Omega^{q+1}$ c.q.f.d.

COROLLAIRE (9.2.).

1. $\forall q$, N^q est $\mathcal{O}_X$-cohérent
2. $\forall q$, $d\varphi \wedge N^{q-1}$ est $\mathcal{O}_X$-cohérent
3. $N^q \supset d\varphi \wedge N^{q-1}$
4. $J^q = N^q\delta + d\varphi \wedge N^{q-1}\,\delta'$ est $\mathcal{O}_{X\times T}$-cohérent.

(2. est une conséquence immédiate de 1., 4 est une conséquence de 1,2,3 et le sous-lemme du lemme (1.3) du chapitre I.).

REMARQUE (9.3). $J^\cdot$ est un sous-Module de $K^{\cdot(o)}$ qui ne peut différer de $K^{\cdot(o)}$ que sur le diviseur à croisements normaux.

LEMME (9.4).

(1) $J^\cdot$ est stable par u_i au-dessus de $W_i \times T$.

(2) $J^\cdot$ est stable par $H_{ij}=H_j-H_i$ au-dessus de $(W_i \cap W_j)\times T$.

PREUVE. Rappelons que

$$H_i(\omega\delta^{(k)}) = -i_{\xi_i}\omega\ \delta^{(k)}$$

et

$$u_i(\omega\delta) = L_{\xi_i}\omega\ \delta$$

$$u_i(d\varphi\wedge\chi\ \ \delta') = d\varphi\wedge L_{\xi_i}\chi\ \delta'$$

où

$$\xi_i = \frac{1}{\beta^i_{k_i}}\ y_{k_i}\ \frac{\partial}{\partial y_{k_i}}\quad (\ \varphi_i = y_1^{\beta^i_1}\dots y_n^{\beta^i_n}\ ,\ \ \beta^i_{k_i}\neq 0)$$

REMARQUE (9.5). $i_{\xi_i}(N^q)\subset N^{q-1}$

PREUVE. $i_{\xi_i}\ (y^{m^i+j_1(m^i)+\dots+\ j_{n-q}(m^i)}\ \ dy_{\hat{j}_1\dots\hat{j}_{n-q}})$

$$= y^{m^i+j_1(m^i)+\dots+\ j_{n-q}(m^i)}\ \ i_{\xi_i}\ (dy_{\hat{j}_1\dots\hat{j}_{n-q}})$$

$$= \begin{cases} y^{m^i+j_1(m^i)+\dots+\ j_{n-q}(m^i)}\ \dfrac{1}{\beta^i_{k_i}}\ y_{k_i}\ \ dy_{\hat{k}_i\hat{j}_1\dots\hat{j}_{n-q}} & \text{si } k_i\notin\{j_1,\dots,j_{n-q}\} \\ 0 \quad \text{autrement} & \end{cases}$$

$$\in N^{q-1}$$

Puisque $d(N^q)\subset N^{q+1}$, on a

$$L_{\xi_i}(N^q) = (i_{\xi_i}d + di_{\xi_i})(N^q)\subset N^q.$$

Ainsi on a démontré (1).

Pour démontrer (2), en tenant compte de la remarque précédente, il suffit de montrer que pour $\chi \in N^{q-1}$,

$$H_{ij}(d\varphi \wedge \chi\, \delta') \in d\varphi \wedge N^{q-2}\, \delta'.$$

Or,

$$\begin{aligned} & H_{ij}(d\varphi \wedge \chi\delta') \\ &= H_j(d\varphi \wedge \chi\delta') - H_i(d\varphi \wedge \chi\delta') \\ &= -i_{\xi_j}(d\varphi \wedge \chi)\delta' + i_{\xi_i}(d\varphi \wedge \chi)\,\delta' \\ &= -\varphi\chi\delta' + d\varphi \wedge i_{\xi_j}\chi\,\delta' + \varphi\chi\delta' - d\varphi \wedge i_{\xi_i}\chi\,\delta' \\ &= d\varphi \wedge (i_{\xi_j}\chi - i_{\xi_i}\chi)\,\delta' \\ &\in d\varphi \wedge N^{q-2}\,\delta'. \end{aligned}$$

COROLLAIRE (9.6).

$J^\cdot \subset K^\cdot$ est localement stable par $D_t t$ à homotopie près.

Notons F^k l'image de l'homomorphisme canonique

$$\mathbb{R}^k\, \pi_*\, J^\cdot \longrightarrow \mathbb{R}^k\, \pi_*\, K^\cdot$$

où $\mathbb{R}^k\, \pi_*\, J^\cdot$ est $\mathcal{O}_T$-cohérent d'après le cor (9.2)4. Alors $F^k \subset G^{k(o)}$. Estimons les exposants caractéristiques de Dt : $F^n_o\mathfrak{H}$. On applique à $J^\cdot$ tous les arguments qu'on a appliqués à $K^{\cdot(o)}$ et on trouve que

$$H^p(J^\cdot_o)^o = \{\sum_{\alpha\in B_o} [\omega_\alpha] \mid \alpha \geq m\}\ , \quad \{\text{v.p. de } u_i = H^p(J^\cdot_o/t\, J^\cdot_o)\mathfrak{H}\}$$

$= \{\frac{\alpha_i+1}{\beta_i} \mid \alpha\in B_o(\beta),\ \alpha \geq m\}$ (cas tous $\beta_i > 0$), et que $\mathcal{H}^p(J^\cdot/t\, J^\cdot) \mid W_l$

est constructible. On a donc le

THEOREME (9.7).

$$\bigcup_{h=0}^{k} \{\text{v.p. de } u_1^* : {}'E_1^{h,k-h}\}$$

$$\subset \{\frac{\alpha_{k_1}^j + 1}{\beta_{k_1}^i} \mid (\alpha_{k_1}^j,\ldots,\alpha_{k_\ell}^j) \in B_o\ (\beta_{k_1}^i,\ldots,\beta_{k_\ell}^i) \cap ((m_{k_1},\ldots,m_{k_\ell}) + \mathbb{N}^\ell),$$

$$\text{tout } \beta_{k_q}^i \neq 0,\quad \ell = 1,\ldots,n,\quad i \in I\} .$$

Ceci nous donne une estimation des exposants caractéristiques du F_o^k du système G_o^k, et démontre le résultat II' de l'introduction.

B I B L I O G R A P H I E

[B] BRIESKORN E. Die monodromie der isolerten singularitäten von hyperflächen. Manuscripta Math. 1970.

[D] DELIGNE P. Equations différentielles à points singuliers réguliers. Lect. Notes in Maths 163.

[H-S] HOUZEL C. et SCHAPIRA P. Article à paraître.

[K] KASHIWARA M. B-functions and holonomic systems. Inv. Math. 38 (1976).

[P] PHAM F. Singularités des systèmes différentiels de Gauss-Manin. Cours de D.E.A. 1977-78 Nice.

[V] VARCHENKO A.N. Newton polyhedra and estimation of oscillating integrals. Functional Analysis and its Application. 1977.

M I C R O L O C A L I S A T I O N

(COURS DE D.E.A., 2EME PARTIE)

Par F. PHAM.

P L A N

§ 1 : OPERATEURS MICRODIFFERENTIELS .... page 215

§ 2 : SOLUTIONS MICROFONCTIONS DE QUELQUES EQUATIONS MICRODIFFERENTIELLES .... page 225

§ 3 : LE THEOREME DE FINITUDE ET SES CONSEQUENCES .... page 236

§ 4 : SYSTEMES MICRODIFFERENTIELS ET MICROLOCALISATION ..... page 255

§ 5 : COHERENCE DES IMAGES MICROLOCALES DANS LE CAS NON CARACTERISTIQUE .... page 267

§ 6 : GAUSS MANIN MICROLOCAL .... page 276

§ 7 : STRUCTURE DES SYSTEMES MICRODIFFERENTIELS HOLONOMES A CARACTERISTIQUE SIMPLE .... page 291

BIBLIOGRAPHIE pour la DEUXIEME PARTIE.

1 . OPERATEURS MICRODIFFERENTIELS .

Soit X une variété analytique (réelle ou complexe), dont nous noterons $T^* X \xrightarrow{\check{\pi}} X$ le fibré cotangent, et $P^* X \xrightarrow{\pi} X$ le fibré projectif associé. On va définir sur $T^* X$ $\left[\text{resp. } P^* X\right]$ un faisceau d'anneaux noté $\check{\mathcal{E}}_X$ $\left[\text{resp. } \mathcal{E}_X\right]$, le faisceau des " opérateurs microdifférentiels ", ou " opérateurs pseudodifférentiels analytiques " . L'idée de la construction consistera à agrandir le faisceau $\check{\pi}^{-1}(\mathcal{D}_X)$ de façon à rendre inversibles, localement dans $T^* X$, les opérateurs différentiels dont le symbole principal ne s'annule pas dans l'ouvert de $T^* X$ considéré.

On remarquera l'analogie avec l'idée de " localisation " en Géométrie Algébrique (qui consiste par exemple à rendre inversibles tous les polynômes qui ne s'annulent pas dans un ouvert affine donné). De même que la localisation est un outil essentiel pour traiter géométriquement les systèmes d'équations algébriques, la " microlocalisation " (passage de l'Anneau $\mathcal{D}_X$ à l'Anneau $\check{\mathcal{E}}_X$) est un outil très commode pour traiter géométriquement les systèmes différentiels.

Par ailleurs, dans le cas analytique réel (mais seulement dans ce cas), on définit une action naturelle de $\mathcal{E}_X$ sur un faisceau $\mathcal{C}_X$, le " faisceau des microfonctions de Sato ", dont nous dirons un mot au § 2 . Les opérateurs microdifférentiels méritent donc bien dans le cas réel leur nom d'"opérateurs " (ils opèrent sur les microfonctions).

1.0. Microsymboles homogènes

Rappelons que le " symbole " d'un opérateur différentiel sur une variété analytique X est une fonction analytique par rapport à la base, polynomiale homogène par rapport à la fibre de $T^* X$; les symboles sont donc des objets définis localement sur la base, mais globalement dans la fibre, et ils forment sur X un faisceau d'anneaux gradués, qui n'est autre que le gradué $Gr\ \mathcal{D}_X$ associé au faisceau des opérateurs différentiels.

Les " microsymboles " (homogènes), que nous allons définir maintenant, sont au contraire des objets définis localement sur $T^* X$: dans un ouvert $U \subset T^* X$, on appelle microsymbole homogène d'ordre k ($k \in \mathbf{Z}$) toute fonction $P_k \in \mathcal{O}(U)$ homogène d'ordre k par rapport à la fibre de $T^* X$; remarquons bien que l'ordre k d'un microsymbole peut être négatif, du moins si U ne rencontre pas la section nulle (sinon les microsymboles ne sont rien d'autre que des symboles).

Les microsymboles homogènes forment sur $T^* X$ un faisceau d'anneaux gradués que nous noterons

$$_X\check{\mathcal{O}}(.) \quad = \quad ({}_X\check{\mathcal{O}}(k))_{k \in \mathbf{Z}} \qquad ;$$

en dehors de la section nulle, ce faisceau est constant le long des rayons et définit donc sur P^*X un faisceau d'anneaux gradués

$$_X\mathcal{O}(.) \quad = \quad ({}_X\mathcal{O}(k))_{k \in \mathbf{Z}} \quad ,$$

dont le terme d'ordre 0 n'est autre que le faisceau structural de l'espace analytique $P^* X$: $_X\mathcal{O}(0) = \mathcal{O}_{P^*X}$.

De même que l'Anneau gradué des symboles était le gradué associé à l'Anneau des opérateurs différentiels, l'Anneau gradué des microsymboles homogènes sera le gradué associé au faisceau $\check{\mathcal{E}}_X$ des opérateurs microdifférentiels, qui est muni d'une filtration canonique indexée par $\mathbf{Z}$.

Avant de construire $\check{\mathcal{E}}_X$, énonçons ses principales propriétés.

1.1. Propriétés élémentaires du faisceau d'anneaux $\check{\mathcal{E}}_X$.

i) $\check{\mathcal{E}}_X$ contient $\check{\pi}^{-1}(\mathcal{D}_X)$ comme sous-faisceau d'anneaux ;

ii) sa restriction à la section nulle $X \hookrightarrow T^*X$ coïncide avec $\mathcal{D}_X$:

$$\check{\mathcal{E}}_X|X = \mathcal{D}_X \qquad ;$$

iii) en dehors de la section nulle, $\check{\mathcal{E}}_X$ est un faisceau constant le long des rayons de $T^*X - X$ et définit donc sur l'espace quotient P^*X un faisceau noté $\mathcal{E}_X$;

iv) $\check{\mathcal{E}}_X$ est muni d'une filtration sur $\mathbf{Z}$ qui étend celle de $\check{\pi}^{-1}(\mathcal{D}_X)$:

$$\ldots \subset \check{\mathcal{E}}_X^{(-1)} \subset \check{\mathcal{E}}_X^{(0)} \subset \check{\mathcal{E}}_X^{(1)} \subset \ldots$$

$$\bigcap_{k \in \mathbf{Z}} \check{\mathcal{E}}_X^{(k)} = 0 \qquad \bigcup_{k \in \mathbf{Z}} \check{\mathcal{E}}_X^{(k)} = \check{\mathcal{E}}_X \qquad ,$$

$$\check{\mathcal{E}}_X^{(k)} \cdot \check{\mathcal{E}}_X^{(k')} \subset \check{\mathcal{E}}_X^{(k+k')} \qquad ;$$

le gradué associé à cette filtration est l'anneau gradué commutatif ${}_X\check{\mathcal{O}}_{(\cdot)}$ des microsymboles homogènes ; l'homomorphisme canonique

$$\sigma_k \; : \; \check{\mathcal{E}}_X^{(k)} \longrightarrow \check{\mathcal{E}}_X^{(k)} \big/ \check{\mathcal{E}}_X^{(k-1)} = {}_X\check{\mathcal{O}}_{(k)}$$

est appelé " <u>symbole d'ordre</u> k " ; si P est un opérateur microdifférentiel d'ordre <u>exactement égal à</u> k , c.a.d. si $P \in \check{\mathcal{E}}_X^{(k)}$ et $P \notin \check{\mathcal{E}}_X^{(k-1)}$, son symbole $\sigma_k(P)$ est appelé <u>symbole principal</u> et noté $\sigma(P)$; P est dit " <u>microelliptique</u> " dans un ouvert $U \subset T^*X$ si son symbole principal $\sigma(P)$ ne s'annule en aucun point de U .

<u>PROPRIETE FONDAMENTALE</u> : P <u>est inversible dans</u> $\check{\mathcal{E}}_X(U)$ <u>si (et seulement si) il est microelliptique dans</u> U .

Nous allons maintenant expliquer la construction du faisceau $\check{\mathcal{E}}_X$, d'abord dans le cas d'une seule variable, puis à n variables $(X = \mathbb{R}^n$ ou $\mathbb{C}^n)$. Nous laisserons au lecteur le soin de vérifier la plupart des propriétés élémentaires annoncées et nous n'expliciterons pas les lois de " changement de coordonnées " qui permettent de définir le faisceau $\check{\mathcal{E}}_X$ sur une variété, à partir de la construction en coordonnées locales.

1.2. Construction des opérateurs microdifférentiels à une variable.

On prend $X = \mathbb{C}$ (ou $\mathbb{R}$), de sorte que P^*X s'identifie à X (on identifie (x, dx) à x).

L'opérateur $D = D_x$ est (micro)-elliptique au point (x, dx) et doit donc admettre un inverse D^{-1} dans $\mathcal{E} = \mathcal{E}_{\mathbb{C},0}$:

$\mathcal{E}$ doit contenir les " dérivations d'ordre négatif " D^{-p}

1.2.1. DEFINITION . Un germe d'opérateur microdifférentiel à l'origine de $\mathbb{C}$ est une série formelle

$$P = \sum_{k \in \mathbb{Z}} a_k D^k$$

dont les coefficients $a_k \in \mathbb{C}\{x\}$ ont tous un disque de convergence en commun, telle que

(1) P est " d'ordre fini ", c.a.d. que tous les a_k sont nuls pour $k > m$ (le plus petit m avec cette propriété est " l'ordre " de P) ;

(2) P " converge " en ce sens qu'il existe un nombre $\rho > 0$, inférieur aux rayons de convergence de tous les a_k, et un nombre $\theta > 0$ tels que

$$\sum_{p \in \mathbb{N}} |a_{-p}|_\rho \frac{\theta^p}{p!} < \infty$$

où $|\ |_\rho$ désigne le Sup de la valeur absolue pour $|x| \leq \rho$.

N.B. On utilise parfois les " opérateurs microdifférentiels d'ordre infini ", définis en remplaçant la condition (1) par la condition de " convergence "

$$(1') \qquad \exists\, \rho > 0 \ , \quad \theta > 0 \ , \quad \sum_{p \in \mathbb{N}} |a_p|_\rho \ p!\ \theta^p < \infty \ .$$

Nous noterons $\mathcal{E}$ [resp. $\mathcal{E}^\infty$] l'ensemble des germes d'opérateurs microdifférentiels [resp. opérateurs microdifférentiels d'ordre infini] . Ceux des éléments de $\mathcal{E}$ [resp. $\mathcal{E}^\infty$] où ne figurent pas de puissances négatives de D forment l'anneau $\mathcal{D}$ des opérateurs différentiels [resp. l'anneau $\mathcal{D}^\infty$ des " opérateurs différentiels d'ordre infini "] .

1.2.2. Structure d'anneau de $\mathcal{E}$.

PROPOSITION . La structure d'anneau de $\mathcal{D}$ s'étend d'une façon et d'une seule en une structure d'anneau de $\mathcal{E}$ compatible avec la filtration par " l'ordre " .

Commençons par établir la loi de multiplication à droite de D^{-1} par un $b \in \mathbb{C}\{x\}$: on veut obtenir un opérateur microdifférentiel d'ordre ≤ -1 , donc de la forme

$$(*) \qquad \boxed{D^{-1} \circ b = \sum_{p=0}^{\infty} (-1)^p \, b^{(p)} \, D^{-p-1}}$$

où les $b^{(p)}$ sont des coefficients dans $\mathbb{C}\{x\}$, inconnus pour le moment, qui se révèleront être les dérivées successives de b .

En multipliant à gauche par D on trouve

$$b = \sum_{p=0}^{\infty} (-1)^p \, D\, b^{(p)} \, D^{-p-1} = \sum_{p=0}^{\infty} (-1)^p \left(b^{(p)} D^{-p} + \frac{\partial b^{(p)}}{\partial x} D^{-p-1}\right)$$

et en identifiant les coefficients des puissances de D^{-1}, on trouve que les $b^{(p)}$ sont déterminés par les formules de récurrence $b^{(0)} = b$, $b^{(p)} = \frac{\partial b^{(p-1)}}{\partial x}$, et sont donc bien les dérivées successives de b.

Notons que la série formelle ainsi obtenue a bien la propriété de convergence (2), équivalente ici à la convergence de la série de Taylor de b.

En itérant la formule (*) (qui nous apprend comment faire " commuter " les puissances négatives de D avec les fonctions), on peut déterminer la loi générale de multiplication dans $\mathcal{E}$: un calcul fastidieux, laissé au lecteur, conduit à un résultat qui peut se mettre sous la forme compacte suivante. On commence par remarquer que $\mathcal{E}$ s'identifie, par la substitution

$$P = \sum_{k \in \mathbb{Z}} a_k D^k \longmapsto \sum_{k \in \mathbb{Z}} a_k \xi^k ,$$ à un ensemble de séries formelles

que l'on peut munir de la loi de multiplication " bête " (loi usuelle, <u>commutative</u>, de multiplication des séries formelles ; c'est pour ne pas confondre cette loi avec la loi de produit dans $\mathcal{E}$ qu'on a éprouvé le besoin de changer en ξ le nom de " l'indéterminée " D). La série formelle $\sum a_k \xi^k$ associée à P sera notée $\tilde{\sigma}(P)$ et appelée " <u>(micro)-symbole total</u> de P.

Alors le composé $P \circ Q$ de deux opérateurs microdifférentiels est l'opérateur microdifférentiel dont le (micro) - symbole total est donné par

$$(**) \qquad \boxed{\tilde{\sigma}(P \circ Q) = \sum_{p \in \mathbb{N}} \frac{1}{p!} \partial_\xi^p \tilde{\sigma}(P) \cdot \partial_x^p \tilde{\sigma}(Q)}$$

<u>EXEMPLE</u> : $P = D^{-1}$, $Q = b$.

$$\tilde{\sigma}(P) = \xi^{-1}, \qquad \partial_\xi^p \tilde{\sigma}(P) = (-1)^p \, p! \, \xi^{-p-1}$$
$$\tilde{\sigma}(Q) = b, \qquad \partial_x^p \tilde{\sigma}(Q) = b^{(p)},$$

et on retrouve bien (*) comme cas particulier de (**).

1.2.3. Opérateurs microdifférentiels à coefficents constants.

En prenant dans 1.2.1. les coefficients a_k constants, on définit un sous-anneau commutatif de $\mathcal{E}$, l'anneau des opérateurs microdifférentiels à coefficients constants. Sa loi de multiplication est tout simplement celle de l'anneau des séries formelles. En fait, les opérateurs microdifférentiels d'ordre ≤ 0 à coefficients constants forment un sous anneau de $C[[D^{-1}]]$ que nous noterons

$$C\{\{D^{-1}\}\} = \left\{ \sum_{p \in \mathbb{N}} a_p D^{-p} \in C[[D^{-1}]] \mid \sum_{p \in \mathbb{N}} a_p \frac{T^p}{p!} \in C\{T\} \right\} .$$

Nous noterons $C\{\{D^{-1}\}\}[D]$ l'anneau des opérateurs microdifférentiels à coefficients constants d'ordre quelconque.

1.3. Construction des opérateurs microdifférentiels à n variables.

1.3.1. Microsymboles

Soit U un ouvert de T^*X , $X = \mathbb{R}^n$ ou C^n .

Nous avons déjà défini en 1.0. les microsymboles homogènes sur l'ouvert U : par exemple, si U est le produit de la boule $\|x\| < \rho$ par le cône ouvert ($\xi_1 \neq 0$, $\frac{\|\xi'\|}{|\xi_1|} < \theta$) (où $\xi' = (\xi_2, \ldots, \xi_n)$) , un microsymbole sur U , homogène d'ordre k , est donné par une série entière

$$P_k = \Big(\sum_{\alpha \in \mathbb{N}^{n-1}} a_\alpha(x) \cdot \Big(\frac{\xi'}{\xi_1}\Big)^\alpha \Big) \cdot \xi_1^k$$

convergeant dans le produit des boules $\|x\| < \rho$ et $\|\frac{\xi'}{\xi_1}\| < \theta$.

Nous allons maintenant définir des microsymboles non homogènes.

DEFINITION . On appelle microsymbole une série formelle

$$P = \sum_{k \in Z} P_k$$

de microsymboles P_k homogènes d'ordre k , telle que

(1) P est d'ordre fini, c.a.d. que tous les P_k sont nuls pour $k > m$ (le plus petit m avec cette propriété est " l'ordre " du microsymbole) ;

(2) P est convergent, en ce sens que pour tout compact $K \subset\subset U$, on a :

$$\sum_{p \in \mathbb{N}} \frac{|P_{-p}|_K}{p!} < \infty$$

où $| \quad |_K$ désigne le Sup des valeurs absolues pour $(x, \xi) \in K$.

N.B. On utilise parfois les " microsymboles d'ordre infini " , définis en remplaçant la condition (1) ci-dessus par la condition de convergence

(1') $$\sum_{p \in \mathbb{N}} p! \; |P_p|_K < \infty \qquad \text{(pour tout } K \subset\subset U \text{)}.$$

1.3.2. Loi de composition des microsymboles : opérateurs microdifférentiels

Les opérateurs différentiels peuvent évidemment être identifiés aux microsymboles polynomiaux :

$$\sum_{\alpha \in \mathbb{N}^n} a_\alpha D^\alpha \longleftrightarrow \sum_{\alpha \in \mathbb{N}^n} a_\alpha \xi^\alpha$$

et l'on vérifie (règle de Leibnitz) que la loi de composition des opérateurs différentiels peut s'exprimer en termes de leurs symboles totaux par la loi

(*) $$(P \circ Q)(x, \xi) = \sum_{\alpha \in \mathbb{N}^n} \frac{1}{\alpha!} \partial_\xi^\alpha P \cdot \partial_x^\alpha Q .$$

On vérifiera (n° 1.3.3.) que la formule (*) garde un sens pour des microsymboles quelconques, non nécessairement polynomiaux, et définit un microsymbole appelé " composé " des microsymboles P et Q. Cette loi de composition fait de l'ensemble des microsymboles sur U un anneau noté $\check{\mathcal{E}}(U)$, qui contient comme sous-anneau l'anneau des opérateurs différentiels sur la projection de U . Pour ne pas confondre les opérations dans l'anneau non commutatif $\check{\mathcal{E}}(U)$ et les opérations dans l'anneau $\mathcal{O}(U)$ des fonctions de (x, ξ) , il est commode de faire la distinction entre un élément de $\check{\mathcal{E}}(U)$, appelé <u>opérateur microdifférentiel</u> et noté par exemple

$$P = \sum_{k \in \mathbf{Z}, \alpha \in \mathbb{N}^{n-1}} a_\alpha(x)\, D_{x'}^{\alpha}\, D_{x_1}^{k-|\alpha|}$$

(dans le cas d'un ouvert U de forme conique comme ci-dessus)

et le microsymbole qui lui correspond, noté dans ce cas

$$\tilde{\sigma}(P) = \sum_{k \in \mathbf{Z}, \alpha \in \mathbb{N}^{n-1}} a_\alpha(x)\, \xi'^{\alpha}\, \xi_1^{k-|\alpha|}$$

Ce dernier sera appelé " <u>microsymbole total</u> " de l'opérateur microdifférentiel. On prendra bien garde que contrairement au " symbole principal " $\sigma(P)$ qui a un sens intrinsèque, le " (micro)symbole total " dépend du choix des coordonnées, et n'a pas de signification intrinsèque comme " fonction " sur T^*X .

1.3.3. <u>Stabilité de la condition de convergence par la loi de composition 1.3.2.</u>

Si $P = \sum_{p \in \mathbb{N}} P_{m-p}$ et $Q = \sum_{q \in \mathbb{N}} Q_{m'-q}$ sont deux microsymboles d'ordre m et m' , leur composé $R = P \circ Q$ admet la décomposition suivante en composantes homogènes :

$$R = \sum_{r \in \mathbb{N}} R_{m+m'-r} ,$$

avec ; $$R_{m+m'-r} = \sum_{p+q+|\alpha| = r} \frac{1}{\alpha!}\, \partial_\xi^\alpha P_{m-p} \cdot \partial_x^\alpha Q_{m'-q} .$$

L'hypothèse de convergence des microsymboles P et Q peut se traduire par des inégalités

$$|P_{m-p}|_{2\rho} \leq p!\ \theta^p \qquad (\theta > 0)$$

$$|Q_{m'-q}|_{2\rho} \leq q!\ \theta'^q \qquad (\theta' > 0) \quad ,$$

où $|\ \ |_{2\rho}$ désigne le Sup de la valeur absolue sur le polydisque $|x_i| \leq 2\rho$, $|\xi_i| \leq 2\rho$. On en déduit grâce aux inégalités de Cauchy les majorations suivantes des dérivées sur le polydisque de rayon moitié :

$$\left|\frac{1}{\alpha!}\,\partial_\xi^\alpha P_{m-p}\right|_\rho \leq \frac{p!\ \theta^p}{\rho^{|\alpha|}}$$

$$|\partial_x^\alpha Q_{m'-q}|_\rho \leq |\alpha|!\ q!\ \theta'^q$$

de sorte que

$$|R_{m+m'-r}|_\rho \leq \sum_{p+q+|\alpha|=r} p!\ q!\ |\alpha|!\ \theta^p\ \theta'^q\ \left(\frac{1}{\rho}\right)^{|\alpha|} \leq r!\ \theta''^r \quad ,$$

avec $\theta'' = \mathrm{Sup}(\theta,\ \theta',\ \frac{1}{\rho})\ .\ \mathrm{Sup}_{r\in\mathbb{N}}\ (N_r^{1/r})$, où N_r est le nombre de trios

$(p,\ q,\ \alpha) \in \mathbb{N}\times\mathbb{N}\times\mathbb{N}^n$ tels que $p+q+|\alpha| = r$, c.a.d.

$$N_r = C_{n+r+2}^{r+1} < \frac{(n+r+2)^{n+1}}{(n+1)!} \quad .$$

1.3.4. <u>Inversibilité des opérateurs microelliptiques</u> :

cf. 3.1.2.

2 . SOLUTIONS MICROFONCTIONS DE QUELQUES EQUATIONS MICRODIFFERENTIELLES

2.1 Microfonctions d'une variable .

Soit U un ouvert de $\mathbb{R}$.

On appelle "voisinage complexe" de U un ouvert Ω de $\mathbb{C}$ contenant U comme sous-ensemble fermé. On appelle "demi-voisinage imaginaire positif" [resp. négatif] de U l'intersection d'un voisinage complexe de U avec le demi-plan $\operatorname{Im} z > 0$ [resp. $\operatorname{Im} z < 0$] .

Soit donc Ω^+ un demi-voisinage imaginaire positif de U . Parmi les fonctions holomorphes sur Ω^+ , celles qui se prolongent analytiquement à tout un voisinage complexe de U forment un sous-espace que l'on peut noter $\mathcal{O}(\Omega^+) \cap \mathcal{A}(U)$ (par définition $\mathcal{A}(U)$ est la limite inductive des $\mathcal{O}(\Omega)$ suivant la famille de tous les voisinages complexes Ω de U) .

2.1.0 PROPOSITION . L'espace vectoriel quotient $\mathcal{O}(\Omega^+) / \mathcal{O}(\Omega^+) \cap \mathcal{A}(U)$ ne dépend pas de Ω^+ et on le note $\mathcal{C}^+(U)$. La correspondance qui aux ouverts U de $\mathbb{R}$ associe $\mathcal{C}^+(U)$ définit un faisceau $\mathcal{C}^+_{\mathbb{R}}$, appelé "faisceau des microfonctions sur $\mathbb{R}$, du côté imaginaire positif" . On définit de façon analogue le faisceau $\mathcal{C}^-_{\mathbb{R}}$ des "microfonctions du côté imaginaire négatif" .

Cette proposition est une conséquence immédiate du théorème B de Cartan pour les ouverts de $\mathbb{C}$ ("théorème de Mittag-Loefler") . Elle permet d'écrire toute microfonction comme une classe $[f]_{\pm}$ de fonction f holomorphe dans un demi-voisinage (imaginaire positif ou négatif) de taille arbitraire. On peut ainsi munir $\mathcal{C}^+_{\mathbb{R}}$ (ou $\mathcal{C}^-_{\mathbb{R}}$) d'une structure évidente de $\mathcal{A}_{\mathbb{R}}$ - Module, en associant à la classe de $f \in \mathcal{O}(\Omega^+)$ la classe de $Pf \in \mathcal{O}(\Omega^+ \cap \Omega)$ (où Ω désigne l'ouvert d'holomorphie des coefficients de l'opérateur différentiel P) .

2.1.1 MICROFONCTION DE DIRAC .

Comme premier exemple d'équation différentielle à résoudre dans $\mathcal{C}_{\mathbb{R}}^{\pm}$, considérons l'équation

$$x u = 0$$

Si $u = [f]_{\pm}$, cette équation signifie que xf est une fonction analytique sur $\mathbb{R}$, de sorte qu'à l'origine on a $f = \frac{c}{z} + g$, $g \in \mathbb{C}\{z\}$, ce qui donne $[f]_{\pm} = c \left[\frac{1}{z}\right]_{\pm}$ $(c \in \mathbb{C})$.

Ainsi, les seules solutions microfonctions de $x u = 0$ sont les multiples de la "microfonction de Dirac" définie dans $\mathcal{C}^{+}(\mathbb{R})$ par

$$\delta_{+} = -\frac{1}{2\pi i}\left[\frac{1}{z}\right]_{+}$$

et dans $\mathcal{C}^{-}(\mathbb{R})$ par

$$\delta_{-} = +\frac{1}{2\pi i}\left[\frac{1}{z}\right]_{-} \quad .$$

(les coefficients, un peu mystérieux pour le moment, correspondent à la décomposition bien connue de la distribution de Dirac : $\delta = \frac{1}{2\pi i}\left(\frac{1}{x-i0} - \frac{1}{x+i0}\right)$)

2.1.2 . ACTION DES OPERATEURS MICRODIFFERENTIELS SUR LES MICROFONCTIONS

Il est clair que l'opérateur de dérivation

$$D = D_x : \mathcal{C}_{\mathbb{R}}^{\pm} \longrightarrow \mathcal{C}_{\mathbb{R}}^{\pm}$$

admet un inverse D^{-1} défini en associant à la classe de f la classe de n'importe quelle primitive de f . Des calculs (pas tout à fait évidents) de "majorations de primitives itérées" permettent d'en déduire que la structure de $\mathcal{D}$-Module de $\mathcal{C}_{\mathbb{R}}^{\pm}$ s'étend en une structure de $\mathcal{E}$-Module (et même de $\mathcal{E}^{\infty}$ - Module) .

Par exemple, on aura

$$D^{-n}\delta_+ = \left[- \frac{1}{2\pi i} \frac{z^{n-1}}{(n-1)!} \operatorname{Log} z \right]_+$$

et, pour $$P = \sum_{n=0}^{\infty} a_n(x)\, D^{-n} \in \mathcal{E}^{(0)} ,$$

$$P\delta_+ = - \frac{1}{2\pi i} \left[\frac{a_o(z)}{z} + \sum_{n=1}^{\infty} a_n(z) \frac{z^{n-1}}{(n-1)!} \operatorname{Log} z \right]_+ ,$$

la convergence de l'expression entre crochets étant assurée par le fait que P est un "microsymbole convergent" . Remarquons que la classe (comme microfonction) des expressions entre crochets ne dépend pas du choix de la détermination du Logarithme, mais que le choix doit être le même pour les différentes valeurs de n sinon la somme risquerait de diverger .

2.1.3 . PROPOSITION . δ_+ est solution générique de l'équation $x\,u = 0$ considérée comme équation microdifférentielle : autrement dit l'homomorphisme de $\mathcal{E}$-Modules

$$\mathcal{E}/\mathcal{E}x \longrightarrow \mathcal{E}\delta_+ \ (\subset \mathcal{C}_R^+)$$

est un isomorphisme. De plus $\mathcal{E}\delta_+$ est libre de rang 1 sur l'anneau $\mathbb{C}\{\{D^{-1}\}\}[D]$ des opérateurs microdifférentiels à coefficients constants.

Preuve .

La fin de la proposition se déduit immédiatement de l'expression de $P\delta_+$ donnée plus haut : si P est à coefficients constants et annule δ_+ , il est nul . Le début de la proposition en résulte grâce au

LEMME DE DIVISION :

Tout $P \in \mathcal{E}$ admet une expression unique

$$P = Q.x + R \quad , \quad Q \in \mathcal{E} \quad , \quad R \in \mathbf{C}\{\{D^{-1}\}\}[D]$$

Exercice : démontrer le lemme de division .

2.1.4 . DERIVATIONS D'ORDRE NON ENTIER .

Pour tout $\alpha \in \mathbf{C}$ on va définir un automorphisme D^{α} du faisceau $\mathcal{C}_R^+$ (ou $\mathcal{C}_R^-$) , bien défini à multiplication par $e^{2\pi i n\alpha}(n \in \mathbf{Z})$ près, et qui pour $\alpha \in \mathbf{Z}$ coïncide avec ceux que nous connaissons déjà .

Soit $[f]_+ \in \mathcal{C}^+(U)$ une microfonction définie par $f \in \mathcal{O}(\mathbf{C}^+)$

$$(\mathbf{C}^+ = \{z \in \mathbf{C} \mid \operatorname{Im} z > 0\}) \ .$$

Si $U =]a,b[$, on va définir $D^{\alpha}[f]_+ \in \mathcal{C}^+(U)$ à l'aide de l'intégrale de convolution

$$\int_{a+i\epsilon}^{b+i\epsilon} \Phi_{\alpha}(z-z')f(z')dz'$$

où Φ_{α} est la fonction analytique dans le plan coupé, définie à multiplication par $e^{2\pi i n\alpha}(n \in \mathbf{Z})$ près, par

$$\begin{cases} \Phi_{\alpha}(z) = \dfrac{1}{2\pi i} \dfrac{(-z)^{-\alpha-1}}{\Gamma(\alpha)} & \text{si } -\alpha \notin \mathbf{N} \\[2ex] \Phi_{-n}(z) = \dfrac{-1}{2\pi i} \dfrac{z^{n-1}}{(n-1)!} \operatorname{Log} z & \text{pour } n \in \mathbf{N} \ . \end{cases}$$

Si l'on fixe z , $\Phi_{\alpha}(z-z')$ peut être considérée comme une fonction analytique de z' dans le plan coupé le long de $[z , z + i\infty[$ (Figure ci-dessous) ,

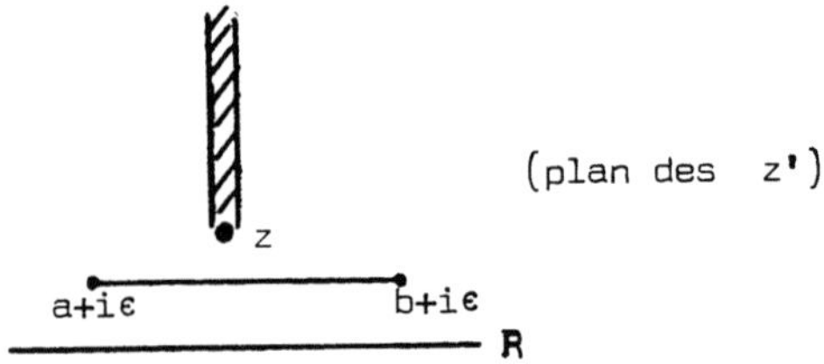

de sorte que l'intégrale définit une fonction analytique de z dans le complémentaire de la zone hachurée figurée ci-dessous

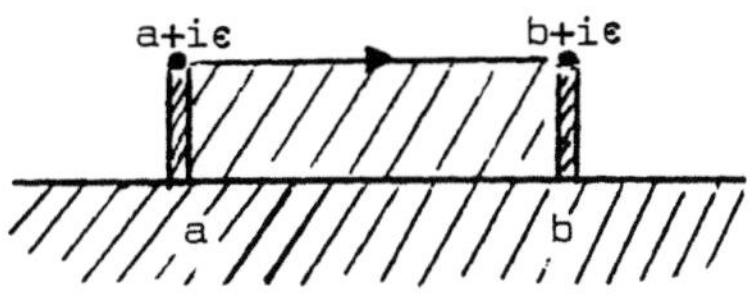

En "poussant le chemin d'intégration vers le bas" on prolonge analytiquement cette fonction dans le demi voisinage imaginaire positif de $]a,b[$ constitué par $\mathbb{C}^+ - (]a\,,\,a+i\varepsilon] \cup]b\,,\,b+i\varepsilon])$. On vérifie facilement que la micro-fonction ainsi définie ne dépend ni du choix de f dans $[f]_+$, ni du choix de a, b, ε , de sorte qu'on définit bien ainsi un <u>automorphisme de faisceau</u>

$$D^\alpha \;;\; \mathcal{C}_{\mathbb{R}}^+ \longrightarrow \mathcal{C}_{\mathbb{R}}^+ \qquad .$$

<u>Exercice</u> : Vérifier que les D^α redonnent pour $\alpha \in \mathbb{Z}$ ceux définis par 2.1.2 (en particulier $D^0 = 1$) .

Démontrer que pour tous α , β

$$D^\alpha D^\beta = D^{\alpha+\beta}$$

et que
$$[D^\alpha , x] = \alpha D^{\alpha-1}$$

<u>Remarque</u> :

Les mêmes formules sont valables pour les automorphismes

$$D^\alpha : \mathcal{C}_{\mathbb{R}}^- \longrightarrow \mathcal{C}_{\mathbb{R}}^-$$

définis par la construction "hermitienne conjuguée" de la précédente (en remplaçant Φ_α par Φ_α^+ : $\Phi_\alpha^+(z) = \overline{\Phi_\alpha^+(\bar{z})}$) .

2.1.5 . SOLUTIONS MICROFONCTIONS DE L'EQUATION $(Dx + \alpha)u = 0 \quad (\alpha \in \mathbb{C})$.

On vérifie sans difficulté que si P est un opérateur microdifférentiel l'automorphisme de $\mathcal{C}_{\mathbb{R}}^{\pm}$ défini par $D^{\alpha}P\,D^{-\alpha}$ $(\alpha \in \mathbb{C})$ est encore un opérateur microdifférentiel. La correspondance $P \longmapsto D^{\alpha}P\,D^{-\alpha}$ est donc un <u>automorphisme du faisceau d'anneaux</u> $\mathcal{E}$.

Cet automorphisme est caractérisé algébriquement par les propriétés de conserver les opérateurs microdifférentiels à coefficients constants, de transformer x en $x + \alpha D^{-1}$, et d'être "continu au sens de la convergence dans $\mathcal{E}$ " .

Par cet automorphisme, le $\mathcal{E}$-Module $\mathcal{E}/\mathcal{E}x = \mathcal{E}/\mathcal{E}\,Dx$ est transformé en $\mathcal{E}/\mathcal{E}(Dx + \alpha)$, de sorte que la Proposition 2.1.3 se généralise à α quelconque :

<u>PROPOSITION</u> . – L'équation $(Dx + \alpha)u = 0$ admet comme seules solutions microfonctions (disons par exemple dans $\mathcal{C}_{\mathbb{R}}^{+}$) les multiples constants de la microfonction

$$\delta_{+}^{(\alpha)} = D^{\alpha}\delta_{+} = [\Phi_{\alpha}]_{+} .$$

Cette solution est <u>générique</u> au sens des équations microdifférentielles, c.à.d. que $\mathcal{E}/\mathcal{E}(Dx + \alpha)$ est isomorphe à $\mathcal{E}\delta_{+}^{(\alpha)}$. De plus $\mathcal{E}\delta_{+}^{(\alpha)}$ est <u>libre de rang</u> 1 sur $\mathbb{C}\{\{D^{-1}\}\}[D]$.

2.2 . Familles analytiques de microfonctions d'une variable.

En considérant $\mathbb{R}^n$ comme fibré de base $\mathbb{R}^{n-1}$ (à fibres parallèles à l'axe des x_1) , on définit de façon évidente les "demi voisinages imaginaires positifs" (ou négatifs) de $\mathbb{R}^n$ dans son "<u>complexifié partiel</u>" $\mathbb{C} \times \mathbb{R}^{n-1}$. Ce complexifié partiel est muni du faisceau $\mathcal{O}$ des fonctions holomorphes par rapport à z_1 , analytiques réelles par rapport à

$x' = (x_2, \ldots, x_n)$. Mais contrairement à ce qui se passait dans le cas d'une variable, ce faisceau $\mathcal{O}$ ne vérifie pas le théorème B de Cartan (DE GIORGI-PICCININI [AN]) , de sorte que le quotient $\mathcal{O}(\Omega^+)/\mathcal{O}(\Omega^+) \cap \mathcal{A}(U)$ n'a aucune raison d'être indépendant du demi-voisinage Ω^+ choisi .
Par contre le faisceau $\mathcal{A}$ des fonctions analytiques réelles sur $\mathbb{R}^n$ vérifie le théorème B de Cartan , de sorte qu'on a la

PROPOSITION 2.2.0 .

En associant à tout ouvert $U \subset \mathbb{R}^n$ la limite inductive $\varinjlim_{\Omega^+} \mathcal{O}(\Omega^+) / \mathcal{O}(\Omega^+) \cap \mathcal{A}(U)$ suivant les demi-voisinages imaginaires positifs Ω^+ de U , on obtient un préfaisceau sur $\mathbb{R}^n$ qui est en fait un faisceau . On le note $\mathcal{C}^+_{\mathbb{R}^n/\mathbb{R}^{n-1}}$, et on l'appelle faisceau des "familles analytiques (en x') de microfonctions de la variable x_1 , du côté $\operatorname{Im} x_1 > 0$ " .

On définirait de même le faisceau $\mathcal{C}^-_{\mathbb{R}^n/\mathbb{R}^{n-1}}$ des familles analytiques de microfonctions du côté $\operatorname{Im} x_1 < 0$.

2.2.1 . ACTION DES OPERATEURS MICRODIFFERENTIELS.

L'action 2.1.2 des opérateurs microdifférentiels se généralise, à condition de considérer des opérateurs microdifférentiels définis globalement dans l'ouvert des codirections $\xi_1 \neq 0$: autrement dit, si l'on note $(P^*\mathbb{R}^n)' = \{(x,\xi) \in P^*\mathbb{R}^n \mid \xi_1 \neq 0\}$ cet ouvert, et π' sa projection canonique sur $\mathbb{R}^n$, le faisceau d'anneaux que l'on doit faire agir sur $\mathcal{C}^{\pm}_{\mathbb{R}^n/\mathbb{R}^{n-1}}$ est l'image directe $\pi'_*(\mathcal{E}'_{\mathbb{R}^n})$ de $\mathcal{E}'_{\mathbb{R}^n} = \mathcal{E}_{\mathbb{R}^n}|(P^*\mathbb{R}^n)'$; explicitement il s'agit des opérateurs microdifférentiels de la forme $\sum_{r=-\infty}^{m} P_r(x;D_{x'}D_{x_1}^{-1})D_{x_1}^r$, où chacun des microsymboles P_r est une fonction entière de $\xi'\xi_1^{-1}$.
Bien entendu, l'action de D_{x_i} $(i = 1,2,\ldots,n)$ et de $D_{x_1}^{-1}$ est évidente à définir, et la seule difficulté est de vérifier la convergence de l'action d'un opérateur microdifférentiel général de la forme ci-dessus. Nous admettons

ici cette convergence .

2.3 . Déformations triviales de l'équation 2.1.5 .

Soit à résoudre dans $\mathcal{C}^{\pm}_{\mathbb{R}^n/\mathbb{R}^{n-1}}$ le système microdifférentiel

$$(*)\quad \begin{cases} (D_{x_1}\, x_1 + \alpha)u = 0 \\ D_{x_2} u = 0 \\ \cdots\cdots\cdots\cdots \\ D_{x_n} u = 0 \end{cases}$$

2.3.1 . PROPOSITION . – Le système d'équations (*) admet comme seules solutions dans $\mathcal{C}^{\pm}_{\mathbb{R}^n/\mathbb{R}^{n-1}}$ les multiples constants de la microfonction

$$\delta^{(\alpha)}_{(x_1)\pm} = D^{\alpha}_{x_1}\delta_{(x_1)\pm} = [\Phi_\alpha(z_1)]_\pm \quad .$$

Cette solution est générique, en ce sens qu'elle établit un isomorphisme entre les Modules $\pi^!_*(\mathcal{E}'_{\mathbb{R}^n}) \,/\, \pi^!_*(\mathcal{E}'_{\mathbb{R}^n})(D_{x_1}x_1+\alpha, D_{x_2},\dots,D_{x_n})$ et $\pi^!_*(\mathcal{E}'_{\mathbb{R}^n})\delta^{(\alpha)}_{(x_1)\pm}$. De plus ce module est libre de rang 1 sur le sous-anneau $\mathcal{O}_{\mathbb{R}^{n-1}}\{\{D^{-1}_{x_1}\}\}[D_{x'}]$ des "familles analytiques (en x') d'opérateurs microdifférentiels à coefficients constants" .

Cette proposition se démontre exactement comme la proposition 2.1.5 : un automorphisme $D^{\alpha}_{x_1}$ du faisceau $\mathcal{C}^{+}_{\mathbb{R}^n/\mathbb{R}^{n-1}}$ permet de se ramener au cas $\alpha = 0$, cas où l'unicité de la solution $\delta_{(x_1)\pm} = \mp\frac{1}{2\pi i}\left[\frac{1}{z_1}\right]_+$ (à un facteur constant près) se vérifie par un calcul direct évident ; le caractère générique de cette solution se démontre par un "lemme de division" énoncé ci-dessous, et en remarquant que $\delta_{(x_1)\pm}$ est sans torsion sur l'anneau $\mathcal{O}_{\mathbb{R}^n}\{\{D^{-1}_{x_1}\}\}[D_{x'}]$ des "restes de la division" .

2.3.2 . <u>LEMME DE DIVISION</u> . Tout $P \in \pi_*^!(\mathcal{E}'_{\mathbb{R}^n/\mathbb{R}^{n-1}})$ peut s'écrire

$$P = Q_1 x_1 + Q_2 D_{x_2} + \ldots + Q_n D_{x_n} + R$$

avec un reste R unique dans $\mathcal{O}_{\mathbb{R}^{n-1}}\{\{D_{x_1}^{-1}\}\}[D_x]$.

<u>EXERCICE</u> : démontrer ce lemme .

2. 4 . <u>Lien avec les microfonctions de Sato</u> .

Le "vrai" faisceau $\mathcal{C}_{\mathbb{R}^n}$ des microfonctions de Sato (que nous ne définirons pas) habite dans $S^*\mathbb{R}^n$, le fibré en sphères associé à $T^*\mathbb{R}^n$, et c'est sur lui qu'agit le faisceau $\mathcal{E}_{\mathbb{R}^n}$ des opérateurs microdifférentiels (à condition de considérer ce dernier faisceau sur $S^*\mathbb{R}^n$ au lieu de $P^*\mathbb{R}^n$) .

Par exemple dans le cas $n = 1$, $S^*\mathbb{R}$ s'identifie à l'union disjointe de deux copies de $\mathbb{R}$ correspondant respectivement aux codirections positives et négatives, et la donnée de $\mathcal{C}_{\mathbb{R}}$ est celle des deux faisceaux sur $\mathbb{R}$ notés $\mathcal{C}_{\mathbb{R}}^+$ et $\mathcal{C}_{\mathbb{R}}^-$ au n° 2.1 .

Pour n quelconque, si l'on enlève à $S^*\mathbb{R}^n$ les codirections $\xi_1 = 0$ on obtient l'union disjointe du "fibré en hémisphères nord" $(\xi_1 > 0)$ et du "fibré en hémisphères sud" $(\xi_1 < 0)$ que nous noterons respectivement $(S^*\mathbb{R}^n)^+$ et $(S^*\mathbb{R}^n)^-$. Le faisceau $\mathcal{C}^+_{\mathbb{R}^n/\mathbb{R}^{n-1}}$ [resp. $\mathcal{C}^-_{\mathbb{R}^n/\mathbb{R}^{n-1}}$] du n° 2.2 s'identifie alors au faisceau des "<u>sections globales à support dans l'hémisphère nord</u>" [resp. <u>sud</u>] du faisceau $\mathcal{C}_{\mathbb{R}^n}$ de Sato. Autrement dit,

$$\mathcal{C}^{\pm}_{\mathbb{R}^n/\mathbb{R}^{n-1}} = \pi^{\pm}{}_!\,(\mathcal{C}_{\mathbb{R}^n} \mid (S^*\mathbb{R}^n)^{\pm})$$

où $\pi^{\pm} : (S^*\mathbb{R}^n)^{\pm} \longrightarrow \mathbb{R}^n$ désigne la projection canonique, et $\pi^{\pm}{}_!$ est le foncteur "image directe à support propre" .

Nous en avons assez dit sur le faisceau $\mathcal{C}_{\mathbb{R}^n}$ de Sato pour pouvoir résoudre dans $\mathcal{C}_{\mathbb{R}^n}$ le système d'équations 2.3 (*) . Dans toute direction non conormale à l'hypersurface Y $(x_1 = 0)$, l'un au moins des opérateurs $D_{x_1}x_1 + \alpha$, $D_{x_2}, \ldots, D_{x_n}$ est microelliptique, donc localement inversible, de sorte qu'une microfonction u solution de 2.3(*) est obligatoirement nulle en dehors du "fibré conormal en sphères" $S^*_Y\mathbb{R}^n$. Comme ce fibré comprend deux composantes connexes incluses respectivement dans $(S^*\mathbb{R}^n)^+$ et $(S^*\mathbb{R}^n)^-$ (et isomorphes à Y par les projections π^+ et π^-) , on peut décomposer u en une solution u_+ à support dans $(S^*\mathbb{R}^n)^+$ et une solution u_- à support dans $(S^*\mathbb{R}^n)^-$, qui s'identifient respectivement à des sections de $\mathcal{C}^+_{\mathbb{R}^n/\mathbb{R}^{n-1}}$ et $\mathcal{C}^-_{\mathbb{R}^n/\mathbb{R}^{n-1}}$, donc à des solutions du type déjà étudié au n° 2.3 .

2.4.1 . PROPOSITION . – La microfonction $\delta^{(\alpha)}_{(x_1)} = \delta^{(\alpha)}_{(x_1)+} + \delta^{(\alpha)}_{(x_1)-} \in \mathcal{C}_{\mathbb{R}^n}(\mathbb{R}^n)$ (à support dans $S^*_Y\mathbb{R}^n$) est solution générique du système micro-différentiel 2.3 (*) , en ce sens que l'homomorphisme

$$\mathcal{E}_{\mathbb{R}^n} / \mathcal{E}_{\mathbb{R}^n}(D_{x_1}x_1 + \alpha \ , \ D_{x_2}, \ldots, D_{x_n}) \longrightarrow \mathcal{E}_{\mathbb{R}^n}\delta^{(\alpha)}_{(x_1)}$$

est un isomorphisme de faisceaux de $\mathcal{E}_{\mathbb{R}^n}$ – modules .

Preuve . On sait déjà que les deux faisceaux en question ont pour support $S^*_Y\mathbb{R}^n$. Pour établir l'isomorphisme en un point $\underline{\xi}$ de ce support, il suffit de remarquer que

i) le module de gauche est libre de rang 1 sur $\mathbb{C}\{x'\}\,\{\{D_{x_1}^{-1}\}\}\,[D_{x_1}]$, en vertu d'un lemme de division d'énoncé identique à 2.3.2 (mais où $\pi'_*\,(\mathcal{E}'_{\mathbb{R}^n/\mathbb{R}^{n-1}})$ est remplacé par $\mathcal{E}_{\mathbb{R}^n,\underline{\xi}}$) ;

ii) $\delta^{(\alpha)}_{(x_1)}$ est sans torsion sur $\mathbb{C}\{x'\}\,\{\{D_{x_1}^{-1}\}\}\,[D_{x_1}]$, comme on l'a déjà dit .

2.4.2 . EXEMPLE DE SYSTEME MICRODIFFERENTIEL QUI ECHAPPE AU TRAITEMENT PRECEDENT.

Dans $\mathbb{R}^n$, le système $x_1 u = 0$, ... , $x_n u = 0$ a comme solution générique dans $\mathcal{C}_{\mathbb{R}^n}$ la "microfonction de Dirac" $\delta_{(x_1,\dots,x_n)}$, dont le support est toute la sphère cotangente $S_0^* \mathbb{R}^n$. Une telle microfonction ne peut donc pas être considérée (pour $n \geq 2$) comme une "famille analytique de microfonctions d'une variable" .

3 . LE THEOREME DE FINITUDE ET SES CONSEQUENCES

Le prototype de "théorème de finitude" pour les opérateurs microdifférentiels est le "théorème de division" (ou "de préparation") , analogue au théorème de Weierstrass pour les germes de fonctions analytiques. Ce théorème a d'abord été énoncé par Sato-Kawai-Kashiwara , qui utilisaient pour le démontrer des techniques assez compliquées de majorations d'opérateurs microdifférentiels, dues à Boutet de Monvel-Krée. En 1976 une autre technique de majoration, introduite par Malgrange pour un tout autre problème, était utilisée par Pham pour démontrer la finitude du système de Gauss-Manin microlocal. Remarquant que cette technique pouvait également servir à démontrer le théorème de division, Boutet en tira l'idée d'un énoncé très général, d'où l'on peut déduire très commodément tous les résultats classiques de finitude des opérateurs microdifférentiels : caractère noethérien, cohérence du faisceau $\mathcal{E}$; finitude des images réciproques et des images directes microlocales sous • l'hypothèse non caractéristique (& 5) avec, comme cas particulier de ce dernier résultat, la finitude du système de Gauss-Manin microlocal (N° 6.1 et 6.2 ci-après) .

L'énoncé 3.1 que nous donnons ci-dessous est une variante de l'énoncé de Boutet .

3.0 . Soit $\mathcal{E}$ l'anneau des germes d'opérateurs microdifférentiels dans la codirection $(0 ; dx_1)$ à l'origine de $\mathbb{R}^n$ ou $\mathbb{C}^n$, et soit $\mathcal{E}' \subset \mathcal{E}$ le sous-anneau formé par les opérateurs microdifférentiels dont le symbole total ne dépend que des coordonnées $(x_i)_{i\in I}$, $(\xi_j)_{j\in J}$ pour des sous-ensembles d'indices $I \subset \{1,2,\ldots,n\}$ et $J \subset \{1,2,\ldots,n\}$ choisis une fois pour toutes et tels que $1 \in J$.

<u>Problème</u> : Soit $M^{(o)}$ un $\mathcal{E}'^{(o)}$ -module à gauche dont le "symbole" $\sigma_o(M^{(o)}) = M^{(o)} / D_{x_1}^{-1} M^{(o)}$ est de type fini sur $\mathcal{O}'_{(o)} = \mathcal{E}'^{(o)} / D_{x_1}^{-1} \mathcal{E}'^{(o)}$.

On se demande si $M^{(o)}$ est alors de type fini sur $\mathcal{E}'^{(o)}$: de façon précise, on se demande si $M^{(o)} = \mathcal{E}'^{(o)}\mu_1 + \dots + \mathcal{E}'^{(o)}\mu_m$ sachant que $\sigma_o(M^{(o)}) = \mathcal{O}'_{(o)}\sigma_o(\mu_1) + \dots + \mathcal{O}'_{(o)}\sigma_o(\mu_m)$.

<u>Solution formelle du problème</u> .

Soit $\mu : \mathcal{E}'^{(o)m} \longrightarrow M^{(o)}$ l'homomorphisme de $\mathcal{E}'^{(o)}$-modules à gauche défini par $(\mu_1, \dots, \mu_m)$. Il s'agit de montrer que tout $b \in M^{(o)}$ peut s'écrire $b = \mu(a)$. Or l'hypothèse nous dit qu'il existe un $a_o \in \mathcal{O}'^{m}_{(o)} (\subset \mathcal{E}'^{(o)m})$ tel que $\sigma_o(b) = \sigma_o(\mu)(a_o)$, c.à.d. tel que

$$b = \mu(a_o) + D_{x_1}^{-1} b_1 \qquad , \quad b_1 \in M^{(o)} \qquad ;$$

pour la même raison, il existe $a_1 \in \mathcal{O}'^{m} \subset \mathcal{E}'^{(o)m}$ tel que

$$b_1 = \mu(a_1) + D_{x_1}^{-1} b_2 \qquad , \quad b_2 \in M^{(o)} \qquad ,$$

etc.....

de sorte que <u>formellement</u> on peut écrire

$$\boxed{b = \mu(a)} \quad , \quad a = a_o + D_{x_1}^{-1} a_1 + D_{x_1}^{-2} a_2 + \dots$$

et le problème qui reste à élucider est un problème de convergence .

Remarquons que chaque pas de la construction précédente comporte une ambigüité (le choix du a_i qui"relève" $\sigma_o(b_i)$) . Cette ambigüité peut être levée en se donnant une "section" s de la "projection $\sigma_o(\mu)$:

$$(3.0) \qquad \begin{array}{ccc} \mathcal{E}'^{(o)m} & \xrightarrow{\ \mu\ } & M^{(o)} \\ \bigcup & & \downarrow \\ \mathcal{O}'^{m}_{(o)} & \underset{s}{\overset{\sigma_o(\mu)}{\rightleftarrows}} & \sigma_o(M^{(o)}) \end{array}$$

La construction précédente est alors complètement définie par les formules de récurrence

$$b_o = b$$

$$\begin{cases} a_i = s \circ \sigma_o(b_i) \\ b_{i+1} = D_{x_1}(b_i - \mu(a_i)) \end{cases}$$

<u>et tout le problème est de démontrer</u>

1°) <u>la convergence de la série</u> $a = a_o + D_{x_1}^{-1} a_1 + D_{x_1}^{-2} a_2 + \dots$

2°) <u>l'égalité</u> $b = \mu(a)$ (dont nous savons seulement qu'elle est vraie "formellement"); en fait les hypothèses que nous allons faire sur $M^{(o)}$ nous permettront de déduire 2°) de 1°) sans aucun travail supplémentaire.

<u>Remarque</u> : L'ambigüité mentionnée ci-dessus n'existe pas lorsque $\sigma_o(M^{(o)})$ est <u>libre de type fini</u> sur $\mathcal{O}'_{(o)}$: s est alors défini sans ambiguité ($s = \sigma_o(\mu)^{-1}$), et il en est de même par conséquent de la série formelle a. Sous cette hypothèse, et <u>sous réserve de convergence</u>, on voit donc que $M^{(o)}$ est <u>libre de type fini</u> sur $\mathcal{E}'^{(o)}$.

3.1 - <u>THEOREME</u> : <u>la réponse au problème 3.0 est affirmative dans les cas suivants</u>

i) $M^{(o)}$ <u>est un sous-module de</u> $\mathcal{E}'^{(o)p}$;

ii) $M^{(o)}$ <u>est un</u> $\mathcal{E}''^{(o)}$ <u>-module de présentation finie</u>, où $\mathcal{E}''^{(o)}$ désigne un anneau défini comme $\mathcal{E}'^{(o)}$ mais avec un plus grand ensemble d'indices (de façon à contenir $\mathcal{E}'^{(o)}$ comme sous-anneau).

3.1.0 - <u>COROLLAIRE</u> de i) : $\mathcal{E}'^{(o)}$ (et en particulier $\mathcal{E}^{(o)}$) <u>est un anneau noethérien</u>.

En effet $\mathcal{O}'_{(o)} \approx \mathbb{C}\left\{x_{i_1}, \dots, x_{ip}, \frac{\xi_{j_1}}{\xi_1}, \dots, \frac{\xi_{j_q}}{\xi_1}\right\}$ est noethérien, de sorte que pour tout idéal $\mathfrak{J} \subset \mathcal{E}'^{(o)}$ l'idéal $\sigma_o(\mathfrak{J})$ est de type fini.

Commentaire .

Grâce à ce corollaire l'hypothèse ii) peut encore se formuler ainsi :

ii)' $M^{(o)}$ est un $\mathcal{E}''^{(o)}$ - module noethérien .

Cette hypothèse est stable par remplacement de $M^{(o)}$ par un sous $\mathcal{E}''^{(o)}$- module, et l'on peut donc "coiffer" les deux cas i) et ii) sous un seul énoncé :

iii) $M^{(o)}$ est un sous $\mathcal{E}''^{(o)}$-module d'un $\mathcal{E}''^{(o)}$-module de présentation finie.

C'est d'ailleurs à peu près sous cette forme que Boutet énonce le théorème.

3.1.1 - COROLLAIRE de ii) : THEOREME DE DIVISION .

Soit Z l'un des opérateurs $x_1, x_2, \dots, x_n$, $D_{x_2}, \dots, D_{x_n}$; notons z son symbole, et $\mathcal{E}'$ l'anneau des opérateurs microdifférentiels dont le symbole total est indépendant de z . Soit $Q \in \mathcal{E}$ un opérateur microdifférentiel dont le symbole principal s'annule à l'ordre ν exactement en z lorsque les autres variables sont fixées égales à 0 (à l'exception naturellement de $\xi_1 = 1$) .

Alors tout opérateur microdifférentiel P s'écrit de façon unique

$$P = BQ + R$$

avec $\quad R = \sum_{k=0}^{\nu-1} R_k Z^k \quad , \; R_k \in \mathcal{E}' \; , \; \text{ord}\, R_k \leq \text{ord}\, P - k\, \text{ord}\, Z .$

Preuve : On peut supposer Q d'ordre 0 (quitte à le diviser au préalable par une puissance convenable de D_{x_1}) . On applique alors le théorème 3.1 ii) au module $M^{(o)} = \mathcal{E}^{(o)} / \mathcal{E}^{(o)} Q$, en remarquant que d'après le théorème de préparation de Weierstrass $\sigma_o(M^{(o)})$ est un $\mathcal{O}_{(o)}$ - module libre de rang ν , engendré par les ν premières puissances de z (si ord $z = 0$) ou de z/ξ_1 (si ord $z = 1$) .

3.1.2 - Inversibilité des opérateurs microelliptiques .

On peut la voir comme un cas dégénéré du théorème de division (cas $\nu = 0$) . En fait c'est un corollaire évident de 3.1 : quitte à multiplier par une puissance convenable (positive ou négative) de D_{x_1} , on peut supposer que $P \in \mathcal{E}^{(o)}$, $\sigma_o(P) \neq 0$, et on déduit alors de 3.1 que l'homomorphisme $\mathcal{E}^{(o)} \xrightarrow{P} \mathcal{E}^{(o)}$ (de multiplication à droite par P) admet un inverse .

3.2 . Preuve du théorème 3.1 .

Sous l'hypothèse 3.1 i) , on peut remplacer le diagramme (3.0) par

$$\begin{array}{ccc} \mathcal{E}'(o)^m & \xrightarrow{\quad\mu\quad} & M^{(o)} \subset \mathcal{E}''(o)^p \\ \cup & & \downarrow \sigma_o \\ \mathcal{O}'^{\,m}_{(o)} & \underset{s}{\overset{\sigma_o(\mu)}{\rightleftarrows}} & \mathcal{O}''^{\,p}_{(o)} \end{array}$$

où $\sigma_o(\mu)$ a pour image $\sigma_o(M^{(o)})$: par une légère confusion de notations, $\sigma_o(M^{(o)})$ désigne maintenant le <u>sous-module</u> de $\mathcal{O}''^{\,p}_{(o)}$: $\sigma_o(M^{(o)}) =$ $= M^{(o)} / M^{(o)} \cap D_{x_1}^{-1}\, \mathcal{E}''(o)^p$, qui ne doit pas être confondu avec $M^{(o)} / D_{x_1}^{-1}\, M^{(o)}$ dont il est l'image homomorphe. De même, s désigne maintenant une application $\mathbb{C}$-linéaire définie sur ce nouveau $\sigma_o(M^{(o)})$, et qui est une section de $\sigma_o(\mu)$ sur son image . Ces nouvelles notations permettent de "relire" les formules de récurrence de la construction 3.0 en interprétant maintenant les $\sigma_o(b_i)$ comme des éléments de $\mathcal{O}''^{\,p}_{(o)}$, c. à.d comme des "microsymboles homogènes à valeurs vectorielles" .

Pour tout microsymbole homogène $f \in \mathcal{O}^p_{(o)}$ (par exemple) on désignera par $\| f \|_\rho$ le Sup de la norme du vecteur $f(x,\xi) \in \mathbb{C}^p$ quand (x,ξ)

parcourt le polydisque fermé de polyrayon $\rho \in \mathbb{R}_+^{2n}$ centré en $(x = 0 \; ; \; \xi_1 = 1 \; , \; \xi_2 = \dots = \xi_n = 0)$. Pour que l'intervention d'opérateurs de dérivation dans les relations de récurrence ne nous fasse pas perdre tout contrôle sur les majorations, nous serons obligés de faire des majorations simultanées pour toute une famille de polyrayons (cf. Lemme 3.2.4) , par exemple tous les polyrayons $t\rho$ pour t scalaire variant de $\frac{1}{2}$ à 1 , $\rho \in \mathbb{R}_+^{2n}$ ayant été choisi au départ .

3.2.0 LEMME PREPARATOIRE : on peut choisir s de façon que tout microsymbole $f \in \sigma_o(M^{(o)})$ obéisse à des majorations

$$\| s(f) \|_{t\rho} \leq C_\rho \| f \|_{t\rho}$$

valables pour tout $t \in [\frac{1}{2} , 1]$, avec un polyrayon ρ aussi petit qu'on veut et une constante C_ρ qui ne dépend que de ρ .

Preuve : Comme l'anneau des microsymboles homogènes d'ordre 0 s'identifie à un anneau de séries convergentes (p. ex $\mathcal{O}_{(o)} \approx \mathbb{C}\{x_1,\dots,x_n , \frac{\xi_2}{\xi_1}, \dots, \frac{\xi_n}{\xi_1}\})$, le lemme ci-dessus est contenu dans le lemme suivant :

3.2.0' Toute application $\mathcal{O}_N$-linéaire $u : \mathcal{O}_N^m \to \mathcal{O}_N^p$ (où $\mathcal{O}_N = \mathbb{C}\{z_1,z_2, \dots, z_N\}$) admet une "scission" $\mathbb{C}$-linéaire $s : \mathcal{O}_N^p \to \mathcal{O}_N^m$ telle qu'on ait

$$\| s(f) \|_{t\rho} \leq C_\rho \| f \|_{t\rho}$$

pour tout $t \in [\frac{1}{2} \; ; \; 1]$, pour une famille de polyrayons ρ tendant vers 0 .

N.B : On appelle "scission" de u une application s telle que $u \, s \, u = u$, c.à.d. une application sur l'espace but dont la restriction à l'image de u est une section de l'épimorphisme correspondant .

Le lemme 3.2.0' , dont l'idée revient à Malgrange [M1] , est une forme précisée du théorème de division de Weierstrass ; on en trouvera un énoncé encore plus précis dans Galligo [G] Théorème 1.4.2 .

3.2.1 . Enoncé des majorations . Nous allons montrer par récurrence que pour s choisi comme dans le lemme 3.2.0 la suite des $a_i \in \mathcal{O}'^m_{(o)}$, $b_i \in \mathcal{E}''^{(o)p}$ (définie par les formules de récurrence 3.0) vérifie des majorations du type

$$(*)_i \qquad \|a_i\|_{t\rho} \leq C \frac{K^i i!}{(1-t)^i}$$

$$(**)_i^j \qquad \|b_i^j\|_{t\rho} \leq C' \frac{K^i K'^j (i+j)!}{(1-t)^{i+j}} \qquad \left(\tfrac{1}{2} \leq t < 1\right)$$

où $b_i^j \in \mathcal{O}''^p_{(-j)}$ désigne la composante homogène de degré $-j$ de b_i .

3.2.2 . Mise en place de la récurrence

Les données de départ sont des microsymboles convergents

$$b_o = b \in \mathcal{E}''^{(o)p}$$

$$\mu \in \mathcal{E}''^{(o)m\times p}$$

En choisissant un polyrayon ρ assez petit, on peut s'arranger pour écrire des majorations du type

$$\| b_o^j\|_\rho \leq C' . (2K')^j \, j\,!$$

$$\| \mu^j\|_{2\rho} \leq C_o K_o^j \, j\,! \quad .$$

La première implique évidemment $(**)_o^j$.

La seconde implique, d'après les inégalités de Cauchy ,

$$\|\frac{1}{\alpha} \partial_\xi^\alpha \mu^j\|_\rho \leq \frac{C_o K_o^j \, j\,!}{\rho^{|\alpha|}} \quad ,$$

inégalité qui va nous servir à majorer $\mu(a_i)$.

Dans tout ce qui suit nous allons supposer $(**)_i^{\bullet}$ vraie par hypothèse de récurrence, et nous allons majorer successivement a_i , puis $\mu(a_i)$, puis $b_{i+1} = D_{x_1}(b_i - \mu(a_i))$, ce qui démontrera $(**)_{i+1}^{\bullet}$.

3.2.3 . Majoration $(*)_i$ de a_i :

puisque $a_i = s \circ \sigma_o(b_i) = s(b_i^o)$, la majoration $(*)_i$ découle immédiatement de $(**)_i^o$ grâce au lemme préparatoire 2.2.0 : il suffit de prendre $C = C_\rho \cdot C'$.

Pour les majorations suivantes nous aurons besoin du lemme :

3.2.4 . "LEMME DE MAJORATION DES DERIVEES" :

$$\left\{\begin{array}{l} \forall\, t \in [\tfrac{1}{2}, 1[\;,\; \| a_i \|_{t\rho} \le (CK^i)\, \dfrac{i!}{(1-t)^i} \\ \qquad\qquad \Downarrow \\ \forall\, t \in [\tfrac{1}{2}, 1[\;,\; \| \partial_x^\alpha a_i \|_{t\rho} \le (CK^i)\, \dfrac{(i+|\alpha|)!}{(1-t)^{i+|\alpha|}} \left(\dfrac{e}{\rho}\right)^{|\alpha|} \end{array}\right.$$

Preuve : les inégalités de Cauchy donnent

$$\| \partial_x^\alpha a_i \|_{t\rho} \le \frac{|\alpha|!}{[(t'-t)\rho]^{|\alpha|}} \| a_i \|_{t'\rho} \le (CK^i)\, \frac{i!\,|\alpha|!}{(1-t')^i (t'-t)^{|\alpha|}}\, \frac{1}{\rho^{|\alpha|}}$$

et il ne reste plus qu'à vérifier l'inégalité

$$\operatorname*{Inf}_{t' \in]t,1[} \frac{i!\,|\alpha|!}{(1-t')^i (t'-t)^{|\alpha|}} \le \frac{(i+|\alpha|)!}{(1-t)^{i+|\alpha|}}\, e^{|\alpha|}$$

qui se démontre en choisissant t' de façon que ses distances à 1 et à t soient entre elles comme les entiers i et $|\alpha|$, et en remarquant que $\left(\frac{i+|\alpha|}{|\alpha|}\right)^{|\alpha|} \le e^{|\alpha|}$, tandis que

$$\left(\frac{i+|\alpha|}{i}\right)^i \le \frac{i+|\alpha|}{i} \cdot \frac{i+|\alpha|-1}{i-1} \cdots \frac{|\alpha|+1}{1} = \frac{(i+|\alpha|)!}{i!\,|\alpha|!}$$

3.2.5 . Majoration de $\mu(a_i)$.

$$\mu(a_i)^j = \sum_{k+|\alpha|=j} \frac{1}{\alpha!} \partial_\xi^\alpha \mu^k \cdot \partial_x^\alpha a_i \quad .$$

Compte tenu des majorations précédentes, on peut donc écrire

$$\| \mu(a_i)^j \|_{t\rho} \leq \frac{C_o C K^i}{(1-t)^{i+j}} \sum_{k+|\alpha|=j} K_o^k \left(\frac{e}{\rho^2}\right)^{|\alpha|} k!(i+|\alpha|)!$$

$$\leq C_o C \frac{K^i K'^j (i+j)!}{(1-t)^{i+j}}$$

avec $K' = \mathrm{Sup}\,(K_o , \frac{e}{\rho^2}) \cdot \mathrm{Sup}_{j\in\mathbb{N}}(N_j^{1/j})$, où N_j est le nombre de couples $(k \in \mathbb{N} , \alpha \in \mathbb{N}^n)$ tels que $k + |\alpha| = j$ (donc $N_j = C_{n+j+1}^{j+1} < \frac{(n+j+1)^n}{n!}$

3.2.6 . Majoration de b_{i+1} .

En posant $c_i = b_i - \mu(a_i)$, on a $b_{i+1} = D_{x_1} c_i$, donc $b_{i+1}^j = c_i^{j+1} + \partial_{x_1} c_i^j$. Or 3.2.5 et $(**)_i^j$ nous donnent la majoration $\|c_i^j\|_{t\rho} \leq C'' \frac{K^i K'^j (i+j)!}{(1-t)^{i+j}}$ avec $C'' = C' + C_o C$, d'où l'on déduit grâce au lemme de majoration des dérivées

$$\|\partial_{x_1} c_i^j\|_{t\rho} \leq C'' \frac{e}{\rho} \frac{K^i K'^j (i+j+1)!}{(1-t)^{i+j+1}}$$, et par conséquent

$$\| b_{i+1}^j \|_{t\rho} \leq C'' K^i K'^j (K' + \frac{e}{\rho}) \frac{(i+j+1)!}{(1-t)^{i+j+1}} ,$$

qui est effectivement inférieur à $C' K^{i+1} K'^j \frac{(i+j+1)!}{(1-t)^{i+j+1}}$

pourvu que l'on ait $(C' + C_o C)(K' + \frac{e}{\rho}) \leq C'K$, c.à.d. pourvu que la constante K soit choisie assez grande.

3.2.7 . Fin de la démonstration du théorème .

Il est clair que les formules 3.2.1 $(*)_i$, que nous venons ainsi de démontrer par récurrence, impliquent la convergence de la série $a = \sum_{i=0}^{\infty} D_{x_1}^{-i} a_i$, ainsi que l'égalité $b = \mu(a)$ (vraie "formellement" dans $\mathcal{E}''(0)_\rho$, cette égalité est donc vraie puisque $\bigcap_{k \in \mathbb{Z}} \mathcal{E}''(k) = 0$) .

Le théorème 3.1 est donc ainsi démontré sous l'hypothèse i) .

La démonstration dans le cas de l'hypothèse ii) est tout à fait semblable : supposant $M^{(o)}$ donné par une présentation $\mathcal{E}''^{(o)\ell} \xrightarrow{\ \rho\ } \mathcal{E}''^{(o)p} \longrightarrow M^{(o)} \longrightarrow 0$, on note maintenant $\mu : \mathcal{E}'^{(o)m} \longrightarrow \mathcal{E}''^{(o)p}$ un homomorphisme (de $\mathcal{E}'^{(o)}$-modules à gauche) qui composé avec le passage au quotient $\mathcal{E}''^{(o)p} \longrightarrow M^{(o)}$ donne le μ de l'énoncé .

On remplace le diagramme (3.0) par

$$\begin{array}{ccc} \mathcal{E}'^{(o)m} \oplus \mathcal{E}''^{(o)\ell} & \xrightarrow{\ \widetilde{\mu} = \mu + \rho\ } & \mathcal{E}''^{(o)p} \\ \bigcup & & \Big\downarrow \sigma_o \\ \mathcal{O}'^{m}_{(o)} \oplus \mathcal{O}'^{\ell}_{(o)} & \underset{\widetilde{s}}{\overset{\sigma_o(\widetilde{\mu})}{\rightleftarrows}} & \mathcal{O}'^{p}_{(o)} \end{array}$$

et il s'agit de démontrer que $\widetilde{\mu}$ est surjectif sachant que $\sigma_o(\widetilde{\mu})$ l'est. Pour cela on choisit une section $\widetilde{s}$ de l'épimorphisme $\sigma_o(\widetilde{\mu})$, et la démonstration précédente peut être recopiée sans autre changement que de coiffer du signe $\sim$ les lettres μ et s . Il faut toutefois s'assurer que le "lemme préparatoire" 3.2.0 peut encore être énoncé pour $\widetilde{s}$, ce qui revient à démontrer le lemme suivant :

<u>LEMME</u> : Tout <u>épimorphisme</u> $\widetilde{u} = u + v : \mathcal{O}_N^m \oplus \mathcal{O}_{N+N'}^{\ell} \longrightarrow \mathcal{O}_{N+N'}^p$, somme d'une application $\mathcal{O}_N$-linéaire u et d'une application $\mathcal{O}_{N+N'}$-linéaire v $(\mathcal{O}_N \subset \mathcal{O}_{N+N'})$, admet une <u>section</u> $\widetilde{s}$ telle qu'on ait

$$\| \widetilde{s}(f) \|_{t\rho} \leq C_\rho \| f \|_{t\rho}$$

pour tout $t \in [\frac{1}{2}, 1]$, pour une famille de polyrayons ρ tendant vers 0 .

Preuve (Boutet de Monvel) .

Ecrivons $\mathcal{O}_N = \mathbb{C}\{z\} \subset \mathcal{O}_{N+N'} = \mathbb{C}\{z , z'\}$, et désignons par $\tilde{u}_o = u_o + v_o \ : \ \mathbb{C}^m \oplus \mathbb{C}\{z'\}^\ell \longrightarrow \mathbb{C}\{z'\}^p$ l'épimorphisme déduit de $\tilde{u}$ en passant au quotient par l'idéal (z). L'application v_o admet une scission s_o du type 3.2.0' , à laquelle il suffit d'ajouter une section de l'épimorphisme d'espaces vectoriels $\mathbb{C}^m \longrightarrow \operatorname{Ker} s_o$ pour obtenir une section $\tilde{s}_o$ de $\tilde{u}_o$, qui vérifie évidemment les majorations voulues .

Soit $s^* : \mathcal{O}^p_{N+N'} \longrightarrow \mathcal{O}^m_N \oplus \mathcal{O}^\ell_{N+N'}$ l'application ($\mathcal{O}_N$-linéaire) déduite de $\tilde{s}_o$ par l'extension "bête"

$$s^*\Big(\sum_\alpha a_\alpha z^\alpha\Big) = \sum_\alpha \tilde{s}_o(a_\alpha) z^\alpha \qquad (a_\alpha \in \mathbb{C}\{z'\}) \quad .$$

L'application $\operatorname{Id} - \tilde{u} \circ s^*$ est $\mathbb{C}\{z\}$-linéaire , nulle pour $z = 0$, et continue comme l'était $\tilde{s}_o$, pour la norme $\| \ \|_{\rho'}$; par conséquent $\tilde{u} \circ s^*$ est inversible pour $\|z\|$ et $\|z'\|$ assez petits, et l'application $\tilde{s} = s^* \circ (\tilde{u} \circ s^*)^{-1}$ définit un inverse à droite de $\tilde{u}$ obéissant aux majorations voulues . (Remarquons que la section $\tilde{s}$ ainsi construite est non seulement $\mathbb{C}$-linéaire mais même $\mathcal{O}_N$-linéaire) .

3.3 . Bonnes filtrations .

3.3.1 - Considérations ponctuelles (au point $(0 , dx_1)$ de $\mathbb{R}^n$ ou $\mathbb{C}^n$) . Tout $\mathcal{E}^{(o)}$-module noethérien $M^{(o)}$ engendre un $\mathcal{E}$-module noethérien M , et en posant $M^{(r)} = \mathcal{E}^{(r)} M^{(o)}$ on obtient une filtration de M par des $\mathcal{E}^{(o)}$ - modules noethériens

$$\cdots\cdots \subset M^{(-1)} \subset M^{(o)} \subset M^{(1)} \subset \cdots \quad \bigcup_{r \in \mathbb{Z}} M^{(r)} = M \quad .$$

Comme l'opérateur D_{x_1} est inversible, l'anneau gradué associé à cette filtration est libre sur $\mathbb{C}[\xi_1 , \xi_1^{-1}]$ et engendré par son terme d'ordre 0 :

$$\sigma_o(M) = M^{(o)} / M^{(-1)} = M^{(o)} / D_{x_1}^{-1} M^{(o)} \quad .$$

LEMME : $\boxed{M = 0 \Leftrightarrow \sigma_o(M) = 0}$

En effet, soit $u_1, u_2, \ldots, u_m$ un système de générateurs de $M^{(o)}$ sur $\mathcal{E}^{(o)}$. Dire que $\sigma_o(M) = 0$ c'est dire que chaque u_i peut s'écrire $u_i = D_{x_1}^{-1} \sum_j a_{ij} u_j$, avec $a_{ij} \in \mathcal{E}^{(o)}$. Comme la matrice $(\mathbb{1} - D_{x_1}^{-1} a_{ij})$ est inversible dans $\mathrm{End}_{\mathcal{E}^{(o)}}(\mathcal{E}^{(o)m})$ (car son symbole d'ordre 0 est $\mathbb{1}$), on en déduit que tous les u_i sont nuls.

<u>COROLLAIRE</u> : $\boxed{\bigcap_{r \in Z} M^{(r)} = 0}$: il suffit d'appliquer le lemme au $\mathcal{E}^{(o)}$-module noethérien $\bigcap_{r \in Z} M^{(r)}$.

3.3.2 . <u>Considérations locales</u> .

i) <u>Soit $\mathcal{M}$ un $\mathcal{E}_X$ - Module localement de présentation finie</u> .

La donnée du système de générateurs $u_1, u_2, \ldots, u_m$ de $\mathcal{M}$ permet de construire une filtration de $\mathcal{M}$:

$$\mathcal{M}^{(r)} = \sum_{i=1}^{m} \mathcal{E}_X^{(r)} u_i .$$

Cette filtration (dite "filtration standard") dépend du choix des générateurs, mais il est clair qu'un autre choix de générateurs donnera une filtration "équivalente" (c.à.d. qu'un décalage fini des ordres permettra d'inclure chacune des deux filtrations dans l'autre) .

D'autre part, le Module des relations entre les $u_1, u_2, \ldots, u_m$ est engendré, par hypothèse, par un nombre fini de relations $\rho_1, \ldots, \rho_\ell$ que l'on peut toujours supposer d'ordre ≤ 0 dans $\mathcal{E}_X^m$ (quitte à les multiplier par une puissance convenable de $D_{x_1}^{-1}$) ; autrement dit on a une suite exacte

$$\mathcal{E}_X^{(o)\ell} \xrightarrow{\ \rho\ } \mathcal{E}_X^{(o)m} \xrightarrow{\ u\ } \mathcal{M}^{(o)} \longrightarrow 0 ,$$

d'où l'on déduit une suite exacte

$$ {}_X\mathcal{O}^{\ell}_{(o)} \xrightarrow{\sigma_o(p)} {}_X\mathcal{O}^m_{(o)} \xrightarrow{\sigma_o(u)} \sigma_o(\mathcal{M}) \longrightarrow 0 \quad , $$

de sorte que $\sigma_o(\mathcal{M})$ est un ${}_X\mathcal{O}_{(o)}$ - Module cohérent .

Chaque fois que nous rencontrerons un $\mathcal{E}_X$-Module $\mathcal{M}$, localement de type fini , muni d'une filtration équivalente à la filtration standard, et telle que $\sigma_o(\mathcal{M})$ soit un ${}_X\mathcal{O}_{(o)}$ - Module cohérent , nous dirons que

ii) $\mathcal{M}$ est muni d'une bonne filtration

Remarquons que si $\mathcal{M}$ est un $\mathcal{E}_X$-Module muni d'une bonne filtration, on peut construire localement un épimorphisme de faisceaux

$$ \mathcal{E}_X^m \xrightarrow{u} \mathcal{M} \longrightarrow 0 $$

tel que la filtration de $\mathcal{M}$ soit "quotient" de celle de $\mathcal{E}_X^m$: il suffit pour cela de choisir des sections $u_1, u_2, \dots, u_m$ de $\mathcal{M}^{(o)}$ telles que ces sections engendrent $\mathcal{M}$, et telles que leurs symboles $\sigma_o(u_1)$, $\sigma_o(u_2), \dots, \sigma_o(u_m)$ engendrent $\sigma_o(\mathcal{M})$; on a alors

$$ u(\mathcal{E}_X^{(o)m}) \subset \mathcal{M}^{(o)} $$

et

$$ \sigma_o(u)\ ({}_X\mathcal{O}^m_{(o)}) = \sigma_o(\mathcal{M}) \quad , $$

de sorte que $\mathcal{M}^{(o)} = u(\mathcal{E}_X^{(o)m}) + \mathcal{M}^{(-1)}$, d'où l'on déduit par récurrence

$$ \forall\, p \in \mathbb{N} \quad : \quad \mathcal{M}^{(o)} = u(\mathcal{E}_X^{(o)m}) + \mathcal{M}^{(-p)} \quad ; $$

mais comme la filtration de $\mathcal{M}$ est supposée équivalente à la filtration standard , $\mathcal{M}^{(-p)}$ est inclus dans $u(\mathcal{E}_X^{(o)m})$ pour p assez grand, ce qui démontre bien que $\mathcal{M}^{(o)} = u(\mathcal{E}_X^{(o)m})$.

Ceci fait, munissons Ker u de la filtration induite par celle de $\mathcal{E}_X^m$. On a $\sigma_o(\text{Ker } u) = \text{Ker } \sigma_o(u)$, de sorte que $\sigma_o(\text{Ker } u)$ est le noyau d'un homomorphisme de ${}_X\mathcal{O}_{(o)}$ - Modules cohérents. Il est donc cohérent, et l'on peut trouver sur un ouvert assez petit des sections ρ_1 , $\rho_2, \dots, \rho_\ell$ de $\mathcal{E}_X^{(o)m}$ telles que $\sigma_o(\rho_1)$, $\sigma(\rho_2), \dots, \sigma_o(\rho_\ell)$ engendrent $\sigma_o(\text{Ker } u)$; d'après le théorème de finitude 3.1 i) ces sections $\rho_1, \rho_2, \dots, \rho_\ell$ engendrent Ker u , et l'on aura une suite exacte

$$\mathcal{E}_X^\ell \xrightarrow{\rho} \mathcal{E}_X^m \xrightarrow{u} \mathcal{M} \longrightarrow 0$$

Nous avons ainsi montré l'équivalence des données i) et ii) .

On pourrait d'ailleurs recommencer avec Ker ρ ce qui a été fait avec Ker u et en déduire que

iii) $\mathcal{M}$ est muni localement d'une "bonne résolution" , c.à.d. une résolution

$$0 \longrightarrow \mathcal{E}_X^{\ell_r} \xrightarrow{\rho_r} \mathcal{E}_X^{\ell_{r-1}} \xrightarrow{\rho_{r-1}} \cdots \xrightarrow{\rho_2} \mathcal{E}_X^{\ell_1} \xrightarrow{\rho_1} \mathcal{E}_X^m \xrightarrow{u} \mathcal{M} \to 0$$

(où les ρ_i sont d'ordre ≤ 0) , telle que la suite

$$0 \longrightarrow {}_X\mathcal{O}_{(o)}^{\ell_r} \xrightarrow{\sigma_o(\rho_r)} {}_X\mathcal{O}_{(o)}^{\ell_{r-1}} \xrightarrow{\sigma_o(\rho_{r-1})} \cdots \xrightarrow{\sigma_o(\rho_2)} {}_X\mathcal{O}_{(o)}^{\ell_1} \xrightarrow{\sigma_o(\rho_1)} {}_X\mathcal{O}_{(o)}^m \xrightarrow{\sigma_o(u)} \sigma_o(\mathcal{M}) \to 0$$

soit une résolution de $\sigma_o(\mathcal{M})$.

Le fait que cette résolution soit bornée à gauche est une conséquence du théorème des syzygies pour l'Anneau ${}_X\mathcal{O}_{(o)} = \mathcal{O}_{P^*X}$.

3.3.3 . Remarque . L'équivalence entre les conditions 3.3.2 i) et ii) permet d'extraire du théorème de finitude 3.1 l'énoncé très général que voici

THEOREME :

> Soit $$\mathcal{N} \xrightarrow{\ v\ } \mathcal{P} \xrightarrow{\ u\ } \mathcal{M}$$
>
> une suite d'homomorphismes de $\mathcal{E}_X$-Modules munis de bonnes filtrations. On suppose que ces homomorphismes sont d'ordre ≤ 0 . Alors pour que la suite soit exacte il suffit (et il faut) que la suite des symboles
>
> $$\sigma_o(\mathcal{N}) \xrightarrow{\sigma_o(v)} \sigma_o(\mathcal{P}) \xrightarrow{\sigma_o(u)} \sigma_o(\mathcal{M})$$
>
> soit exacte .

Exercice : déduire ce théorème du théorème 3.1 .

3.4 . Cohérence des faisceaux $\mathcal{E}_X$ et $\check{\mathcal{E}}_X$.

3.4.1 . L'Anneau $\mathcal{A}_p = \mathcal{E}_X^{(o)}/\ \mathcal{E}_X^{(-p-1)}$ est cohérent pour tout $p \in \mathbb{N}$.

Pour $p = 0$ cela résulte du théorème d'Oka puisque $\mathcal{A}_o = \mathcal{O}_{P^*X}$.

Pour $p \geq 1$ on raisonne par récurrence : supposons que $\mathcal{A}_{p-1}$ soit un faisceau cohérent d'anneaux ; on a $\mathcal{A}_{p-1} = \mathcal{A}_p\ /\ \mathfrak{I}_p$, où $\mathfrak{I}_p = \mathcal{E}_X^{(-p)}/\mathcal{E}_X^{(-p-1)}$ est un idéal de $\mathcal{A}_p$, mais aussi un $\mathcal{A}_{p-1}$-Module cohérent car $\mathfrak{I}_p = D_{x_1}^{-p}\ \mathcal{A}_{p-1}\ /\ D_{x_1}^{-p-1}\ \mathcal{A}_{p-1}$ (dans un ouvert où D_{x_1} est inversible) .

La cohérence du faisceau d'anneaux $\mathcal{A}_p$ s'en déduit par des manipulations élémentaires d'algèbre homologique – pas tout à fait évidentes cependant car $\mathcal{A}_p$ n'est pas un $\mathcal{A}_{p-1}$- Module ! (Exercice : terminer la démonstration).

3.4.2 . Pour tout homomorphisme $u : \mathcal{E}_X^{\ell} \longrightarrow \mathcal{E}_X^m$, la filtration naturelle de $\mathcal{E}_X^m$ induit sur Im u une bonne filtration.

Il est clair que la filtration induite sur Im u est équivalente à la filtration standard (image de celle de $\mathcal{E}_X^{\ell}$) . Seule reste donc à démontrer la cohérence de $\sigma_o(\text{Im } u)$.

Pour cela, on munit $\mathfrak{J} = \sigma_o(\mathrm{Im}\ u)$ de la filtration image de celle de $\mathcal{E}_X^\ell$:

$$\mathfrak{J} = \bigcup_r \mathfrak{J}(r)$$

$$\mathfrak{J}(r) = u(\mathcal{E}_X^{(r)\ell}) \cap \mathcal{E}_X^{(o)m} \,/\, u(\mathcal{E}_X^{(r)\ell}) \cap \mathcal{E}_X^{(-1)m} \quad .$$

Si l'on montre que les $\mathfrak{J}(r)$ sont des ${}_X\mathcal{O}_{(o)}$-Modules cohérents, il en sera de même de $\mathfrak{J}$ car les $\mathfrak{J}(r)$ étant inclus dans ${}_X\mathcal{O}_{(o)}^m$ formeront alors une suite stationnaire .

Or on a une suite exacte de $\mathcal{A}_r$-Modules

$$0 \longrightarrow \mathfrak{J}(r) \longrightarrow \mathfrak{J}_{r,-1} \longrightarrow \mathfrak{J}_{r,o} \longrightarrow 0 \ ,$$

avec $$\mathfrak{J}_{r,s} = u(\mathcal{E}_X^{(r)\ell}) \,/\, u(\mathcal{E}_X^{(r)\ell}) \cap \mathcal{E}_X^{(s)m} \quad .$$

Comme $\mathfrak{J}_{r,s}$ est manifestement de présentation finie sur $\mathcal{A}_p (p \geq r+s-1)$, on déduit de 3.4.1 que $\mathfrak{J}(r)$ est cohérent sur $\mathcal{A}_r$; mais comme $\mathfrak{J}(r)$ est en fait un $\mathcal{A}_o$-Module (dont la structure de $\mathcal{A}_r$-Module provient de l'épimorphisme $\mathcal{A}_r \longrightarrow \mathcal{A}_o$) , il est aussi cohérent sur $\mathcal{A}_o = {}_X\mathcal{O}_{(o)}$, ce qu'il fallait démontrer .

3.4.3 . <u>Utilisation du théorème de finitude : cohérence de</u> $\mathcal{E}_X$.

D'après 3.3.2 (conséquence du théorème de finitude) , le fait que Im u soit muni d'une bonne filtration signifie qu'il est de présentation finie. Nous avons donc montré que <u>tout homomorphisme de</u> $\mathcal{E}_X$<u>-Modules libres de type fini a une image de présentation finie</u> , propriété qui équivaut à la cohérence de $\mathcal{E}_X$ en vertu du sorite suivant :

3.4.4 . <u>SORITE</u> :

Soit $L \xrightarrow{u} M \longrightarrow 0$ un épimorphisme de Modules, avec L <u>libre de type fini,</u> et M <u>de présentation finie.</u> <u>Alors</u> Ker u <u>est de type fini</u>.

<u>Preuve</u> : On écrit une présentation de M :

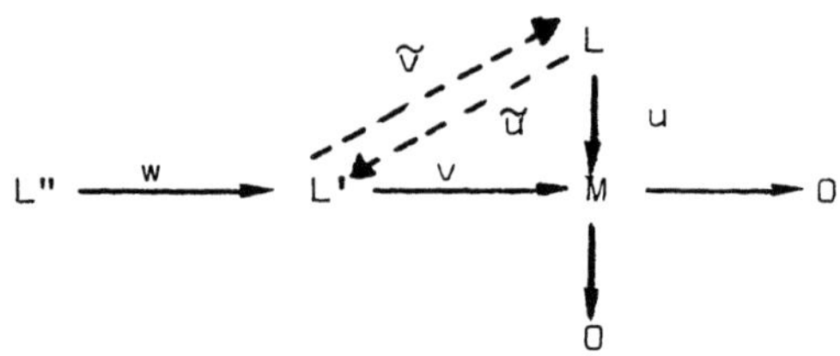

et l'on choisit des relèvements $\tilde{u}$ et $\tilde{v}$ de u et v (ces relèvements existent car L et L' sont libres) .

Alors $u(\ell) = 0 \Longleftrightarrow \tilde{u}(\ell) \in \mathrm{Im}\, w \Longrightarrow$

$$\ell = (1 - \tilde{v}\,\tilde{u})(\ell) + \tilde{v}\,\tilde{u}(\ell) \in \mathrm{Im}\,(\mathbb{1} - \tilde{v}\,\tilde{u}) + \mathrm{Im}(\tilde{v}\, w) ,$$

de sorte que $\mathrm{Ker}\, u$ est image homomorphe de $L \oplus L''$.

3.4.5 . <u>Cohérence de</u> $\check{\mathcal{E}}_X$.

En dehors de la section nulle, la cohérence de $\check{\mathcal{E}}_X$ découle de celle de $\mathcal{E}_X$.

Au voisinage de la section nulle, la donnée d'un homomorphisme $\check{u} : \check{\mathcal{E}}_X^{\ell} \longrightarrow \check{\mathcal{E}}_X^{m}$ équivaut à la donnée d'un homomorphisme $u : \mathcal{D}_X^{\ell} \longrightarrow \mathcal{D}_X^{m}$; comme $\mathcal{D}_X$ est cohérent $\mathrm{Ker}\, u$ est de type fini ; pour conclure qu'il en est de même de $\mathrm{Ker}\, \check{u}$ il suffit de démontrer la platitude de $\check{\mathcal{E}}_X$ sur $\check{\pi}^{-1}(\mathcal{D}_X)$, qui entraînera que

$$\mathrm{Ker}\, \check{u} = \check{\mathcal{E}}_X \underset{\check{\pi}^{-1}(\mathcal{D}_X)}{\otimes} \mathrm{Ker}\, u \quad .$$

C'est ce que nous allons faire au numéro suivant .

3.5 . Platitude de $\check{\mathcal{E}}_X$ sur $\check{\pi}^{-1}(\mathcal{D}_X)$.

Rappelons le critère bien connu de platitude (cf. Bourbaki, Fasc. XXVII Chap. I . § 2 , n° 11) :

3.5.0 . Pour qu'un anneau B soit plat sur un sous-anneau A , il faut et il suffit que toute B-relation entre éléments de A soit engendrée sur B par des A-relations .

Rappelons d'autre part le résultat classique de Serre (G A G A) selon lequel l'anneau des séries convergentes est plat sur l'anneau des polynômes. Le lemme suivant est une généralisation facile de ce résultat .

3.5.1 LEMME : ${}_X\check{\mathcal{O}}_{(\cdot)}$, l'Anneau gradué des microsymboles homogènes , est plat sur $\check{\pi}^{-1}(\mathrm{Gr}\,\mathcal{D}_X)$, l'Anneau gradué des symboles .

Par raison d'homogénéité on peut restreindre les (micro)-symboles à l'hyperplan $\xi_1 = 1$, et on est ramené à montrer que l'anneau $\mathbb{C}\{x_1, \dots, x_n, \xi_2, \dots, \xi_n\}$ est plat sur $\mathbb{C}\{x_1,\dots,x_n\}[\xi_2,\dots,\xi_n]$, ce qui se démontre exactement comme le résultat de Serre .

3.5.2 . Pour montrer que l'anneau $\mathcal{E} = \mathcal{E}_{X,\underline{\xi}}$ $(\underline{\xi} = (0\ ,\ dx_1))$ est plat sur $\mathcal{D} = \mathcal{D}_{X,0}$ il suffit d'après 3.5.0 de montrer que le $\mathcal{E}$-module des relations entre des éléments P_1 , P_2 , ..., $P_p \in \mathcal{D}$ est engendré par des relations sur $\mathcal{D}$.

Or toute relation sur $\mathcal{D}$

$$\sum_{i=1}^{p} R_i P_i = 0 \qquad R_i \in \mathcal{D}$$

définit une relation entre les symboles principaux des P_i :

$$\sum_{i=1}^{p} \sigma_{\nu-m_i}(R_i)\,\sigma_{m_i}(P_i) = 0 \qquad (m_i = \mathrm{ord}\,P_i) \quad ;$$

l'entier $\nu = \operatorname{Sup}_i (\operatorname{ord} R_i + m_i)$ sera appelé "ordre" de la relation $R = (R_i)$, et la collection des $(\sigma_{\nu - m_i}(R_i))$ sera appelée "symbole principal" de la relation R , et notée $\sigma(R)$.

Soit R^1 , R^2, ..., $R^q \in \mathcal{D}^p$ un système de générateurs du $\mathcal{D}$-module des relations entre les P_i , choisi de telle façon que les symboles principaux $\sigma(R^1)$, $\sigma(R^2)$, ... , $\sigma(R^q)$ engendrent le module des relations "symboliques" entre les $\sigma(P_i)$ (l'existence d'un tel système de générateurs se démontre comme dans la 1ère jPartie, n°s 4.2.2, 4.2.3) .

Comme l'anneau gradué des microsymboles homogènes est plat sur l'anneau gradué des symboles homogènes (3.5.1) les $\sigma(R^1)$, $\sigma(R^2)$, ..., $\sigma(R^q)$ engendreront aussi le module des relations "microsymboliques homogènes" entre les $\sigma(P_i)$; autrement dit si l'on " se ramène à l'ordre 0 " par les transformations $\widetilde{P}_i = D_{x_1}^{-m_i} P_i$, $\widetilde{R}_i^j = R_i^j D_{x_1}^{m_i - \nu_j}$ (où ν_j désigne l'ordre de la relation R^j) , on obtient un complexe de $\mathcal{E}^{(o)}$-modules à gauche

$$\mathcal{E}^{(o)q} \xrightarrow{(\widetilde{R}_i^j)} \mathcal{E}^{(o)p} \xrightarrow{(\widetilde{P}_i)} \mathcal{E}^{(o)}$$

dont le "symbole" σ_o est une <u>suite exacte</u> :

$$\mathcal{O}^q_{(o)} \xrightarrow{(\sigma_o(\widetilde{R}_i^j))} \mathcal{O}^p_{(o)} \xrightarrow{(\sigma_o(\widetilde{P}_i))} \mathcal{O}_{(o)} \quad .$$

Ce complexe est donc lui-même exact d'après le théorème de finitude de Boutet et nous avons ainsi démontré l'exactitude de la suite

$$\mathcal{E}^q \xrightarrow{(R_i^j)} \mathcal{E}^p \xrightarrow{(P_i)} \mathcal{E}$$

4 . SYSTEMES MICRODIFFERENTIELS ET MICROLOCALISATION

4.0. On appelle <u>système microdifférentiel</u> sur une variété analytique X la donnée sur $T^* X$ (ou seulement <u>sur un ouvert de</u> $T^* X$) d'un faisceau de $\check{\mathcal{E}}_X$ - modules à gauche <u>localement de présentation finie</u> (c.a.d. <u>cohérent</u>, puisque $\check{\mathcal{E}}_X$ est un faisceau cohérent) .

En restriction à la section nulle, un système microdifférentiel est donc un $(\check{\mathcal{E}}_X | T^*_X X = \mathcal{D}_X)$ - Module cohérent, c.a.d. un système différentiel. D'autre part, un système microdifférentiel défini seulement <u>en dehors de la section nulle</u> correspond à la donnée sur $P^* X$ d'un faisceau cohérent de $\mathcal{E}_X$ - modules.

A tout $\mathcal{D}_X$ - Module à gauche M est associé un $\check{\mathcal{E}}_X$ - Module à gauche $\check{\mathcal{M}}$ par l'opération dite de " <u>microlocalisation</u> " :

$$\check{\mathcal{M}} = \check{\mathcal{E}}_X \underset{\check{\pi}^{-1}(\mathcal{D}_X)}{\otimes} \check{\pi}^{-1}(M)$$

(la structure de $\check{\mathcal{E}}_X$ - Module à droite de $\check{\mathcal{E}}_X$ induit une structure de $\check{\pi}^{-1}(\mathcal{D}_X)$ - Module à droite, qui permet de définir le produit tensoriel ; $\check{\mathcal{M}}$ hérite alors de la structure de $\check{\mathcal{E}}_X$ - Module à gauche de $\check{\mathcal{E}}_X$) .
Si M est de présentation finie sur $\mathcal{D}_X$ son microlocalisé $\check{\mathcal{M}}$ sera de présentation finie sur $\check{\mathcal{E}}_X$: <u>le microlocalisé d'un système différentiel est un système microdifférentiel</u>. Seule est utilisée dans cette affirmation l'exactitude <u>à droite</u> du produit tensoriel, mais en fait nous savons même grâce à 3.5. que <u>la microlocalisation est un foncteur exact</u>.

4.1. <u>PROPOSITION</u> . <u>La variété caractéristique</u> $V(M)$ <u>d'un système différentiel</u> M <u>coïncide avec le support de son microlocalisé</u> $\check{\mathcal{M}}$.

4.1.1. <u>Preuve dans le cas " monogène "</u> $\mathcal{M} = \mathcal{D}_X/\mathcal{J}$.

Il s'agit de démontrer, pour $\xi \in T^* X$, l'équivalence des deux conditions suivantes :

i) $\xi \notin V(\mathcal{M})$, c.a.d. : $\exists\, P \in \mathcal{J}$, $\sigma(P)(\xi) \neq 0$;

ii) $\check{\mathcal{m}}_{\xi} = 0$, c.a.d. $\check{\mathcal{E}}_{X,\xi} = \check{\mathcal{E}}_{X,\xi}\, \mathcal{J}$

i) $\Longrightarrow$ ii)

Cela découle immédiatement de l'inversibilité des opérateurs micro-elliptiques : $\mathcal{J}$ contient un opérateur micro-elliptique en ξ ,donc inversible dans $\check{\mathcal{E}}_{X,\xi}$, ce qui démontre ii) .

ii) $\Longrightarrow$ i)

L'hypothèse ii) peut s'écrire

$$(*) \qquad 1 = \sum_{i=1}^{p} \check{R}_i\, P_i \quad , \quad \check{R}_i \in \check{\mathcal{E}}_{X,\xi} \quad , \quad P_i \in \mathcal{J} \ .$$

Posons $\nu_i = \operatorname{ord}(\check{R}_i\, P_i)$.

<u>1er CAS</u> : La partie principale de l'équation ci-dessus est d'ordre 0 , c.a.d. que tous les ν_i sont ≤ 0 , et l'on a :

$$1 = \sum_{\{\, i \mid \nu_i = 0 \,\}} \sigma(\check{R}_i)\, \sigma(P_i) \ .$$

Il existe donc un i pour lequel $\sigma(P_i)(\xi) \neq 0$, ce qui démontre i) .

<u>2ème CAS</u> : La partie principale de l'équation ci-dessus est d'ordre $\nu > 0$, et s'écrit donc

$$0 = \sum_{\{i \mid \nu_i = \nu\}} \sigma(\check{R}_i)\,\sigma(P_i)$$

Il s'agit là d'une relation homogène " <u>microsymbolique</u> " (c.a.d. que les $\sigma(\check{R}_i)$ sont des " microsymboles ") entre <u>symboles</u> $\sigma(P_i)$. D'après le Lemme 3.5.1. , une telle relation peut être engendrée par des relations " symboliques ", c.a.d. qu'il existe des <u>symboles</u> $r_{ji} = \sigma(R_{ji})$, $R_{ji} \in \mathcal{D}_{X,x}$ tels que

$$\sum_{\{i \mid \nu_i=\nu\}} r_{ji}\,\sigma(P_i) = 0 \qquad ,$$

et

$$\sigma(\check{R}_i) = \sum_j \check{s}_j\, r_{ji} \quad , \quad \check{s}_j = \sigma(\check{S}_j),\ \check{S}_j \in \check{\mathcal{E}}_{X,\xi} \qquad .$$

Compte tenu de ces relations, on voit que l'équation (*) peut encore s'écrire <u>sous une forme d'où tous les termes d'ordre</u> ν <u>ont disparu</u>, à savoir :

$$(**) \qquad 1 = \sum_i \check{R}'_i\, P_i + \sum_j \check{S}_j\, Q_j \qquad ,$$

où l'on a défini $\check{R}'_i \in \check{\mathcal{E}}_{X,\xi}$ et $Q_j \in \mathcal{J}$ par

$$R_i = \begin{cases} R'_i + \sum_j \check{S}_j\, R_{ji} & \text{si} \quad \nu_i = \nu \\ R'_i & \text{si} \quad \nu_i < \nu \end{cases}$$

$$Q_j = \sum_{\{i \mid \nu_i = \nu\}} R_{ji}\, P_i \qquad .$$

<u>On peut ainsi, par récurrence sur ν , se ramener au 1er cas</u>.

4.1.2. Preuve dans le cas général

Les deux remarques suivantes permettent de se ramener au cas monogène.

i) Pour toute suite exacte courte de systèmes différentiels

$$0 \longrightarrow N \longrightarrow P \longrightarrow M \longrightarrow 0$$

la variété caractéristique de P est l'union de celles de M et de N : en effet en munissant P d'une bonne filtration, M de la filtration quotient et N de la filtration induite on obtient une suite exacte de $Gr\,\mathcal{D}_X$ - Modules :

$$0 \longrightarrow Gr\,N \longrightarrow Gr\,P \longrightarrow Gr\,M \longrightarrow 0 \qquad .$$

ii) La microlocalisation, foncteur exact, donne une suite exacte courte

$$0 \longrightarrow \check{\mathcal{N}} \longrightarrow \check{\mathcal{P}} \longrightarrow \check{\mathcal{M}} \longrightarrow 0 \qquad ,$$

de sorte que le support de $\check{\mathcal{P}}$ est l'union de ceux de $\check{\mathcal{M}}$ et de $\check{\mathcal{N}}$.

4.1.3. COROLLAIRE DE 4.1.

Le microlocalisé d'une connexion (1ère Partie, § 7) est nul partout en dehors de la section nulle, et cette propriété caractérise les connexions (cf. 1ere Partie, Proposition 10.3.) .

4.2. Support d'un système microdifférentiel

4.2.0. PROPOSITION . Tout système microdifférentiel $\check{\mathcal{M}}$ a pour support (comme faisceau défini sur un ouvert de T^*X) un sous-ensemble analytique fermé, conique dans chaque fibre.

Cet ensemble est noté $\check{SS}(\check{\mathcal{M}}) \subset T^* X$, ou bien $SS(\mathcal{M}) \subset P^* X$ si l'on considère $\mathcal{M}$ comme faisceau sur un ouvert de $P^* X$. Le sigle " SS " provient des initiales de " support singulier " , ou " support spectral " , ou " spectre singulier " (... ?) , expressions couramment utilisées dans la littérature pour désigner les supports d'objets que l'on fait habiter dans le fibré cotangent.

Si le système $\check{\mathcal{M}}$ est défini comme microlocalisé d'un système différentiel, la proposition résulte de la 1ère partie (n° 8.3.), grâce à la Proposition 4.1. . Or, tout système microdifférentiel $\check{\mathcal{M}}$ peut être considéré <u>au voisinage de la section nulle</u> $T^*_X X$ comme le microlocalisé du système différentiel $\check{\mathcal{M}}| T^*_X X$ (puisque $\check{\mathcal{E}}_X | T^*_X X = \mathcal{D}_X$) . La proposition ci-dessus n'a donc besoin d'être démontrée qu'<u>en dehors de la section nulle</u>.

Pour ce faire, on construit localement une " bonne filtration " de $\check{\mathcal{M}}$ (au sens du n° 3.3.) . D'après le Lemme 3.3.1. $\check{\mathcal{M}}$ a même support que son " symbole d'ordre 0 " $\mathcal{M}^{(0)}/\mathcal{M}^{(-1)}$ qui est localement de présentation finie sur l'anneau ${}_X\check{\mathcal{O}}_{(0)}$ des microsymboles homogènes d'ordre 0 , et la proposition est ainsi démontrée.

Remarquons que le support d'un système microdifférentiel $\check{\mathcal{M}}$ défini <u>dans un ouvert ne rencontrant pas la section nulle</u> n'a aucune raison d'avoir des fibres algébriques.

4.2.1. <u>Involutivité du support</u> . Nous mentionnons sans la démontrer cette propriété fondamentale, dont Malgrange a donné en 1978 une jolie démonstration basée sur les techniques de " transformations de contact quantifiées " (cf. n°s 7.2. et 7.3.) . L'involutivité des variétés caractéristiques de systèmes différentiels, que nous avons admise dans la 1ère partie (§ 9), en résulte grâce à la Proposition 4.1. : c'est là un bel exemple de résultat sur les systèmes différentiels qu'on ne sait démontrer qu'en utilisant des techniques microlocales.

$SS(\check{\mathcal{M}})$ est donc de dimension $\geq n$, et s'il est de dimension n il est holonome (cf. 1ère Partie, § 10) : on dira alors que $\check{\mathcal{M}}$ est un <u>système microdifférentiel holonome</u>.

4.3. <u>Réseaux microdifférentiels</u>

Comme on l'a vu au n° 3.3. , la donnée d'une bonne filtration de $\check{\mathcal{M}}$ se résume <u>en dehors de la section nulle de</u> $T^* X$ à la donnée d'un $\mathcal{E}_X^{(o)}$ - <u>Module</u> $\mathcal{M}^{(o)}$ <u>localement de présentation finie</u> (c.à.d. cohérent). Dans toute la suite, un tel $\mathcal{M}^{(o)}$ sera appelé " <u>réseau microdifférentiel</u> " .

4.4. <u>Microlocalisation de quelques systèmes différentiels ordinaires</u>

Soit $M \longrightarrow \mathcal{M} = \mathcal{E} \underset{\mathcal{D}}{\otimes} M$ l'homomorphisme canonique (" de microlocalisation ") envoyant un germe de système différentiel ordinaire dans son microlocalisé au point $(0, dx)$.

Le noyau de cet homomorphisme est un germe de système différentiel à microlocalisé nul, donc une somme directe finie de copies du système de De Rham $\mathcal{O} = \mathbb{C}\{ x \}$ (cf. 4.1.3.) .

Regardons quelques exemples.

4.4.1. <u>Systèmes dont le microlocalisé est</u> $\mathcal{E}\delta$ (cf. Proposition 2.1.3.)

$$\begin{array}{ccccccc} 0 & \longrightarrow & \mathcal{D}\delta & \longrightarrow & \mathcal{E}\delta & & \\ & & \cap & & \parallel & & \\ 0 & \longrightarrow & \mathcal{D}H & \longrightarrow & \mathcal{E}\delta & \longrightarrow & 0 \end{array}$$

$$\begin{array}{ccccccccc} 0 & \longrightarrow & \mathcal{O} & \longrightarrow & \mathcal{D}\frac{1}{x} & \longrightarrow & \mathcal{E}\delta & & \\ & & \parallel & & \cap & & \parallel & & \\ 0 & \longrightarrow & \mathcal{O} & \longrightarrow & \mathcal{D}\mathrm{Log}\, x & \rightarrow & \mathcal{E}\delta & \longrightarrow & 0 \end{array}$$

4.4.2. Si $M = \mathcal{D}/\mathcal{D}(Dx)^m = \mathcal{D}\frac{1}{x}\,\mathrm{Log}^{m-1}\,x$, le microlocalisé $\mathcal{M}$ peut s'identifier à l'ensemble des microfonctions de la forme $\left[\sum_{k=0}^{m} g_k\,\mathrm{Log}^{m-k}\,z\right]$ ($g_o \in \mathcal{O}$; $g_1, \ldots, g_m \in \mathcal{O}\left[\frac{1}{z}\right]$) . L'homomorphisme de microlocalisation a pour noyau $\mathcal{O}$, et pour image l'ensemble des microfonctions de la forme ci-dessus pour lesquelles $g_o = 0$.

4.4.3. <u>Systèmes égaux à leur microlocalisé</u>

<u>PROPOSITION</u> . <u>Pour qu'un système différentiel ordinaire, à singularité régulière, soit égal à son microlocalisé, il faut et il suffit qu'il soit de la forme</u> $M = \oplus\,\mathcal{D}/\mathcal{D}(zD-\alpha)^m$, $\alpha \neq -1, -2, \ldots$ (cf. 1ère Partie, n° 11.8.2.).

En effet, si M est égal à son microlocalisé, l'opérateur $D : M \circlearrowleft$ est inversible, et on peut appliquer le résultat de la 1ère Partie, n° 11.8.2. Inversement, il est facile de vérifier par calcul direct que si $\alpha \neq -1, -2, \ldots$, le système $\mathcal{D}/\mathcal{D}(zD-\alpha)^m$ est égal à son microlocalisé : par exemple, on pourra présenter ce système par m générateurs $u = (u_1, u_2, \ldots u_m)$ munis de la relation matricielle $(Dz - A)u = 0$, où A est la matrice " bloc de Jordan " de valeur propre $\alpha + 1 \neq 0$; on en déduit les relations $D^{-p}\,u = \left[A(A+1)\ldots(A+p-1)\right]^{-1} z^p\,u$, d'où on déduit par des majorations faciles que l'action de $\mathcal{D}$ sur le système s'étend en une action de $\mathcal{E}$.

<u>EXEMPLE</u> : <u>Cas où $m = 1$</u> .

Si $\alpha \in \mathbb{N}$ on trouve le système $\mathcal{D}H$ qui est isomorphe à son microlocalisé $\mathcal{D}\delta$.

Si $\alpha \notin \mathbb{Z}$ on trouve le système $\mathcal{D}z^\alpha$ qui est isomorphe à son microlocalisé $\mathcal{E}\delta^{-(\alpha+1)}$ (cf. 2.1.5.)

REMARQUE : On peut montrer que tout germe de système microdifférentiel ordinaire à singularité régulière est du type indiqué par la Proposition 4.4.3.

4.5. Déformations triviales des exemples 4.4.

Dans $X = \mathbb{R}^n$ ou $\mathbb{C}^n$, soit Y l'hyperplan d'équation $x_1 = 0$.
Le système microdifférentiel

$$\mathcal{C}_{[Y]X}(\alpha) = \mathcal{E}_X/\mathcal{E}_X\,(D_{x_1}x_1 + \alpha,\ D_{x_2},\ \dots,\ D_{x_n})$$

a pour support le fibré conormal P_Y^*X :

$$x_1 = 0\ ;\ \xi_1 = 1\ ,\ \xi_2 = \dots = \xi_n = 0 .$$

Au voisinage de ce support D_{x_1} est inversible, de sorte que $\mathcal{C}_{[Y]X}(\alpha)$ ne dépend que de la classe de α modulo $\mathbb{Z}$.

| Pour $\alpha \notin \mathbb{Z}$ | on peut le considérer comme le microlocalisé de $\mathcal{D}_X\, x_1^{\alpha}$.

| Pour $\alpha \in \mathbb{Z}$ | Le système $\mathcal{C}_{[Y]X}(\alpha)$, que nous écrirons simplement $\mathcal{C}_{[Y]X}$, peut être considéré comme le microlocalisé de $\mathcal{D}_X \frac{1}{x_1}$ ou de $\mathcal{D}_X\,\delta(x_1) = \mathcal{B}_{[Y]X}$.

L'un comme l'autre de ces deux points de vue montre clairement le caractère intrinsèque de $\mathcal{C}_{[Y]X}$: d'une part on a déjà vérifié dans la 1ère Partie (n° 13.3.3.) le caractère intrinsèque de $\mathcal{B}_{[Y]X}$; d'autre part le caractère intrinsèque de $\mathcal{D}_X \frac{1}{x_1}$ est encore plus évident, car il s'agit tout simplement du $\mathcal{D}_X$ - Module des fonctions méromorphes ayant l'hypersurface Y comme lieu polaire.

Nous renvoyons le lecteur au § 2 pour l'étude plus détaillée du système $\mathcal{C}_{[Y]X(\alpha)}$, notamment l'étude de ses solutions microfonctions.

4.6. Microcouches multiples (cas général).

Pour toute sous-variété lisse $Y \subset X$ de codimension quelconque, nous noterons $\mathcal{C}_{[Y]X}$ $\left[\text{resp. } \check{\mathcal{C}}_{[Y]X}\right]$ le microlocalisé dans P^*X $\left[\text{resp. dans } T^*X\right]$ du Module $\mathcal{B}_{[Y]X}$ des couches multiples portées par la sous-variété Y .

Le support de $\mathcal{C}_{[Y]X}$ est le fibré conormal $P^*_Y X$.

Sur $P^*_Y X$ on peut définir le faisceau $\mathcal{E}_{Y|X}$ des " opérateurs microdifférentiels conormaux à Y " : dans des coordonnées locales $(y_1, \ldots, y_p, z_1, \ldots, z_q)$ où Y est donné par les équations $z_1 = \ldots = z_q = 0$, ce sont les opérateurs microdifférentiels indépendants de $(z_1, \ldots, z_q, D_{y_1}, \ldots, D_{y_p})$. A l'aide du théorème de finitude de Boutet, on montre facilement que $\mathcal{C}_{[Y]X}|P^*_Y X$ est localement libre de rang 1 sur le faisceau d'anneaux $\mathcal{E}_{Y|X}$.

4.7. Opérateurs microdifférentiels généralisés .

Pour toute application analytique de variétés

$$f : X \longrightarrow Y$$

nous noterons $\check{\mathcal{C}}_{[f]X \times Y}$ le Module des " microcouches multiples portées par le graphe de f " . Ce faisceau a pour support le fibré conormal au graphe

$$T^*_{[f]}(X \times Y) \approx X \underset{Y}{\times} T^* Y \qquad ,$$

et nous noterons $\check{\mathcal{E}}_{[f]}$ sa restriction à son support.

C'est un faisceau de modules à gauche sur $(T^* f)^{-1}(\check{\mathcal{E}}_X)$ ainsi que sur $\tilde{f}^{-1}(\mathcal{E}_Y)$, où $T^* f$ et $\tilde{f}$ désignent les morphismes canoniques de fibrés vectoriels

$$T^* X \xleftarrow{T^* f} X \underset{Y}{\times} T^* Y \xrightarrow{\tilde{f}} T^* Y \qquad .$$

Par les opérations de " changement de côté des $\check{\mathcal{E}}$ - Modules " (généralisations évidentes de 13.4. , 1ère Partie) on en déduit sur $X \underset{Y}{\times} T^* Y$ les " <u>faisceaux d'opérateurs microdifférentiels généralisés</u> "

$$\check{\mathcal{E}}_{X \longrightarrow Y} = \check{\mathcal{E}}_{\llcorner f \lrcorner} \underset{(\pi \circ \tilde{f})^{-1}(\mathcal{O}_Y)}{\otimes} (\pi \circ \tilde{f})^{-1} (\Omega_Y)$$

$$\check{\mathcal{E}}_{Y \longleftarrow X} = \check{\mathcal{E}}_{\llcorner f \lrcorner} \underset{(\pi \circ T^* f)^{-1}(\mathcal{O}_X)}{\otimes} (\pi \circ T^* f)^{-1} (\Omega_X)$$

où la lettre π désigne les projections canoniques de fibrés vectoriels sur leurs bases.

Il s'agit de faisceaux de modules sur $(T^* f)^{-1}(\check{\mathcal{E}}_X)$ et sur $\tilde{f}^{-1}(\check{\mathcal{E}}_Y)$ du côté indiqué par l'emplacement des indices X et Y .

En restriction à la section nulle $X \underset{Y}{\times} T^*_Y Y \approx X$ ils coïncident avec les faisceaux $\mathcal{D}_{X \to Y}$ et $\mathcal{D}_{Y \leftarrow X}$ de la 1ère Partie (n° 13.5.) .

En remplaçant les fibrés vectoriels par leurs fibrés projectifs associés, on définirait de même les faisceaux $\mathcal{E}_{X \to Y}$ et $\mathcal{E}_{Y \leftarrow X}$: mais on prendra garde que <u>ceux-ci ne sont pas définis sur</u> $X \underset{Y}{\times} P^* Y$ <u>tout entier mais seulement sur l'ouvert des directions de covecteurs dont l'image par</u> $T^* f$ <u>n'est pas nulle</u>.

4.7.1. <u>PROPOSITION</u> . Les faisceaux $\check{\mathcal{E}}_{\llcorner f \lrcorner}$, $\check{\mathcal{E}}_{X \to Y}$, $\check{\mathcal{E}}_{Y \leftarrow X}$ peuvent se déduire de $\mathcal{D}_{\llcorner f \lrcorner}$, $\mathcal{D}_{X \to Y}$, $\mathcal{D}_{Y \leftarrow X}$ par " <u>microlocalisation partielle le long de</u> Y ", c.a.d. que

$$\check{\mathcal{E}}_{[f]} = \tilde{f}^{-1}(\mathcal{E}_Y) \underset{\pi^{-1}(\mathcal{D}_Y)}{\otimes} \pi^{-1}(\mathcal{D}_{[f]})$$

$$\check{\mathcal{E}}_{X \to Y} = \pi^{-1}(\mathcal{D}_{X \to Y}) \underset{\pi^{-1}(\mathcal{D}_Y)}{\otimes} \tilde{f}^{-1}(\check{\mathcal{E}}_Y)$$

$$\check{\mathcal{E}}_{Y \leftarrow X} = \tilde{f}^{-1}(\check{\mathcal{E}}_Y) \underset{\pi^{-1}(\mathcal{D}_Y)}{\otimes} \pi^{-1}(\mathcal{D}_{Y \leftarrow X}) \quad .$$

<u>PREUVE</u> . Il suffit de démontrer la propriété pour $\check{\mathcal{E}}_{[f]}$:

(*) $$\check{\mathcal{E}}_{[f],(x,\eta)} = \check{\mathcal{E}}_{Y,\eta} \underset{\mathcal{D}_{Y,y}}{\otimes} \mathcal{D}_{[f],x} \quad .$$

Convenons, pour alléger les notations, d'omettre partout les indices indiquant en quel point est prise la fibre de chacun de nos faisceaux (il s'agira chaque fois d'une des images canoniques du point (x, η)) . Nous pouvons ainsi écrire $\check{\mathcal{E}}_Y \subset \check{\mathcal{E}}_{X \times Y}$. Introduisons l'anneau intermédiaire $\check{\mathcal{E}}'_{X \times Y} \subset \check{\mathcal{E}}_{X \times Y}$ $\left[\text{resp. } \mathcal{D}'_{X \times Y} \subset \mathcal{D}_{X \times Y} \right]$ des opérateurs (micro)-différentiels indépendants de $D_{x_1}, \ldots, D_{x_n}$. Il est facile de vérifier que $\check{\mathcal{E}}_{[f]}$, considéré comme $\check{\mathcal{E}}'_{X \times Y}$ - module à gauche, admet la présentation

(**) $$\check{\mathcal{E}}'^{p}_{X \times Y} \xrightarrow{(y_j - f_j(x))} \check{\mathcal{E}}'_{X \times Y} \longrightarrow \check{\mathcal{E}}_{[f]} \longrightarrow 0 \quad :$$

en dehors de la section nulle, cela résulte du théorème de finitude de Boutet ; sur la section nulle, c'est la suite exacte évidente

(***) $$\mathcal{D}'^{p}_{X \times Y} \xrightarrow{(y_j - f_j(x))} \mathcal{D}'_{X \times Y} \longrightarrow \mathcal{D}_{[f]} \longrightarrow 0 \quad .$$

En comparant la suite exacte (**) avec celle déduite de (***) par l'action du foncteur $\check{\mathcal{E}}_Y \underset{\mathcal{D}_Y}{\otimes}$, on obtient immédiatement l'égalité cherchée (*) , compte tenu du fait que

$$\check{\mathcal{E}}'_{X \times Y} = \check{\mathcal{E}}_Y \underset{\mathcal{D}_Y}{\otimes} \mathcal{D}'_{X \times Y} \quad (\text{évident car } \check{\mathcal{E}}'_{X \times Y} = \mathcal{O}_{X \times Y} \underset{\mathcal{O}_Y}{\otimes} \check{\mathcal{E}}_Y) \quad .$$

4.7.2. COROLLAIRE

$$\boxed{\check{\mathcal{E}}_{X\to Y,(x,\eta)} = \mathcal{O}_{X,x} \underset{\mathcal{O}_{Y,y}}{\otimes} \check{\mathcal{E}}_{Y,\eta}}$$

i) En particulier si $f : X \longrightarrow Y$ est l'immersion $(x_1,\dots,x_n) \longmapsto (x_1,\dots,x_n, z_1 = \dots = z_q = 0)$, on a

$$\check{\mathcal{E}}_{X\to Y,(x,\eta)} = \check{\mathcal{E}}_{Y,\eta} \Big/ \sum_{j=1}^{q} z_j\, \check{\mathcal{E}}_{Y,\eta}$$

muni de la structure de $\check{\mathcal{E}}_{X,\xi}$ - module à gauche ($\xi = (T^* f)(\eta)$) évidente du fait que les z_j commutent avec les x_i , D_{x_i} .

ii) Si $f : X \longrightarrow Y$ est la projection $(y_1,\dots,y_p,z_1,\dots,z_q) \longmapsto (y_1,\dots,y_p)$, $\check{\mathcal{E}}_{X\to Y,(x,\eta)}$ peut s'identifier dans ces coordonnées locales au sous-anneau de $\check{\mathcal{E}}_{X,\xi}$ (où $\xi = (T^* f)(\eta)$) formé des opérateurs microdifférentiels indépendants de $D_{z_1}, \dots, D_{z_q}$. De plus, on a

$$\check{\mathcal{E}}_{X\to Y,(x,\eta)} = \check{\mathcal{E}}_{X,\xi} \Big/ \sum_{j=1}^{q} \check{\mathcal{E}}_{X,\xi}\, D_{z_j}$$

(exercice : le démontrer, à l'aide du théorème de finitude de Boutet) .

4.7.3. En " changeant de côté " on déduit de 4.7.2. i) et i)) les formules

i)' (si f est une immersion)

$$\check{\mathcal{E}}_{Y\leftarrow X,(x,\eta)} = \check{\mathcal{E}}_{Y,\eta} \Big/ \sum_{j=1}^{q} \check{\mathcal{E}}_{Y,\eta}\, z_j$$

ii)' (si f est une projection)

$$\check{\mathcal{E}}_{Y\leftarrow X,(x,\eta)} = \check{\mathcal{E}}_{X,\xi} \Big/ \sum_{j=1}^{q} D_{z_j}\, \check{\mathcal{E}}_{X,\xi} .$$

5 . COHERENCE DES IMAGES MICROLOCALES DANS LE CAS NON CARACTERISTIQUE

5.0 Soient X et Y des variétés analytiques, $\check{\mathcal{M}}$ un système microdifférentiel sur X (de support $V \subset T^*X$) , et f une application analytique de Y dans X [resp. de X dans Y] . Désignons par

$$T^*_{[f]}(X \times Y) = Y \underset{X}{\times} T^*X \quad [\text{resp} .\ X \underset{Y}{\times} T^*Y\ ]$$

le fibré conormal au graphe de f , et par

$$T^*X \xleftarrow{\ \pi_X\ } T^*_{[f]}(X \times Y) \xrightarrow{\ \pi_Y\ } T^*Y$$

ses deux projections canoniques sur T^*X et T^*Y .

<u>DEFINITION</u> : On dit que f est <u>non caractéristique</u> pour $\check{\mathcal{M}}$ (ou pour $V = \check{S}\check{S}(\check{\mathcal{M}})$) <u>dans l'ouvert</u> $\mathcal{U} \subset T^*Y$ si le morphisme induit par π_Y :

$$\pi_X^{-1}(V) \cap \pi_y^{-1}(\mathcal{U}) \longrightarrow \mathcal{U}$$

est un morphisme fini (c.à.d. une application propre à fibres finies dans le cas complexe ; dans le cas réel, ce sont les fibres du <u>complexifié</u> qui doivent être finies) .

<u>Exemples triviaux</u> : Pour tout système microdifférentiel $\check{\mathcal{M}}$ sur X ,

i) une submersion de Y dans X est partout non caractéristique

ii) une immersion propre de X dans Y est partout non caractéristique.

(<u>Exercice</u> : justifier ces affirmations , en montrant que π_Y est dans chacun de ces deux cas une immersion propre) .

Pour un système $\check{\mathcal{M}}$ défini <u>globalement sur tout</u> T^*X (de sorte que V est fermé dans T^*X) , il est équivalent de poser la condition non caractéristique <u>globalement sur tout</u> T^*Y

ou : <u>sur un voisinage de la section nulle de</u> T^*Y

ou : <u>comme une condition de finitude au dessus de la section nulle</u> $Y \subset T^*Y$ (finitude du mórphisme $\pi_X^{-1}(V) \cap \pi_Y^{-1}(Y) \longrightarrow Y$) .

On montre ainsi les résultats suivants :

iii) une <u>immersion</u> de Y dans X est <u>non caractéristique sur tout</u> T^*Y si et seulement si V ne contient aucune direction conormale à Y (c'est la condition " classique " déjà rencontrée dans la 1ère Partie, n° 12.4) ;

iv) une <u>submersion</u> de X dans Y est <u>non caractéristique sur tout</u> T^*Y si et seulement si $f|S$ est un morphisme fini, où $S \subset X$ désigne le support du système différentiel correspondant : $S = V \cap T_X^*X$ (on retrouve ainsi l'hypothèse faite dans la Proposition 14.1 de la 1ère Partie) .

(<u>Exercice</u> : démontrer ces résultats) .

Le § 6 nous montrera des exemples où l'hypothèse non caractéristique est faite seulement <u>en dehors de la section nulle de</u> T^*Y : cette hypothèse est alors beaucoup moins contraignante .

5.1 . <u>THEOREME</u> . Avec les hypothèses 5.0 , notons

$$\check{\mathcal{E}}_{Y\leftrightarrow X} = \begin{cases} \check{\mathcal{E}}_{Y\to X} & \text{si } f : Y \longrightarrow X \\ \check{\mathcal{E}}_{Y\leftarrow X} & \text{si } f : X \longrightarrow Y \end{cases}$$

le faisceau des "opérateurs microdifférentiels généralisées " défini au n° 4.7.

<u>Alors le faisceau</u> $\check{\mathcal{N}} = \pi_{Y*}(\check{\mathcal{E}}_{Y\leftrightarrow X} \underset{\pi_X^{-1}(\check{\mathcal{E}}_X)}{\otimes} \pi_X^{-1}(\check{\mathcal{M}}))$ <u>est un faisceau cohérent de</u> $\check{\mathcal{E}}_Y$<u>-modules dans tout ouvert de</u> T^*Y où f <u>est non caractéristique pour</u> $\check{\mathcal{M}}$.

Dans un tel ouvert $\mathcal{U}$, le système microdifférentiel $\check{\mathcal{N}}$ ainsi défini est appelé " image microlocale " du système microdifférentiel $\check{\mathcal{M}}$ (on dira " <u>image réciproque microlocale</u> " <u>si</u> $f : Y \longrightarrow X$ et " <u>image directe microlocale</u> " si $f : X \longrightarrow Y$) .

Nous allons démontrer ce théorème dans le cas des images réciproques, la démonstration dans le cas des images directes étant exactement parallèle. Après avoir traité le cas facile, celui où f est une projection, il nous suffira de traiter le cas d'une immersion puisque toute application est composée d'un plongement et d'une projection .

5.2 . <u>Image réciproque par une projection</u> .

Ce cas est toujours non caractéristique .

En particulier $\check{\mathcal{E}}_X$ lui-même a pour image réciproque

$$\pi_{Y*}(\check{\mathcal{E}}_{Y\to X}) = \check{\mathcal{E}}_Y / \check{\mathcal{E}}_Y(D_{z_1}, \ldots, D_{z_q})$$

avec un choix de coordonnées locales tel que f s'écrive

$$f : (y_1, \ldots, y_p , z_1, \ldots, z_q) \longmapsto (y_1, \ldots, y_p)$$

[cf . n° 4.7.2. ii)] .

Cette image réciproque est bien de présentation finie sur $\check{\mathcal{E}}_Y$, donc cohérente .

Il en est donc de même de l'image réciproque de tout $\check{\mathcal{E}}_X$-Module $\check{\mathcal{M}}$ de présentation finie, puisque le foncteur " image réciproque " est exact à droite (comme composé d'un produit tensoriel et d'un π_{Y*} où π_Y est une immersion propre) .

5.3 . Image réciproque par une immersion non caractéristique .

En écrivant X sous forme de produit ,

$$X = Y \times Z \overset{f}{\rightleftarrows} Y \times \{0\} = Y$$

on obtient un diagramme cartésien

$$(5.3.0) \qquad \begin{array}{ccccc} \pi_X^{-1}(V) & \subset & T^*X|_Y & \xrightarrow{\pi_Y} & T^*Y \\ & & \downarrow & & \downarrow \\ V & \subset & T^*X & \xrightarrow{\rho} & Z \times T^*Y \end{array}$$

où π_Y et ρ sont les applications de " restriction des covecteurs " . Comme ce diagramme est cartésien, la finitude du morphisme $\pi_Y \mid \pi_X^{-1}(V)$ (au dessus d'un ouvert $\mathcal{U} \subset T^*Y$) équivaut évidemment à la finitude du morphisme $\rho \mid V$ (au dessus d'un ouvert $\mathcal{U}'$, voisinage de $\mathcal{V}$ dans $Z \times T^*Y$) . Or l'espace $Z \times T^*Y$ est porteur naturellement d'un faisceau que nous noterons $\check{\mathcal{E}}_{X/Z}$, le faisceau des " familles analytiques, paramétrées par Z , d'opérateurs microdifférentiels sur Y " , et nous allons montrer la

<u>PROPOSITION 5.3.1</u> : Sous l'hypothèse de finitude précédente (équivalente à l'hypothèse non caractéristique), le faisceau $\rho_*(\check{\mathcal{M}})$ est un faisceau cohérent de $\check{\mathcal{E}}_{X/Z}$ - modules sur l'ouvert $\mathcal{U}' \subset Z \times T^*Y$

<u>Interprétation</u> : ρ_* $(\check{\mathcal{M}})$ pourra être considéré comme une "famille analytique, paramétrée par Z , de systèmes microdifférentiels sur Y " , et intuitivement l'opération de restriction à $Y = Y \times \{0\}$ du système $\check{\mathcal{M}}$ correspondra tout simplement à " faire $z = 0$ dans la famille $\rho_*(\check{\mathcal{M}})$ " , comme nous allons l'expliquer plus loin (n° 5.3.3) .

5.3.2 . <u>Définition du faisceau</u> $\check{\mathcal{E}}_{X/Z}$, <u>et sa relation avec les autres faisceaux</u> .

Soit $\check{\mathcal{E}}'_X \subset \check{\mathcal{E}}_X$ le sous-faisceau d'anneaux formé par les opérateurs microdifférentiels qui commutent avec toutes les fonctions constantes le le long des fibres de la projection $X \to Z$: dans des coordonnées locales $(y_1, \ldots , y_p , z_1, \ldots, z_q)$ de X adaptées à cette projection , $\check{\mathcal{E}}'_X$ consiste en les opérateurs microdifférentiels dont le symbole total ne dépend pas de $\zeta_1, \ldots, \zeta_q$; c'est donc un faisceau constant le long des fibres de la projection ρ , et nous définissons $\check{\mathcal{E}}_{X/Z}$ comme le faisceau qu'il induit sur la base de cette projection .

Le carré cartésien d'espaces (5.3.0) est ainsi porteur d'un carré cartésien de Modules

$$\begin{array}{ccc} \check{\mathcal{E}}_{Y \to X,\lambda} & \hookleftarrow & \check{\mathcal{E}}_{Y,\bar{\lambda}} \\ \uparrow & & \uparrow \\ \check{\mathcal{E}}_{X,\lambda} & \hookleftarrow & \check{\mathcal{E}}_{X/Z,\bar{\lambda}} \end{array}$$

où λ désigne un covecteur dans $T^*X|_Y \subset T^*X$, et $\bar{\lambda}$ sa restriction à $T^*Y \subset Z \times T^*Y$; l'inclusion d'anneaux inférieure résulte de la définition du sous-anneau $\check{\mathcal{E}}_{X/Z,\bar{\lambda}} = \check{\mathcal{E}}'_{X,\lambda}$ et l'inclusion supérieure s'en déduit en passant au quotient par l'action à gauche des opérateurs $z_1, z_2, \ldots, z_q$ [cf. 4.7.2 i)] : ces opérateurs commutent avec les y_i, D_{y_i}, de sorte qu'on obtient ainsi une inclusion de $\check{\mathcal{E}}_{Y,\lambda}$-modules à gauche .

5.3.3 . <u>La Proposition 5.3.1 implique le Théorème 5.1</u>

Pour tout $\bar{\lambda} \in T^*Y$ on a, en désignant par $V_{\bar{\lambda}}$ la collection (<u>finie</u>) des covecteurs $\lambda \in V$ ayant $\bar{\lambda}$ comme restriction :

$$\check{\mathcal{N}}_{\bar{\lambda}} = \bigoplus_{\lambda \in V_{\bar{\lambda}}} (\check{\mathcal{E}}_{Y \to X,\lambda} \otimes \check{\mathcal{M}}_{\lambda}) = \bigoplus_{\lambda \in V_{\bar{\lambda}}} \check{\mathcal{M}}_{\lambda} / \sum_{j=1}^{q} z_j \check{\mathcal{M}}_{\lambda}$$

$$= \Big(\bigoplus_{\lambda \in V_{\bar{\lambda}}} \check{\mathcal{M}}_{\lambda}\Big) \Big/ \Big(\bigoplus_{\lambda \in V_{\bar{\lambda}}} \sum_{j=1}^{q} z_j \check{\mathcal{M}}_{\lambda}\Big) = (\rho_*\check{\mathcal{M}})_{\bar{\lambda}} \Big/ \sum_{j=1}^{q} z_j (\rho_*\check{\mathcal{M}})_{\bar{\lambda}}$$

Autrement dit ,

$$\check{\mathcal{N}} = \Big[\rho_* \check{\mathcal{M}} \Big/ \sum_{j=1}^{q} z_j (\rho_* \check{\mathcal{M}})\Big] \Big| T^*Y \quad .$$

La cohérence de $\rho_* \check{\mathcal{M}}$ comme $\check{\mathcal{E}}_{X/Z}$-Module implique donc la cohérence de $\check{\mathcal{N}}$ comme Module sur l'Anneau $\check{\mathcal{E}}_Y = (\check{\mathcal{E}}_{X/Z} / \sum_{j=1}^{q} z_j \check{\mathcal{E}}_{X/Z}) \mid T^*Y$.

5.3.4 . <u>Preuve de la Proposition 5.3.1</u> .

Au voisinage de la section nulle, la Proposition 5.3.1 se démontre par un argument analogue à celui de la 1ère Partie, n° 12.4. ; s'agissant de systèmes <u>différentiels</u> , un morphisme non caractéristique transforme une bonne filtration en une bonne filtration, or l'existence locale d'une bonne filtration équivaut à la cohérence .

Plaçons nous maintenant en dehors de la section nulle, et remplaçons les fibrés cotangents par leurs fibrés projectifs associés P^*X et $Z \times P^*Y$: ce sont des variétés analytiques dont les faisceaux structuraux s'identifient aux algèbres de microsymboles d'ordre 0 , ${}_X\mathcal{O}_{(o)} = \sigma_o(\mathcal{E}_X^{(o)})$ et ${}_{\mathcal{E}_{X/Z}}\mathcal{O}_{(o)} = \sigma_o(\rho_{X/Z}^{(o)})$. En munissant $\mathcal{M}$ d'une bonne filtration on définit un ${}_X\mathcal{O}_{(o)}$-Module cohérent $\sigma_o(\mathcal{M}^{(o)})$, dont le support V est par hypothèse fini et propre au dessus de l'ouvert $\mathcal{U}'$ (pour la projection ρ) ; il en résulte d'après le théorème de préparation de Weierstrass que $\rho_*(\sigma_o(\mathcal{M}^{(o)}))$ est un ${}_{X/Z}\mathcal{O}_{(o)}$-Module cohérent dans l'ouvert $\mathcal{U}'$.

En particulier ,

i) $\rho_*(\sigma_o(\mathcal{M}^{(o)}))$ <u>est un</u> ${}_{X/Z}\mathcal{O}_{(o)}$- <u>Module localement de type fini dans l'ouvert</u> $\mathcal{U}'$,

et cette propriété implique que

$\rho_*(\mathcal{M}^{(o)})$ <u>est un</u> $\mathcal{E}_{X/Z}^{(o)}$ - <u>Module localement de type fini dans l'ouvert</u> $\mathcal{U}'$:

il suffit pour le voir d'appliquer le Théorème de finitude 3.1 ii) à une collection $\mu_1, \ldots, \mu_m$ de sections de $\mathcal{M}^{(o)}$ dans $\rho^{-1}(\mathcal{U}')$, dont les symboles $\sigma_o(\mu_1), \ldots, \sigma_o(\mu_m)$ engendrent $\sigma_o(\mathcal{M}^{(o)})$ sur ${}_{X/Z}\mathcal{O}_{(o)}$ (comme le résultat à démontrer est de nature locale, on peut toujours supposer $\mathcal{U}'$ assez petit pour que de telles sections existent – n'oublions pas que $\mathcal{M}^{(o)}$ est à support fini au-dessus de $\mathcal{U}'$!) .

Supposons maintenant qu'au lieu de i) on ait la propriété plus forte :

ii) $\rho_* (\sigma_o(\mathcal{M}^{(o)}))$ <u>est un</u> ${}_{X/Z}\mathcal{O}_{(o)}$-<u>Module localement libre de type fini dans l'ouvert</u> $\mathcal{U}'$;

cette propriété implique que

$\rho_* (\mathcal{M}^{(o)})$ <u>est un</u> $\mathcal{E}^{(o)}_{X/Z}$ - <u>Module localement libre de type fini dans l'ouvert</u> $\mathcal{U}'$,

(toujours d'après le théorème de finitude 3.1) .

La Proposition 5.3.1 est donc vraie pour tout $\mathcal{E}_X$-Module cohérent $\mathcal{M}$ vérifiant la propriété ii) (pour une filtration convenable) . Montrons qu'elle est vraie aussi pour tout $\mathcal{E}_X$-Module cohérent $\mathcal{M}$ <u>quotient d'un</u> $\mathcal{E}_X$-<u>Module cohérent</u> $\mathcal{L}$ <u>vérifiant la propriété ii)</u> :
On a une suite exacte courte de $\mathcal{E}_X$-Modules

$$0 \longrightarrow \mathcal{K} \longrightarrow \mathcal{L} \longrightarrow \mathcal{M} \longrightarrow 0$$

dont le noyau est cohérent (puisque $\mathcal{L}$ et $\mathcal{M}$ le sont par hypothèse) et vérifie la condition de finitude i) (puisque son support est un sous ensemble fermé de celui de $\mathcal{L}$) ; en appliquant à cette suite la foncteur ρ_* (exact sur la catégorie des Modules à support fini et propre) on obtient une suite exacte courte de $\mathcal{E}_{X/Z}$ - Modules

$$0 \longrightarrow \rho_*(\mathcal{K}) \longrightarrow \rho_*(\mathcal{L}) \longrightarrow \rho_*(\mathcal{M}) \longrightarrow 0 \quad ,$$

dont le terme central est localement libre de type fini d'après ii) , tandis que le terme de gauche est de type fini d'après i) . Le terme de droite est donc bien de présentation finie, <u>donc cohérent car</u> $\mathcal{E}_{X/Z}$ est <u>cohérent</u> (la cohérence de $\mathcal{E}_{X/Z}$ se démontre comme celle de $\mathcal{E}_X$) .

La Proposition 5.3.1 sera donc démontrée dans tous les cas quand nous aurons démontré le lemme suivant :

LEMME 5.3.5 . Soit $\mathcal{M}$ un $\mathcal{E}_X$-Module de présentation finie dans l'ouvert $\rho^{-1}(\mathcal{U}')$, à support fini au dessus de $\mathcal{U}'$. Alors, si $\mathcal{U}'$ est assez petit , $\mathcal{M}$ est quotient d'un $\mathcal{E}_X$-Module $\mathcal{L}$, de présentation finie dans $\rho^{-1}(\mathcal{U}')$ et vérifiant ii) .

Preuve .

Si $\mathcal{M} = \mathcal{E}_X u_1 + \dots + \mathcal{E}_X u_m$ vérifie l'hypothèse non caractéristique il en est de même de chacun de ses sous-modules (cohérents) $\mathcal{E}_X u_i$. On est donc ramené à démontrer le lemme pour un $\mathcal{E}_X$-Module monogène $\mathcal{M} = \mathcal{E}_X u \approx \mathcal{E}_X / \mathfrak{I}$.

Dans ce cas l'hypothèse de finitude du support au voisinage du point $(y = 0 , z = 0 ; \eta_1 = 1 , \eta' = 0 , \zeta = 0)$ signifie que l'idéal $\sigma_0(\mathfrak{I}) \subset {}_X\mathcal{O}_{(0)}$ contient pour chaque $j = 1,2,\dots,q$ un élément $p_j(y,z ; \frac{\eta'}{\eta_1} , \zeta)$ tel que $p_j(0, 0 ; 0 , \zeta) = (\zeta_j / \eta_1)^{\nu_j}$ (théorème des zéros de Hilbert) . On pose alors $\mathcal{L} = \mathcal{E}_X / \sum_{j=1}^{q} \mathcal{E}_X P_j$, où P_j est un élément de $\mathfrak{I}$ de symbole p_j . Comme $(p_1, p_2, \dots, p_q)$ est une suite régulière , un calcul élémentaire montre que l'idéal des symboles de $\sum_{j=1}^{q} \mathcal{E}_X P_j$ coïncide avec l'idéal engendré par cette suite, de sorte que $\sigma_0(\mathcal{L}) = {}_X\mathcal{O}_{(0)} / (p_1, p_2, \dots , p_q)$ est l'anneau structural d'un germe d'intersection complète . Comme ρ projette ce germe de façon finie sur un espace lisse de même dimension, l'image directe $\rho_* (\sigma_0(\mathcal{L}))$ est localement libre d'après un théorème bien connu de géométrie analytique .

6 . GAUSS-MANIN MICROLOCAL

6.0 Soit $F : X \longrightarrow Y$ une application analytique de variétés. On se propose dans ce paragraphe d'étudier le système microdifférentiel défini en dehors de la section nulle de T^*Y par l'image directe du système de De Rham $\mathcal{O}_X$, en supposant F non caractéristique pour $\mathcal{O}_X$ en dehors de cette section nulle.

Pour expliciter l'hypothèse non caractéristique, considérons le diagramme déduit de 12.4.0 (1ère Partie) en remplaçant T^*Y par ${}'T^*Y = T^*Y - T^*_Y Y$ (complémentaire de la section nulle) :

$$T^*X \xleftarrow{\ {}'T^*F\ } X \underset{Y}{\times} {}'T^*Y \xrightarrow{\ {}'\widetilde{F}\ } {}'T^*Y$$

Le système de De Rham $\mathcal{O}_X$ a pour variété caractéristique la section nulle $T^*_X X$, dont l'image réciproque par T^*F sera notée

$$\operatorname{Ker} {}'T^*F = \{(x,\underline{\eta}) \in X \underset{Y}{\times} {}'T^*Y \mid ({}'T^*_x F)(\underline{\eta}) = 0\}$$

L'hypothèse non caractéristique s'énonce ainsi :

(N.C.) La restriction à $\operatorname{Ker} {}'T^*F$ de ${}'\widetilde{F}$ est un morphisme fini.

Remarquons qu'on a un diagramme commutatif

$$\begin{array}{ccccc}
\operatorname{Ker} {}'T^*F & \subset & X \underset{Y}{\times} {}'T^*Y & \xrightarrow{\ {}'\widetilde{F}\ } & {}'T^*Y \\
\downarrow & & \downarrow & & \downarrow \\
\Sigma & \subset & X & \xrightarrow{\ F\ } & Y
\end{array}$$

où Σ désigne l'ensemble critique de F (ensemble des points où l'application cotangente n'est pas injective) .

Comme le carré de droite est cartésien, la condition (N.C) sera donc réalisée en particulier si F est " de type singulier fini " , c.à.d. si

(T.S.F) $F \mid \Sigma$ <u>est un morphisme fini</u> .

Mais (N.C) est une condition beaucoup plus faible que (T.S.F) , car $\mathrm{Ker}\,{}'T^*F$ est en général plus petit que l'image réciproque de Σ (sa fibre au-dessus d'un point $x \in \Sigma$ est le noyau de $T^*_x F$) .

Sous l'hypothèse (N.C) , le système de De Rham $\mathcal{O}_X$ a pour " image directe microlocale en dehors de la section nulle " un $\check{\mathcal{E}}_Y \mid {}'T^*Y$ - Module cohérent

$$(6.0.0) \qquad {}'\check{\int_F} \mathcal{O}_X = \widetilde{F}_*({}'\check{\mathcal{E}}_{Y \leftarrow X} \underset{\check{\pi}^{-1}(\mathcal{D}_X)}{\otimes} \check{\pi}^{-1}(\mathcal{O}_X))$$

où ${}'\check{\mathcal{E}}_{Y \leftarrow X}$ désigne la restriction de $\check{\mathcal{E}}_{Y \leftarrow X}$ à $X \underset{Y}{\times} {}'T^*Y$, tandis que $\check{\pi}$ désigne la projection de ce dernier espace sur X .

Le $\mathcal{E}_Y$-Module cohérent associé à ${}'\check{\int_F} \mathcal{O}_X$ sera noté ${}'\int_F \mathcal{O}_X$, et appelé <u>système de Gauss - Manin microlocal de F</u> .

On remarquera que d'après l'hypothèse (N.C) le foncteur ${}'\widetilde{F}_*$ de la formule (6.0.0) est une " image directe à fibres finies " , donc une opération essentiellement triviale sur les faisceaux. Il nous arrivera parfois d'oublier cette opération, et d'appeler " système de Gauss - Manin microlocal de F au point $(x,\underline{\eta}) \in X \underset{Y}{\times} {}'T^*Y$ " le $\mathcal{E}_{Y,\underline{\eta}}$-Module défini par

$$(6.0.1) \qquad ({}'\check{\int_F} \mathcal{O}_X)_{x,\underline{\eta}} = {}'\check{\mathcal{E}}_{Y \leftarrow X,(x,\underline{\eta})} \underset{\mathcal{D}_{X,x}}{\otimes} \mathcal{O}_{X,x}$$

La fibre du faisceau (6.0.0) au point $\underline{\eta} \in {}'T^*Y$ s'en déduit par la formule

$$(\check{\int}' \mathcal{O}_X)_\eta = \bigoplus_x (\check{\int}'_F \mathcal{O}_X)_{x,\underline{\eta}}$$

où la somme directe est indexée par tous les x (en nombre fini) tels que $\underline{\eta} \in \mathrm{Ker}\, {}'T^*_x F$.

<u>Remarque</u> . D'après le n° 4.7.1 on peut encore récrire la formule (6.0.1) comme suit :

$$(6.0.2) \qquad (\int' \mathcal{O}_X)_{x,\underline{\eta}} = \mathcal{E}_{Y,\underline{\eta}} \underset{\mathcal{D}_{Y,y}}{\otimes} \left[\mathcal{D}_{Y \leftarrow X,x} \underset{\mathcal{D}_{X,x}}{\otimes} \mathcal{O}_{X,x}\right]$$

(où $y = F(x)$) .

Bien que le terme ente crochets soit un individu géométriquement peu recommandable (sauf sous des hypothèses de finitude telle que 14.1 (1ère Partie), beaucoup plus fortes que notre hypothèse (N.C.) , la formule (6.0.2) est néanmoins utile pour les calculs . Par exemple on en tire les formules suivantes :

$$(6.0.3) \qquad (\int'_F \mathcal{O}_X)_{x,\underline{\eta}} = \mathcal{E}_{Y \leftarrow X,(x,\underline{\eta})} / \sum_{i=1}^{n} \mathcal{E}_{Y \leftarrow X,(x,\underline{\eta})} D_{x_i}$$

et

$$(6.0.4) \qquad (\int'_F \mathcal{O}_X)_{x,\underline{\eta}} = H^n(DR_{X\times Y/Y}(\check{\mathcal{E}}_{[F],(x,\underline{\eta})})) \qquad ,$$

conséquences respectives des formules 13.6 et 14.3.3 (1ère Partie) ; le complexe de De Rham relatif de $\check{\mathcal{E}}_{[F],(x,\underline{\eta})}$ est déduit de celui de $\mathcal{D}_{[F],x}$ par action du foncteur de microlocalisation $\mathcal{E}_{Y,\underline{\eta}} \underset{\mathcal{D}_{Y,y}}{\otimes}$;

comme ce foncteur est exact, la cohomologie du complexe de De Rham " microlocalisé " se déduit de celle du complexe de De Rham " ordinaire " par action du foncteur de microlocalisation (en fait seule l'exactitude à droite intervient ppour démontrer la formule (6.0.4) , qui concerne la cohomologie en degré maximum) .

6.1 . Système de Gauss-Manin microlocal d'un germe de fonction à point critique isolé .

Dans le cas d'une fonction $f : (x_1, x_2, \ldots, x_n) \mapsto z \in \mathbb{C}$ la condition (N.C.) équivaut à (T.S.F). , qui veut dire que l'ensemble critique est discret et propre (au dessus du but) . Le système de Gauss-Manin microlocal de f a alors son support dans l'ensemble (discret dans $P^*\mathbb{C}$) des directions conormales aux valeurs critiques .

Supposons que $z = 0$ soit une telle valeur critique, provenant du point critique (isolé) $x = 0$. Alors le système de Gauss-Manin microlocal de f au point

$$(x = 0 \; ; \; z = 0 \; , \; \xi = 1) \in X \underset{\mathbb{C}}{\times} {}'T^*\mathbb{C}$$

ne dépend évidemment que du germe de f en 0 , et coïncide d'après (6.0.2) avec le microlocalisé $\mathcal{G}$ du germe de système différentiel G défini au n° 15.2 (1ère Partie) . Plus généralement, si l'on note

$$\mathcal{K}^\bullet = \mathcal{E}_{\mathbb{C},0} \underset{\mathcal{D}_{\mathbb{C},0}}{\otimes} K^\bullet$$

le microlocalisé du complexe $K^\bullet$ défini au n° 15.2 , la cohomologie $H^p(\mathcal{K}^\bullet)$, se déduit par microlocalisation de $H^p(K^\bullet)$, étudiée au n° 15.2. Compte tenu des résultats de 15,2 , on en tire la

PROPOSITION :

i) $H^p(\mathcal{K}^\bullet) = 0$ si $p \neq n$, tandis que $\mathcal{G} = H^n(\mathcal{K}^\bullet)$ est un système différentiel à singularité régulière, égal à son microlocalisé (cf. 11.8.2 , 1ère Partie) .

ii) Si l'on munit $\mathcal{G}$ de la filtration induite par celle de $\mathcal{K}^n$, on a $\mathcal{G}^{(o)} / \mathcal{G}^{(-1)} \approx \mathbb{C}^\mu$ (où μ est le nombre de Milnor de f) ; par conséquent $\mathcal{G}^{(o)}$ est libre de rang μ sur l'anneau $\mathbb{C}\{\{D_z^{-1}\}\}$ des opérateurs microdifférentiels d'ordre 0 à coefficients constants.

Commentaires .

Pour $n = 0$, $\mathcal{G}$ coïncide avec le " système de Gauss-Manin réduit " déjà noté $\mathcal{G}$ au n° 15.2.4 (1ère Partie), tandis que pour $n \neq 0$ $\mathcal{G} = G$. $\mathcal{G}$ n'est donc pas un nouvel objet, mais il est muni d'une nouvelle structure, celle de système microdifférentiel. En tant que système microdifférentiel il est défini directement à partir du germe de f (à point critique isolé) , sans qu'il soit besoin de justifier cette définition par un passage à la limite inductive sur des " boules de Milnor " tendant vers 0 , comme c'était le cas pour G .

Notons que dans ⌈P⌉ Proposition 2.5, la structure de $\mathbb{C}\{\{D_z^{-1}\}\}$ - Module libre de $\mathcal{G}^{(o)}$ est exhibée directement sur la définition de $G^{(o)}$, par des majorations tout à fait analogues à celles de 3.2 .

6.2 . Déformations de l'exemple précédent .

Soit $f_o \in \mathbb{C}\{x_1, \ldots, x_n\}$ un germe de fonction à point critique isolé, avec $f_o(0) = 0$, et soit f un germe de déformation à p paramètres de f_o :

$$f \in \mathbb{C}\{x_1, \ldots, x_n , y_1, \ldots, y_p\} , \; f(x,0) = f_o(x) .$$

Soit F le " déploiement " de f_o défini par la déformation f :

$$(*) \qquad \begin{array}{rcl} F : \underline{X} = \mathbb{C}^n \times \mathbb{C}^p & \longrightarrow & \underline{Y} = \mathbb{C} \times \mathbb{C}^p \\ x , y & \longmapsto & z = f(x,y) , y \end{array}$$

Comme F vérifie la condition (T.S.F) de 6.0 , on peut définir dans $'T^*\underline{Y}$ son système de Gauss-Manin microlocal , dont le support sera contenu dans l'ensemble $\check{\Lambda} = '\tilde{F}(\mathrm{Ker}\,'T^*F)$.

On a un carré cartésien

$$\begin{array}{ccc} \mathrm{Ker}\,'T^*F & \xrightarrow{\ '\tilde{F}\ } & \check{\Lambda} \\ \downarrow & & \downarrow \\ \Sigma & \xrightarrow{\ F\ } & \Delta \end{array}$$

où $\Delta = F(\Sigma)$ désigne le " lieu discriminant " de F , image de l'ensemble critique Σ . L'ensemble $\mathrm{Ker}\,'T^*F$ est un fibré en droites (épointées) sur Σ , dont la fibre en un point $(x,y) \in \Sigma \subset \mathbb{C}^n \times \mathbb{C}^p$ est le noyau de l'application cotangente

$$\mathrm{Ker}\, T^*_{(x,y)}(F) = \mathbb{C}^*(dz - \sum_{j=1}^{p} f'_{y_j}\, dy_j) \quad .$$

La fibre de la projection $\check{\Lambda} \longrightarrow \Delta$ consiste donc en une union finie de droites épointées, en nombre au plus égal au nombre de points de Σ au-dessus de Δ . On remarquera que cette fibre ne contient jamais de covecteur non nul conormal à l'axe des z , de sorte que $\check{\Lambda}$ est non caractéristique pour la restriction à l'axe des z .

PROPOSITION :

6.2.1 . L'image réciproque $\mathcal{G}_o$ de $\mathcal{G}$ par l'immersion non caractéristique

$$\begin{array}{rcl} \mathbb{C} & \longrightarrow & \mathbb{C} \times \mathbb{C}^p \\ z & \longmapsto & (z,0) \end{array}$$

coïncide avec le système de Gauss-Manin microlocal du germe de fonction f_o .

6.2.2 . Soit $\varpi : T^*(\mathbb{C} \times \mathbb{C}^p) \longrightarrow \mathbb{C}^p$ la projection canonique . Alors $\varpi_*(\mathscr{G})$ est <u>libre sur l'Anneau</u> $\mathcal{O}_{\mathbb{C}^p}\{\{D_z^{-1}\}\}[D_z]$ <u>des</u> " <u>familles paramétrées par</u> y <u>d'opérateurs microdifférentiels à coefficients constants</u> " . Son rang sur cet Anneau est le nombre μ de Milnor du germe de fonction f_o .

<u>Preuve de 6.2.1</u> . L'idée consiste à considérer tous les objets comme des " familles paramétrées par y " : on pose

$$T^*\underline{X}_{rel} = (T^*\mathbb{C}^n) \times \mathbb{C}^p \quad , \quad {}'T^*\underline{Y}_{rel} = ({}'T^*\mathbb{C}) \times \mathbb{C}^p \quad ,$$

et on considère le diagramme

$$\begin{array}{ccccc}
T^*\underline{X} & \xrightarrow{\;'T^*F\;} & \underline{X} \underset{\underline{Y}}{\times} {}'T^*\underline{Y} & \xrightarrow{\;'\tilde{F}\;} & {}'T^*\underline{Y} \\
\downarrow \rho & & \downarrow \rho & & \downarrow \rho \\
T^*\underline{X}_{rel} & \xrightarrow{\;'T^*F_{rel}\;} & \underline{X} \underset{\underline{Y}}{\times} {}'T^*\underline{Y}_{rel} & \xrightarrow{\;'\tilde{F}_{rel}\;} & {}'T^*\underline{Y}_{rel} \\
\cup\uparrow & & \cup\uparrow & & \cup\uparrow \\
T^*\mathbb{C}^n & \xleftarrow{\;'T^*f_o\;} & \mathbb{C}^n \underset{\mathbb{C}}{\times} {}'T^*\mathbb{C} & \xrightarrow{\;'\tilde{f}_o\;} & {}'T^*\mathbb{C}
\end{array}$$

où les flèches verticales ρ sont les " restrictions des covecteurs aux fibres de la projection $\underline{Y} \longrightarrow \mathbb{C}^p$ " , tandis que les inclusions verticales sont les flèches de " changement de base $\{0\} \hookrightarrow \mathbb{C}^p$ " . D'après 5.3.1 , $\rho_*(\mathscr{G})$ est un $\mathcal{E}_{\underline{Y}/\mathbb{C}^p}$ - Module cohérent, dont $\mathscr{G}_o$ se déduit par la formule

$$\mathscr{G}_o = [\, \rho_*(\mathscr{G}) \,/\, \sum_{j=1}^{p} y_j\, \rho_*(\mathscr{G})]\, |_{y=0}$$

Les mêmes opérations appliquées au faisceau

$$\mathcal{F} = {}'\check{\mathcal{E}}_{\underline{Y}\leftarrow\underline{X}} \underset{\pi^{-1}(\mathcal{D}_{\underline{X}})}{\otimes} \check{\pi}^{-1}(\mathcal{O}_{\underline{X}}) = {}'\check{\mathcal{E}}_{\underline{Y}\leftarrow\underline{X}} \Big/ \Big(\sum_{i=1}^{n} {}'\check{\mathcal{E}}_{\underline{Y}\leftarrow\underline{X}} D_{x_i} + \sum_{j=1}^{p} {}'\check{\mathcal{E}}_{\underline{Y}\leftarrow\underline{X}} D_{y_j} \Big)$$

conduisent à un faisceau $\mathcal{F}_0$ qui s'insère dans le diagramme commutatif de foncteurs :

$$\begin{array}{ccc} \mathcal{F} & \xrightarrow{\;{}'\tilde{F}_*\;} & \mathcal{G} \\ \rho_* \downarrow & & \downarrow \rho_* \\ \mathcal{F} & \xrightarrow{\;{}'\tilde{F}_{rel*}\;} & \rho_*(\mathcal{G}) \\ \downarrow & & \downarrow \\ \mathcal{F}_0 = (\mathcal{F}/\sum_j y_j \mathcal{F})|_{y=0} & \xrightarrow{\;{}'\tilde{F}_{0*}\;} & \mathcal{G}_0 \end{array}$$

où nous avons pu identifier $\mathcal{F}$ à $\rho_*(\mathcal{F})$ grâce au fait que son support $\mathrm{Ker}\,{}'T^*F$ est isomorphe à $\mathrm{Ker}\,{}'T^*F_{rel}$ par la projection ρ .

Pour démontrer 6.2.1 il suffit donc de démontrer que

$$\mathcal{F}_0 = {}'\check{\mathcal{E}}_{\mathbb{C}\leftarrow\mathbb{C}^n} \underset{\check{\pi}^{-1}(\mathcal{D}_{\mathbb{C}^n})}{\otimes} \check{\pi}^{-1}(\mathcal{O}_{\mathbb{C}^n}) \;\Big(= {}'\check{\mathcal{E}}_{\mathbb{C}\leftarrow\mathbb{C}^n} \Big/ \sum_{i=1}^{n} {}'\mathcal{E}_{\mathbb{C}\leftarrow\mathbb{C}^n} D_{x_i} \Big)$$

ce qui, compte tenu du théorème de finitude de Boutet est une conséquence immédiate du lemme suivant

<u>LEMME 6.2.3</u> : Munissons $\mathcal{F}$ de la filtration canonique

$$\mathcal{F}^{(0)} = {}'\check{\mathcal{E}}^{(0)}_{\underline{Y}\leftarrow\underline{X}} \Big/ \Big(\sum_i {}'\check{\mathcal{E}}^{(-1)}_{\underline{Y}\leftarrow\underline{X}} D_{x_i} + \sum_j {}'\check{\mathcal{E}}^{(-1)}_{\underline{Y}\leftarrow\underline{X}} D_{y_j} \Big) \quad ;$$

alors son symbole au voisinage de la codirection $(\zeta = 1,\ \eta_1 = \ldots = \eta_p = 0)$ est donné par la présentation

$$\mathcal{F}^{(0)}/\mathcal{F}^{(-1)} = \mathcal{O}_{[F]}\left\{\frac{\eta_1}{\zeta}, \ldots, \frac{\eta_p}{\zeta}\right\} \Big/ \Big(\partial_{x_i} f\,,\ \frac{\eta_j}{\zeta} + \partial_{y_j} f\Big) \approx \mathcal{O}_{[F]}/(\partial_{x_i} f),$$

où $\mathcal{O}_{[F]} \approx \mathcal{O}_{\mathbb{C}^n \times \mathbb{C}^p}$ est le faisceau structural du graphe de F .

EXERCICE : Démontrer ce lemme .

Preuve de 6.2.2 .

D'après le lemme 6.2.3 , $\mathcal{F}^{(o)}/\mathcal{F}^{(-1)}$ est le faisceau structural d'une intersection complète de dimension p , à support fini et propre au dessus de $\mathbb{C}^p$ (par la projection $\varpi_o{}'\tilde{F}$) . Il en résulte que $\varpi_*{}'\tilde{F}_*(\mathcal{F}^{(o)} / \mathcal{F}^{(-1)})$ est libre sur $\mathcal{O}_{\mathbb{C}^p}$, de rang égal à la longueur μ de la fibre (on utilise ici le résultat classique de géométrie analytique déjà utilisé dans la démonstration du lemme 5.3.5) . Grâce au théorème de finitude de Boutet on en déduit que $\varpi_*{}'\tilde{F}_*(\mathcal{F}^{(o)})$ (qui n'est autre que $\varpi_*(\mathcal{G}^{(o)})$) est libre de rang μ sur $\mathcal{O}_{\mathbb{C}^p}\{\{D_z^{-1}\}\}$, ce qui démontre 6.2.2 .

COROLLAIRE DE 6.2.3 : Le système de Gauss-Manin $\mathcal{G}$ a pour support $\check{\Lambda}$.

A priori, on savait seulement que le support de $\mathcal{G}$ est inclus dans la variété holonome $\check{\Lambda}$, donc est une union de composantes irréductibles de $\check{\Lambda}$. Mais le lemme 6.2.3 implique que $\mathcal{G}^{(o)}/\mathcal{G}^{(-1)}$ a exactement $\check{\Lambda}$ pour support, et il en est donc de même de $\mathcal{G}$ d'après 4.2.1 .

6.3 . Système de Gauss-Manin d'un germe d'application non dégénérée .

Soient $\underline{X}$ et $\underline{Y}$ deux variétés de dimensions respectives $\underline{n} \geq \underline{p}$.

6.3.0 . DEFINITION : Une application analytique $F : \underline{X} \longrightarrow \underline{Y}$ est dite " non dégénérée " si son ensemble critique Σ , muni de sa structure naturelle d'espace analytique, est lisse et réduit de dimension $\underline{p} - 1$.

Par " structure naturelle d'espace analytique " nous entendons celle définie par l'idéal jacobien (idéal engendré par les mineurs d'ordre $\underline{p}$

de l'application tangente) . La condition de " non dégénérescence " n'est donc pas une simple condition " ensembliste " sur Σ . Mais on peut la traduire en termes plus géométriques grâce aux idées de Thom sur les singularités d'applications .

A l'application F est associée canoniquement l'application

$$j_F : \quad \underline{X} \longrightarrow J(\underline{X}, \underline{Y})$$

$$\underline{x} \longmapsto T^*_{\underline{x}} F$$

section sur $\underline{X}$ du fibré vectoriel

$$J(\underline{X}, \underline{Y}) = \mathrm{Hom}_{\underline{X}}(\underline{X} \underset{\underline{Y}}{\times} T^*\underline{Y} , T^*\underline{X})$$

(dual du fibré des jets d'ordre 1 de $\underline{X}$ dans $\underline{Y}$) .

L'ensemble critique Σ peut être considéré comme l'image réciproque $\Sigma = j_F^{-1}(S)$ du sous-fibré $S \subset J(\underline{X}, \underline{Y})$ constitué par les (co)-jets de rang $< \underline{p}$, et la structure d'espace analytique de Σ est celle induite par image réciproque de celle de S . Rappelons (Thom , 1956) que S <u>est un ensemble analytique réduit de co dimension pure</u> $\underline{n} - \underline{p} + 1$, <u>dont la partie lisse n'est autre que l'ensemble</u> S^1 <u>des (co)-jets de rang</u> $\underline{p} - 1$ (en fait S admet une stratification $S = S^1 \cup S^2 \cup \dots$, où S^r , ensemble des (co)-jets de rang $\underline{p} - r$, est lisse de codimension $r(\underline{n} - \underline{p} + r)$, et adhérent aux $S^{r'}$ pour $r' < r$) .

Par conséquent :

F <u>est non dégénérée si et seulement si</u> j_F <u>est transverse à</u> S^1 <u>et ne rencontre pas les</u> $S^r (r > 1)$.

On retiendra de la discussion qui précède qu'une application non dégénérée est toujours <u>de corang</u> 1 , c.à.d. qu'en tout point critique le noyau de l'application cotangente est à une dimension .

6.3.1 REMARQUE :

i) Un germe d'application est de <u>corang 1</u> si et seulement si on peut l'écrire dans des coordonnées locales convenables sous la forme

$$(*)\qquad F : \underset{x}{\mathbb{C}^n} \times \underset{y}{\mathbb{C}^p} \longrightarrow \underset{z\,=\,f(x,y)}{\mathbb{C}} \times \underset{y'=\,y}{\mathbb{C}^p} \qquad (\underline{n} = n+p \ , \ \underline{p} = p+1)$$

où f est un germe de fonction nulle à l'origine , telle que

$f'_x(o) = f'_y(o) = 0$.

ii) Un germe de la forme (*) est <u>non dégénéré</u> si et seulement si la matrice

	n	p
n	$\dfrac{\partial^2 f}{\partial x^2}(0)$	$\dfrac{\partial^2 f}{\partial x\,\partial y}(0)$

est de rang n .

La forme (*) pour un germe de corang 1 se déduit immédiatement du théorème des fonctions implicites : il suffit de choisir la coordonnée z de façon que $dz \in \operatorname{Ker} T_o^* F$, de la compléter au but par des coordonnées $y'_1, \ldots, y'_p$, puis de définir à la source les coordonnées $y_1, \ldots, y_p$ par $y_j = y'_j \circ F$ et de les compléter par $x_1, \ldots, x_n$. Ceci démontre i) .

L'affirmation ii) est évidente .

6.3.2 LEMME : Pour un germe d'application F de corang 1 , les propriétés suivantes sont équivalentes :

i) F est non dégénérée ;

ii) ${}^{\prime}T^{*}F$ est transverse à la section nulle $\underline{X} \hookrightarrow T^{*}\underline{X}$;

iii) l'ensemble $\operatorname{Ker} {}^{\prime}T^{*}F = ({}^{\prime}T^{*}F)^{-1}(\underline{X})$, muni de sa structure naturelle d'espace analytique (image réciproque de l'espace réduit $\underline{X} \hookrightarrow T^{*}\underline{X}$) , est <u>lisse</u> et <u>réduit</u> .

Preuve :

L'équivalence entre ii) et iii) est une conséquence standard du théorème des fonctions implicites .

Pour voir que iii) <==> i) il suffit par exemple de remarquer que dans des coordonnées locales où F s'écrit sous la forme 6.3.1 (*) l'application cotangente est donnée par

$$\begin{cases} \xi_1 = \partial_{x_1} f \cdot \zeta \\ \cdots\cdots \\ \xi_n = \partial_{x_n} f \cdot \zeta \\ \eta_1 = \eta'_1 + \partial_{y_1} f \cdot \zeta \\ \cdots\cdots \\ \eta_p = \eta'_p + \partial_{y_p} f \cdot \zeta \end{cases}$$

de sorte que la section nulle de $T^{*}\underline{X}$, définie par l'idéal $(\xi_1, \ldots, \xi_n , \eta_1, \ldots, \eta_p)$, a pour image réciproque le sous-espace analytique défini par l'idéal

$$\mathfrak{I} = (\partial_{x_1} f , \ldots, \partial_{x_n} f , \frac{\eta'_1}{\zeta} + \partial_{y_1} f , \ldots , \frac{\eta'_p}{\zeta} + \partial_{y_p} f) \ ;$$

dire que cet espace analytique est lisse et réduit, c'est dire que la matrice jacobienne des générateurs de cet idéal est de rang $n + p$, et l'on retrouve ainsi la condition 6.3.1 ii) de non dégénérescence .

6.3.3 . PROPOSITION .

Soit $F : \underline{X}, x_o \longrightarrow \underline{Y}, y_o$ un germe d'application non dégénérée (donc de corang 1) , et notons $\underline{\eta}_o \in \mathrm{Ker}\ T^*_{\underline{x}_o} F$ un générateur du noyau de l'application cotangente . Alors, dans un voisinage de $\underline{\eta}_o$, F est non caractéristique pour $\mathcal{O}_{\underline{X}}$, et son système de Gauss-Manin microlocal $\mathcal{G}$ est " à caractéristique simple " , c.à.d. que

i) son support $\check{\Lambda} \subset {}'T^*Y$ est lisse

ii) $\mathcal{G}^{(o)} / \mathcal{G}^{(-1)} \approx \mathcal{O}_\Lambda$ (faisceau structural de la sous-variété lisse $\Lambda \subset P^*Y$ définie par $\check{\Lambda}$) .

DEFINITION . Le germe de variété lisse (holonome , conique) $\check{\Lambda}_{\underline{\eta}_o}$ est appelé " variété caractéristique " du germe F .

Preuve : Munissons toujours $\mathrm{Ker}\ {}'TF^*$ de sa structure " naturelle " d'espace analytique (définie par l'idéal $\mathfrak{J}$ calculé ci-dessus) , et calculons son intersection avec la variété ${}'\tilde{F}^{-1}(\underline{\eta}_o)$: dans les coordonnées où nous avons calculé $\mathfrak{J}$, et où $\underline{\eta}_o$ est donné par

$$z = y_1 = \ldots = y_p = 0 \quad ; \quad \zeta = 1 \quad , \quad \eta'_1 = \ldots = \eta'_p = 0 \quad ,$$

cette intersection s'identifie au sous-espace de $\mathbb{C}^n$ défini par l'idéal

$$(f \ , \ \partial_{x_1} f_o \ , \ldots , \ \partial_{x_n} f_o \ , \ \partial_{y_1} f(. \ , 0) \ , \ldots \ , \ \partial_{y_p} f(. \ , 0)) \ .$$

L'hypothèse de non dégénérescence équivaut évidemment à dire que cet idéal est l'idéal maximal de $\mathbb{C}\{x_1, \ldots, x_n\}$, autrement dit l'intersection cherchée est le point réduit $(\underline{x}_o \ , \ \underline{\eta}_o)$. Ainsi, non seulement l'espace $\mathrm{Ker}\ {}'T^*F$ est réduit et lisse, mais l'application ${}'\tilde{F} \mid \mathrm{Ker}\ {}'T^*F$ est un germe d'immersion , dont l'image notée $\check{\Lambda}$ est donc bien un germe de variété lisse (au point $\underline{\eta}_o$) .

Pour voir que $\mathcal{G}^{(o)} / \mathcal{G}^{(-1)} \approx \mathcal{O}_{\Lambda}$ il suffit de remarquer que l'isomorphisme des germes de variétés $\check{\Lambda}$ et Ker ${}'T^{*}F$ permet d'identifier $\mathcal{G}$ au faisceau

$$\mathcal{F} = {}'\check{\mathcal{E}}_{\underline{Y} \leftarrow \underline{X}} / (\sum_i {}'\check{\mathcal{E}}_{\underline{Y} \leftarrow \underline{X}} D_{x_i} + \sum_j {}'\check{\mathcal{E}}_{\underline{Y} \leftarrow \underline{X}} D_{y_j})$$

dont le symbole $\mathcal{F}^{(o)} / \mathcal{F}^{(-1)}$ a déjà été calculé en 6.2.3 (le lemme 6.2.3 n'utilisait nullement l'hypothèse T.S.F , mais seulement la forme (*) de F) .

6.3.4 : <u>Exemples</u> .

<u>Tout déploiement " suffisamment général " d'un germe de fonction</u> f_o <u>est non dégénéré et définit donc un système de Gauss-Manin à caractéristique simple</u> .

La façon la plus simple d'obtenir un déploiement non dégénéré d'un germe quelconque $f_o \in \mathbb{C}\{x_1, \ldots, x_n\}$ (à point critique pas nécessairement isolé) est de considérer la déformation à n paramètres

$$f(x_1, \ldots , x_n , y_1, \ldots, y_n) = f_o(x) + \sum_{i=1}^{n} x_i y_i$$

En particulier, en " déployant la fonction nulle " de cette façon on obtient l'application

$$\begin{array}{rcl} F : \mathbb{C}^n \times \mathbb{C}^n & \longrightarrow & \mathbb{C} \times \mathbb{C}^n \\ x \quad , \quad y & & z = x.y \ , \ y \end{array}$$

dont le système de Gauss-Manin microlocal est facile à calculer explicitement : on trouve

$$\mathcal{G} = \mathcal{C}_{[o]\mathbb{C}^{n+1}}$$

avec
$$\mathcal{G}^{(o)} = \mathcal{E}^{(o)}_{\mathbb{C}^{n+1}} D_z^{(-n)} \delta(z,y_1,\ldots,y_n) ,$$

expressions valables dans l'ouvert des codirections de $T^*\mathbb{C}^{n+1}$ non conormales à l'axe des z (c'est seulement dans cet ouvert que F est non caractéristique pour $\mathcal{O}_{\mathbb{C}^n \times \mathbb{C}^n}$) .

7 . STRUCTURE DES SYSTEMES MICRODIFFERENTIELS HOLONOMES A CARACTERISTIQUE SIMPLE.

La microlocalisation permet d'étudier les singularités des systèmes différentiels dans leur habitat naturel, le fibré cotangent.

Développant une idée qui remonte à Jacobi, nous allons maintenant montrer qu'en faisant subir au fibré cotangent des transformations convenables, appelées " transformations de contact " (qui généralisent les transformations cotangentes aux transformations de la base), on peut mettre tous les systèmes à caractéristique simple sous une forme standard (nous nous limiterons pour simplifier au cas des systèmes holonomes). Nous en déduirons que microlocalement tout système holonome à caractéristique simple est isomorphe au système de Gauss-Manin d'un germe d'application non dégénérée.

7.1. Forme standard microlocale des systèmes holonomes à caractéristique simple.

PROPOSITION . Soit $S \subset X$ une hypersurface lisse donnée dans les coordonnées locales $(x_1, x_2, \ldots, x_n)$ par l'équation $x_1 = 0$. On se donne au voisinage du point $\xi_0 = (x = 0;\ \xi_1 = 1,\ \xi_2 = \ldots = \xi_n = 0)$ un réseau microdifférentiel $\mathcal{M}^{(0)}$, porté par $T_S^* X$ et à caractéristique simple, c.à.d. tel que $\mathcal{M}^{(0)}/\mathcal{M}^{(-1)} = \mathcal{O}_S$ (on identifie S à $P_S^* X$). Alors $\mathcal{M}^{(0)}$ est microlocalement isomorphe au réseau

$$\mathcal{C}^{(0)}_{[S]X(\alpha)} = \mathcal{E}^{(0)}_{X,\xi_0}\,\delta^{(\alpha)}_{(x_1)} \qquad \text{(cf. n° 4.5.)}$$

où α est un nombre complexe qui caractérise le réseau $\mathcal{M}^{(0)}$ (de sorte que α mod Z caractérise le système microdifférentiel $\mathcal{M}$ engendré par $\mathcal{M}^{(0)}$].

PREUVE .

7.1.1. L'hypothèse sur la " caractéristique simple "

($\mathcal{M}^{(0)}/\mathcal{M}^{(-1)}$ libre de rang 1 sur $\mathcal{O}_S$) équivaut d'après le théorème de finitude de Boutet à dire que $\mathcal{M}^{(0)}$ est libre de rang 1 sur l'anneau (commutatif) $\mathcal{O}_S\{\{D_{x_1}^{-1}\}\} = \mathbb{C}\{x_2, \dots, x_n\}\{\{D_{x_1}^{-1}\}\}$. Il n'est pas difficile d'en déduire que considéré comme $\mathcal{E}^{(0)}$ - module (où $\mathcal{E}^{(0)} = \mathcal{E}^{(0)}_{X,\xi_0}$) $\mathcal{M}^{(0)}$ admet une présentation par un générateur u soumis à n relations

$$(*)\quad \begin{cases} x_1 u = Au \\ D_{x_j} D_{x_1}^{-1} u = B_j u , \quad j = 2, \dots, n \end{cases}$$

où $A, B_2, \dots, B_n \in \mathcal{O}_S\{\{D_{x_1}^{-1}\}\}$.

Les opérateurs $A, B_2, \dots, B_n$ ne peuvent pas être choisis arbitrairement, mais doivent vérifier les relations suivantes :

RELATIONS TRADUISANT LA STRUCTURE DE $\mathcal{E}^{(0)}$ - MODULE :

$$(**)\quad \begin{cases} D_{x_1}^{-1} \cdot \partial_{\xi_1^{-1}} B_j - B_j = \dfrac{\partial A}{\partial x_j} & j = 2, \dots, n \\ \dfrac{\partial B_j}{\partial x_k} = \dfrac{\partial B_k}{\partial x_j} & j, k = 2, \dots, n \end{cases}$$

EXERCICE . Démontrer ces relations, conséquences respectives des relations de commutation dans $\mathcal{E}^{(0)}$:

$$[x_1, D_{x_j} D_{x_1}^{-1}] = D_{x_j} D_{x_1}^{-2} ,$$

$$[D_{x_j} D_{x_1}^{-1}, D_{x_k} D_{x_1}^{-1}] = 0 .$$

On utilisera en cours de route l'identité

$$[x_1, B] = D_{x_1}^{-2} \cdot \partial_{\xi_1^{-1}} B \quad ,$$

valable pour tout opérateur $B \in \mathcal{O}_S\{\{D_{x_1}^{-1}\}\}$, où $\partial_{\xi_1^{-1}} B$ désigne l'élément de $\mathcal{O}_S\{\{D_{x_1}^{-1}\}\}$ obtenu en dérivant formellement le microsymbole B par rapport à l'indéterminée $D_{x_1}^{-1} = \xi_1^{-1}$.

7.1.2. <u>L'hypothèse sur le support de</u> $\mathcal{M}^{(o)}$

$$SS(\mathcal{M}^{(o)}) = \{ x_1 = 0, \ \xi_2 = \dots = \xi_n = 0 \}$$

se traduit compte tenu de 4.2. par les conditions suivantes :

(***) $\quad A, B_2, \dots, B_n$ <u>sont divisibles par</u> $D_{x_1}^{-1}$.

En écrivant $B_j = D_{x_1}^{-1} B'_j$, et en reportant dans la première relation, on en déduit que $\partial_{x_j} A$ est divisible par $D_{x_1}^{-2}$: $\partial_{x_j} A = D_{x_1}^{-2} \cdot \partial_{\xi_1^{-1}} B'_j$; autrement dit A peut s'écrire

$$A = -\alpha D_{x_1}^{-1} + D_{x_1}^{-2} A'$$

où le coefficient $-\alpha$ du terme d'ordre 1 est <u>indépendant de</u> $x_2, \dots, x_n$, et $A' \in \mathcal{O}_S\{\{D_{x_1}^{-1}\}\}$.

Les relations (**) se traduisent alors par les relations suivantes sur A' , $B'_2, \dots, B'_n$:

$$(**)' \quad \begin{cases} \partial_{x_j} A' = \partial_{\xi_1^{-1}} B'_j \quad , & j = 2, \dots, n \\ \partial_{x_k} B'_j = \partial_{x_j} B'_k \quad , & j,k = 2, \dots, n \end{cases}$$

7.1.3. <u>LEMME</u> . Pour tous microsymboles $A', B'_j \in \mathbb{C}\{x_2, \dots, x_n\}\{\{\xi_1^{-1}\}\}$ vérifiant les relations (**)' , le système linéaire homogène d'équations aux dérivées partielles d'ordre 1

$$\begin{cases} \partial_{\xi_1^{-1}} P = A' P \\ \partial_{x_j} P = B'_j P \qquad (j = 2, \ldots, n) \end{cases}$$

admet une solution $P \in \mathbb{C}\{x_2, \ldots, x_n\}\{\{\xi_1^{-1}\}\}$ unique à multiplication par une constante près.

EXERCICE : Démontrer ce Lemme, qui n'est que l'analogue pour les microsymboles du résultat bien connu sur la résolution des systèmes linéaires homogènes d'équations aux dérivées partielles d'ordre 1 (cf. 1ère partie, n° 7.3.).

7.1.4. Changement de générateur dans le réseau $\mathcal{M}^{(o)}$

Soit $P \in \mathcal{O}_Y\{\{D_{x_1}^{-1}\}\}$ l'unique solution du système d'équations aux dérivées partielles 7.1.3. correspondant à la " condition initiale " $P = 1$ pour $\xi_1^{-1} = x_2 = \ldots = x_n = 0$.

Un calcul immédiat montre que si l'on remplace le générateur u de $\mathcal{M}^{(o)}$ par $v = P^{-1} u$ les relations (*) sont remplacées par

$$\begin{cases} x_1 v = -\alpha D_{x_1}^{-1} v \\ D_{x_j} D_{x_1}^{-1} v = 0 \qquad j = 2, \ldots n \end{cases}$$

de sorte que l'ancienne présentation de $\mathcal{M}^{(o)}$ devient la présentation standard de $\mathcal{C}^{(o)}_{[S]\, X(\alpha)}$, comme annoncé par la proposition.

7.2. Transformations de contact

Soient X et Y deux variétés analytiques de même dimension.

On appelle " transformation de contact " au-dessus de X et Y un isomorphisme analytique φ entre ouverts de $T^* X$ et $T^* Y$ vérifiant les deux propriétés suivantes :

i) φ est " conique " , c.a.d. que $\forall \lambda \in \mathbb{C}^*$

$$(y, \lambda\eta) = \varphi(x, \lambda\xi) \quad \text{si} \quad (y, \eta) = \varphi(x, \xi) \quad ;$$

ii) φ respecte la structure symplectique, c.a.d. qu'il met en correspondance les formes différentielles canoniques de $T^* X$ et $T^* Y$.

Il est commode de représenter une transformation de contact non par son graphe mais par son " co-graphe "

$$\Lambda = \left\{ (x, -\xi \,;\, y, \eta) \in T^*(X \times Y) \,|\, (y, \eta) = \varphi(x, \xi) \right\} \qquad :$$

c'est une sous-variété conique, et le fait que φ respecte la structure symplectique se traduit par l'isotropie (c.à.d. l'holonomie, vu la dimension) du co-graphe Λ :

$$\sum_{i=1}^{n} d\xi_i \wedge dx_i + d\eta_i \wedge dy_i \,|\, \Lambda = 0 \qquad .$$

Ainsi, la donnée d'une tranformation de contact équivaut à la donnée d'une sous-variété holonome conique de $T^*(X \times Y)$, se projetant de façon isomorphe sur des ouverts de T^*X et T^*Y par les projections que l'on notera

$$\begin{array}{ccccc} T^*X & \xleftarrow{\ \pi'_x\ } & \Lambda & \xrightarrow{\ \pi_y\ } & T^*Y \\ (x, \xi) & \longleftarrow & (x,-\xi;y,\eta) & \longmapsto & (y,\eta) \end{array} \qquad .$$

EXEMPLE 7.2.0.

Tout isomorphisme analytique F entre X et Y se relève canoniquement en un isomorphisme $T^*X \xleftarrow[\sim]{T^*F} X \underset{Y}{\times} T^*Y \approx T^*Y$ qui est le type le plus simple de transformation de contact. Le co-graphe Λ est dans ce cas le fibré conormal au graphe de F .

EXEMPLE 7.2.1.

Soient $X = \mathbb{C} \times \mathbb{C}^n \ni (x_0, x)$

$Y = \mathbb{C} \times \mathbb{C}^n \ni (y_0, y)$

et prenons pour Λ le fibré conormal à l'hypersurface

$$S = \left\{ (x_0, x; y_0, y) \in X \times Y \mid x_0 - y_0 + f(x, y) = 0 \right\}$$

où $f : \mathbb{C}^n \times \mathbb{C}^n \longrightarrow \mathbb{C}$ est une fonction telle que $\det(f''_{xy}(0)) \neq 0$. On vérifiera qu'on définit ainsi une transformation de contact entre les ouverts $(\xi_0 \neq 0)$ de T^*X et $(\eta_0 \neq 0)$ de T^*Y .

EXERCICE 7.2.2.

Expliciter la transformation de contact 7.2.1. dans le cas particulier $f(x, y) = \sum_{i=1}^{n} x_i y_i$ (" transformation de Legendre ") .

7.3. Quantification d'une transformation de contact

En plus des données 7.2., donnons nous dans $T^*(X \times Y)$ un système microdifférentiel K à caractéristique simple, porté par Λ . Puisque π'_X [resp. π_Y] est un isomorphisme conique, il induit un isomorphisme entre les anneaux de microsymboles $\mathcal{O}_{P^*X}$ [resp. $\mathcal{O}_{P^*Y}$] et $\mathcal{O}_\Lambda = \sigma_0(K)$. On en déduit grâce au théorème de finitude de Boutet que K est un $\pi_X'^{-1}(\check{\mathcal{E}}_X)$ [resp. $\pi_Y^{-1}(\check{\mathcal{E}}_Y)$] - Module à gauche libre de rang 1 .

Soit ${}_Y K_X = K \otimes_{\mathcal{O}_X} \Omega_X^n$ le $\pi_X'^{-1}(\check{\mathcal{E}}_X)$ - Module à droite [resp. $\pi_Y^{-1}(\check{\mathcal{E}}_Y)$ - Module à gauche] qui s'en déduit par l'opération habituelle de " changement de latéralisation ". Le choix d'un générateur γ de ${}_Y K_X$ permet de construire des isomorphismes

$$\pi_Y^{-1}(\check{\mathcal{E}}_Y) \xrightarrow[\text{à gauche}]{\text{iso. de Modules}} {}_Y K_X \xleftarrow[\text{à droite}]{\text{iso. de Modules}} \pi_X'^{-1}(\check{\mathcal{E}}_X)$$

$$\gamma P \longleftarrow\!\!\shortmid \; P$$

$$P' \longmapsto P'\gamma$$

dont le composé donne un <u>isomorphisme entre les faisceaux d'anneaux</u> *) $\check{\mathcal{E}}_X$ et $\check{\mathcal{E}}_Y$ (au-dessus de l'isomorphisme $\varphi = \pi_Y \circ \pi_X'^{-1}$ de leurs espaces de base) : c'est la " <u>transformation de contact quantifiée</u> " déterminée par la donnée de $\gamma \in {}_Y K_X$.

Il faut bien noter que pour " quantifier " la transformation de contact φ il ne suffit pas de se donner le Module ${}_Y K_X$,il faut encore s'en donner un générateur. Cependant, la transformation de contact quantifiée transforme un $\check{\mathcal{E}}_X$ – Module à gauche $\mathcal{M}$ en un $\check{\mathcal{E}}_Y$ – Module

$${}_Y K_X \underset{\mathcal{E}_X}{\otimes} \mathcal{M} \quad \text{qui ne dépend que du choix de} \quad {}_Y K_X \quad .$$

7.3.1. <u>EXEMPLE</u> . Soit $X = Y = \mathbb{C}$.

La transformation de contact " triviale " $\varphi = 1\!\!1_{T^*X}$ peut être " quantifiée " en dehors de la section nulle de façon non triviale, en prenant $\gamma = \delta^{(\alpha)}_{(y-x)} \otimes dx$ $(\alpha \in \mathbb{C})$.

On trouve ainsi

$$\begin{cases} D_x \longmapsto D_x \\ x \longmapsto x + \alpha D_x^{-1} \end{cases} ,$$

---

*) En effet $(P'\gamma = \gamma P \,,\, Q'\gamma = \gamma Q) \Longrightarrow P'Q'\gamma = P'\gamma Q = \gamma PQ$.   .

et plus généralement

$$P \longmapsto D_x^{\alpha}\, P\, D_x^{-\alpha}$$

où l'on introduit symboliquement un " opérateur " D_x^{α} satisfaisant à la relation de commutation

$$[\, x,\ D_x^{\alpha}\,] \quad = \ -\,\alpha\, D_x^{\alpha-1} \qquad .$$

L'image d'un système microdifférentiel $\mathcal{M}$ par cette transformation de contact quantifiée sera naturellement notée $D_x^{\alpha}\, \mathcal{M}$.

Par exemple, si

$$\mathcal{M} \ = \ \mathcal{E}_X\, \delta^{(\beta)}_{(x)} \ = \ \mathcal{E}_X/\mathcal{E}_X(D_x\ x + \beta)$$

on trouve pour image

$$D_x^{\alpha}\, \mathcal{M} \ = \ \mathcal{E}_X\, \delta^{(\alpha+\beta)}_{(x)} \ = \ \mathcal{E}_X/\mathcal{E}_X(D_x\ x + \alpha + \beta) \qquad .$$

Le résultat ne dépend que de la classe de α mod. $\mathbb{Z}$, c.a.d. de

$$K \ = \ \mathcal{E}_{X\times Y}\ \delta^{(\alpha)}_{(y-x)} \qquad .$$

7.3.2. EXERCICE

Expliciter la quantification de la transformation de Legendre 7.2.2. définie par $\gamma = \delta(x_0 - y_0 + x.y) \ \otimes\ dx_0 \wedge dx_1 \wedge \ldots \wedge dx_n$.

On trouve :

$$\left\{\begin{aligned} D_{x_0} &= D_{y_0} \\ x_0 &= y_0 + (y.D_y)D_{y_0}^{-1} \\ D_x &= y\, D_{y_0} \\ x &= -\,D_y\, D_{y_0}^{-1} \end{aligned}\right. \qquad \text{de sorte que} \qquad \left\{\begin{aligned} D_{y_0} &= D_{x_0} \\ y_0 &= x_0 + (D_x.x)D_{x_0}^{-1} \\ D_y &= -\,x\, D_{x_0} \\ y &= D_x\, D_{x_0}^{-1} \end{aligned}\right.$$

En déduire que le système $\mathcal{C}_{[x_0=0]}$ a pour image le système $\mathcal{C}_{[y_0=y=0]}$, le générateur $\delta_{(x_0)}$ du premier étant transformé en le générateur $D_{y_0}^{-n}\,\delta_{(y_0,y)}$ du second.

Comment aurait-il fallu quantifier la transformation de Legendre pour que $\delta_{(x_0)}$ soit transformé en $\delta_{(y_0,y)}$?

7.4. Réduction des systèmes holonomes à caractéristique simple à la forme standard

L'idée de la réduction est extrêmement simple : on commence par mettre la variété caractéristique sous forme standard au moyen d'une transformation de contact convenable (un théorème classique de Jacobi assure l'existence d'une telle transformation de contact) ; il ne reste plus qu'à quantifier cette transformation de contact, ce qui permet de transformer le système donné en un système de type 7.1. .

Nous allons développer ici une variante de cette idée : en remplaçant le théorème de Jacobi par un résultat géométrique de Hörmander (Proposition 7.4.1.) , nous obtiendrons un résultat plus précis d'où nous déduirons que tout système holonome à caractéristique simple est microlocalement du type " Gauss-Manin " 6.3.

7.4.1. PROPOSITION (Hörmander) .

Soit $V \subset T^*\underline{Y}$ un germe (hors de la section nulle) de variété lisse holonome conique. Alors il existe un germe d'application non dégénérée

$$F : \underline{X} \longrightarrow \underline{Y} \quad (\text{avec } \dim \underline{X} = 2(\dim \underline{Y} - 1))$$

ayant V pour variété caractéristique.

La démonstration de cette proposition repose sur le

<u>LEMME</u> . Soit $V \subset T^*\underline{Y}$ un germe, en un point η_0 <u>hors de la section nulle</u>, de variété lisse holonome. Alors on peut choisir sur $\underline{Y}$ un système de coordonnées locales $(y_0, y_1, \ldots, y_n)$ (où $n = \dim \underline{Y} - 1$) tel que les coordonnées cotangentes correspondantes $(\eta_0, \eta_1, \ldots, \eta_n)$ forment un système de coordonnées locales du germe de variété V .

<u>PREUVE DU LEMME</u> . Si l'on choisit des coordonnées telles que $\eta_0 = (0, dy_0)$, la conclusion du Lemme équivaut à dire que la section constante $\underline{y} \longmapsto dy_0$ du fibré cotangent est <u>transverse à la sous-variété</u> V . Pour réaliser cette condition de transversalité, on part d'un système de coordonnées quelconques $(y_0, y_1, \ldots, y_n)$ tel que $\eta_0 = (0, dy_0)$, et on remplace la coordonnée y_0 par

$$y'_0 = y_0 + \sum_{i,j=0}^{n} \frac{1}{2} a_{ij} y_i y_j .$$

Je dis que pour un choix générique de la matrice (symétrique) (a_{ij}) , la section $\underline{y} \longmapsto dy'_0$ vérifiera la condition de transversalité : en effet, son graphe a pour espace tangent en η_0 le $(n+1)$-plan holonome dont la direction est donnée par

$$d\xi_i = \sum_{j=0}^{n} a_{ij} dy_j \qquad (i = 0, 1, \ldots, n)$$

et tout revient à montrer que dans la grassmannienne des sous-espaces <u>holonomes</u> d'un espace vectoriel symplectique, la condition de transversalité (à un sous-espace holonome donné) définit un <u>ouvert dense</u>.

<u>PREUVE DE LA PROPOSITION</u>

Choisissons des coordonnées $(y_0, y_1, \ldots, y_n)$ comme dans le lemme (avec $\eta_0 = (0, dy_0)$) , et considérons dans $T^*\underline{Y}$ la forme différentielle $\sum_{i=0}^{n} y_i \, d\eta_i$. Comme elle a pour différentielle la 2-forme canonique, sa restriction à V est une forme fermée (puisque V est holonome) donc une forme exacte (d'après le Lemme de Poincaré appliqué au germe de variété lisse V) . Comme $(\eta_o, \eta_1, \ldots, \eta_n)$ est un système de coordonnées locales sur V , cette exactitude signifie qu'il existe une fonction $H(\eta_o, \eta_1, \ldots, \eta_n)$ telle que $\sum_{i=0}^{n} y_i \, d\eta_i \mid V = dH$, c.a.d. que les fonctions $y_i|V$ sont données par

$$(*) \qquad y_i(\eta_o, \eta_1, \ldots, \eta_n) = \frac{\partial H}{\partial \eta_i} \qquad (i = 0, 1, \ldots, n) \quad .$$

Remarquons au passage que H est homogène de degré 1 , puisque V est une variété conique.

Considérons alors le germe d'application

$$F : \mathbb{C}^n \times \mathbb{C}^n \longrightarrow \mathbb{C} \times \mathbb{C}^n$$
$$x \,, y \qquad\qquad y_o = f(x,y), \quad y$$

où la fonction f est définie par

$$f(x, y) = H(1, x_1, \ldots, x_n) - \sum_{i=1}^{n} x_i \, y_i \quad .$$

Un calcul immédiat montre que F est un germe d'application non dégénérée dont la variété caractéristique est donnée par les équations $(*)$, ce qui démontre la proposition.

7.4.2. Réduction à la forme standard

Comme la fonction f ci-dessus vérifie la condition $\det(f''_{xy}(0)) \neq 0$ elle définit (cf. exemple 7.2.1.) un germe de transformation de contact

$$T^*(\mathbb{C} \times \mathbb{C}^n) \xrightarrow{\ \varphi\ } T^*(\mathbb{C} \times \mathbb{C}^n)$$
$$y_o, y \qquad\qquad x_o, x$$
$$\eta_o, \eta \qquad\qquad \xi_o, \xi$$

qui envoie le point $(y_o = y = 0 ; \eta_o = 1, \eta = 0)$ sur le point $(x_o = x = 0 ; \xi_o = 1, \xi = 0)$. Un calcul immédiat montre que cette transformation de contact φ transforme la variété caractéristique V de F en la variété

$$\varphi(V) = \left\{ x_o, x ; \xi_o, \xi \mid x_o = 0, \quad \xi = 0 \right\}$$

c'est-à-dire en la forme standard 7.1.

En quantifiant la transformation de contact φ (par exemple au moyen du générateur $\gamma = \delta_{(y_o - x_o - f(x,y))} \otimes (dy_o \wedge dy_1 \wedge \dots \wedge dy_n))$, on transforme tout système $\mathcal{M}$ à caractéristique simple porté par V en un système à caractéristique simple porté par $\varphi(V)$, donc de la forme standard 7.1. . On en tire le

<u>Théorème d'existence et d'unicité des systèmes microdifférentiels holonomes à caractéristique simple</u> :

> Pour tout germe (hors de la section nulle) de variété lisse holonome $V \subset T^*Y$, il existe un germe de système microdifférentiel $\mathcal{M}$ ayant V pour variété caractéristique. <u>Ce système est unique à une transformation du type</u> $D^{\alpha}_{y_o}$ <u>près</u> $(\alpha \in C)$.

Notons qu'on peut prendre pour $\mathcal{M}$ le système de Gauss-Manin d'un germe d'application F ayant V pour variété caractéristique. L'unicité se déduit du fait que la forme standard 7.1. est unique à une transformation du type $D^{\alpha}_{x_o}$ près, et du fait que D_{x_o} et D_{y_o} se correspondent par la transformation de contact (N.B. : la notion de " dérivation partielle d'ordre $\alpha \in C$ " se définit par une généralisation évidente de 7.3.1.) .

<u>EXERCICE</u> . <u>Vérifier directement que la transformation de contact φ , quantifiée comme ci-dessus, transforme le système de Gauss-Manin de</u> F <u>en le système</u> $\mathcal{C}_{[x_o = o]C \times C^n}$.

Pour faire cet exercice, on pourra considérer le diagramme commutatif

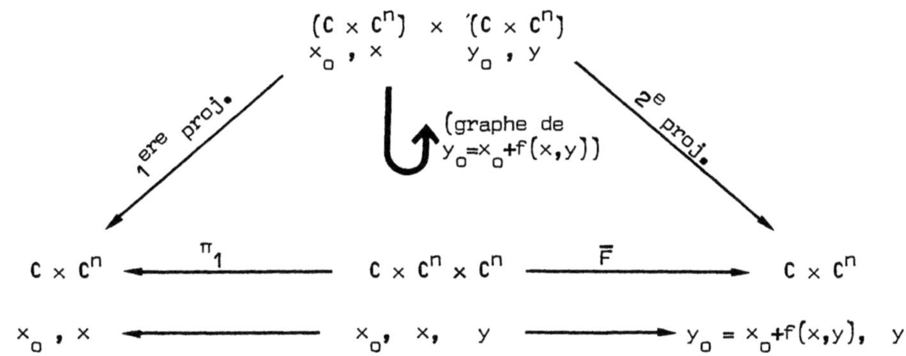

et remarquer que le système de Gauss-Manin de F est l'image directe par $\bar{F}$ du système $\mathcal{C}_{[x_o = o]C \times C^n \times C^n}$, lui-même image réciproque par π_1 du système $\mathcal{C}_{[x_o = 0]C \times C^n}$.

BIBLIOGRAPHIE SOMMAIRE

[AN] A. ANDREOTTI, M. NACINOVICH
Convexité analytique (Séminaire Norguet III, Lecture Notes in Maths n° 670 (1978)).

[Bj] J.E. BJÖRK
Rings of differential operators
(livre, à paraître).

[Bo] L. BOUTET DE MONVEL
Opérateurs pseudo-différentiels analytiques
(Séminaire op. dif. et pseudodif., Grenoble 1975-76).

[G] A. GALLIGO
Théorème de division et stabilité en géométrie analytique locale
(thèse, à paraître aux Ann. inst. Fourier).

[K] M. KASHIWARA
Systèmes d'équations microdifférentielles
(cours à l'Université Paris-Nord 1976-77, rédigé par T. MONTEIRO).

[Kan] A. KANEKO
Introduction à la théorie des hyperfunctions (Cours de D.E.A. Grenoble 1977-78).

[M1] B. MALGRANGE
Frobenius avec singularités I
Publ. Maths de l'I.H.E.S. n° 46 (1976).

[M2] B. MALGRANGE
L'involutivité des caractéristiques...
(Sém. Bourbaki 1977-78, n° 522).

[P] F. PHAM
Caustiques, phase stationnaire et microfonctions
Acta Math. Vietnamica. 2. n° 2 (1977).

[SKK] M. SATO, T. KAWAI, M. KASHIWARA
Microfunctions and pseudodifferential equations, in : Hyperfunctions and pseudodif. equations. (Lecture Notes in Maths. n° 287, 1971).

SOLUTIONS DU SYSTEME DE GAUSS-MANIN
D'UN GERME DE FONCTION A POINT CRITIQUE ISOLE

Ph. MAISONOBE
J.E.ROMBALDI

P L A N

0.	Notations.	p. 1
I	Résultats sur le système de Gauss-Manin d'un germe de fonction analytique à point critique isolé.	p. 2
II	Homologies évanescentes et coévanescentes, monodromie et variation.	p. 6
	II.1. Rappels (Forme d'intersection, suite exacte de Leray).	p. 6
	II.2. Application à notre situation.	p. 7
	II.3. Morphisme de variation.	p. 9
III	Solutions du système de Gauss-Manin de φ.	p. 11
	III.1. Solutions holomorphes.	p. 11
	III.2. Solutions microfonctions.	p. 13
	III.3 Solutions génériques.	p. 21
IV	Quelques applications et conséquences.	p. 22
	IV.1. Applications aux intégrales de phases.	p. 22
	IV.2 Une démonstration des formules de Picard-Lefschetz.	p. 27
	Bibliographie	p. 30

0. NOTATIONS.

Soit φ : $\mathbb{C}^n,0 \longrightarrow \mathbb{C},0$ un germe à l'origine de fonction analytique (avec $\varphi(0) = 0$) dont l'origine est point critique isolé.

Cette dernière condition se traduit algébriquement par le fait que

$\dfrac{\mathbb{C}\{x_1,\ldots,x_n\}}{(\varphi'_{x_1},\ldots,\varphi'_{x_n})}$ est un $\mathbb{C}$ espace vectoriel de dimension finie, cette dimension

n'étant autre que le nombre de Milnor de φ noté μ .

D'après [1] , on a les résultats suivants :

1) Il existe $\varepsilon > 0$ tel que pour $0 < \varepsilon' \leq \varepsilon$, la boule $B'_\varepsilon = \{x \in \mathbb{C}^n ; ||x|| < \varepsilon'\}$ ait son bord transverse à $\varphi^{-1}(0)$.

2) Cet ε étant choisi, il existe $\eta > 0$ tel que pour tout t de D_η, $D_\eta = \{t \in \mathbb{C} ; |t| < \eta\}$, $\varphi^{-1}(t)$ soit transverse à ∂B_ε.

On pose alors $X = B_\varepsilon \cap \varphi^{-1}(D_\eta)$

$Y = D_\eta$

3) La restriction $\varphi : X - \varphi^{-1}(0) \longrightarrow Y-\{0\}$ est alors une fibration topologique localement triviale.

On sait définir en topologie "l'homologie évanescente" (resp. "coevanescente"), le morphisme de variation ; le but de cet article est de montrer comment ces objets nous permettent de décrire les solutions analytiques (resp. microfonctions) du système de Gauss-Manin associé à φ .

I - RESULTATS SUR LE SYSTEME DE GAUSS-MANIN D'UN GERME DE FONCTION ANALYTIQUE A POINT CRITIQUE ISOLE.

I.1. Module des couches multiples portées par le graphe de φ :

Soit $\mathcal{O}_{X\times Y}[\frac{1}{t-\varphi}]$ le faisceau sur XxY des fonctions méromorphes à dénominateur puissance de $t-\varphi$. $\mathcal{B}_{[\varphi]X\times Y}$, le Module des couches multiples portées par le graphe de φ est défini par la suite exacte :

$$0 \longrightarrow \mathcal{O}_{X\times Y} \longrightarrow \mathcal{O}_{X\times Y}[\frac{1}{t-\varphi}] \longrightarrow \mathcal{B}_{[\varphi]X\times Y} \longrightarrow 0 \quad .$$

Son support est contenu dans le graphe de φ.

I.2. Complexes de De Rham :

Soit $\Omega^{\cdot}_{X\times Y/Y}$ le complexe "de De Rham" des formes différentielles relatives de XxY sur Y, c'est à dire, si π désigne la projection naturelle de XxY sur Y, le $\mathcal{D}_{X\times Y}$-Module $\dfrac{\Omega^{\bullet}X\times Y}{d\pi \wedge \Omega^{\cdot -1}_{X\times Y}}$.

On définit le complexe des formes différentielles relatives à coefficients couches multiples portées par le graphe de φ par la suite exacte de complexes de $\pi^{-1}(\mathcal{D}_Y)$-Modules :

$$0 \longrightarrow \Omega^{\cdot}_{\frac{X\times Y}{Y}} \longrightarrow \Omega^{\cdot}_{\frac{X\times Y}{Y}}[\frac{1}{t-\varphi}] \longrightarrow DR_{\frac{X\times Y}{Y}}(\mathcal{B}_{[\varphi]X\times Y}) \longrightarrow 0 \quad .$$

I.3. Le système de Gauss-Manin de φ :

En appliquant à cette suite exacte courte de faisceaux le foncteur $R\,\pi_*$ (égal à $\mathcal{H}\pi_*$ dans le cas qui nous occupe, car on a affaire à des variétés de Stein), voir [2] , on obtient la suite exacte longue :

$$\xrightarrow[\text{connex.}]{\text{morph. de}} \mathscr{H}^p(\pi_* \Omega^{\cdot}_{\frac{X\times Y}{Y}}) \to \mathscr{H}^p(\pi_* \Omega^{\cdot}_{\frac{X\times Y}{Y}}[\tfrac{1}{t-\varphi}]) \to \mathscr{H}^p(\pi_* DR_{\frac{X\times Y}{Y}}(\mathscr{B}_{[\varphi]X\times Y})) \xrightarrow[\text{connex.}]{\text{morph. de}}$$

Mais d'après le théorème de Poincaré relatif, pour $p\neq 0, \mathscr{H}^p(\pi_* \Omega^{\cdot}_{\frac{X\times Y}{Y}}) = 0$;

on en déduit l'isomorphisme canonique entre les faisceaux de cohomologie :

$$\mathscr{H}^p(\pi_* DR_{\frac{X\times Y}{Y}} (\mathscr{B}_{[\varphi]X\times Y})) \cong \mathscr{H}^p(\pi_* \Omega^{\cdot}_{\frac{X\times Y}{Y}} [\tfrac{1}{t-\varphi}]) \quad .$$

Le $n^{\text{ième}}$ faisceau de cohomologie est appelé le système de Gauss-Manin du germe φ ; c'est un $\mathscr{D}_Y$-Module que l'on note g :

$$g = \mathscr{H}^n(\pi_* \Omega^{\cdot}_{\frac{X\times Y}{Y}}[\tfrac{1}{t-\varphi}]) \cong \mathscr{H}^n(\pi_* DR_{\frac{X\times Y}{Y}} (\mathscr{B}_{[\varphi]X\times Y})) \quad .$$

I.3.1. Résultats sur la fibre à l'origine du système de Gauss-Manin :

On pourra se reporter à [2] .

Soit g_0 la fibre à l'origine de g ; on a l'isomorphisme canonique :

$$g_0 \cong H^n(DR_{\frac{X\times Y}{Y}} (\mathscr{B}_{[\varphi]X\times Y})_0)$$

Or $(\mathscr{B}_{[\varphi]X\times Y})_0$ est libre sur $\mathbb{C}\{x\}\,[D_t]$ avec $[-\frac{1}{2i\pi}\ \frac{1}{t-\varphi}]$

(noté $\delta(t-\varphi)$) comme générateur. On a donc :

$$[\frac{1}{(t-\varphi)^n}\, a(x,t)] = [\sum_{0}^{n-1} \frac{1}{k!}\ \frac{\partial^k a}{\partial t^k}(x,\varphi(x))\ \frac{1}{(t-\varphi)^{n-k}}] \quad .$$

Posons $K^{\cdot} = DR_{\frac{X\times Y}{Y}} (\mathscr{B}_{[\varphi]X\times Y})_0$: on déduit de ce qui précède que $K^{\cdot}$ est isomorphe à $(\Omega^{\cdot}\,[D],\, \underline{d})$ par l'application qui à $\delta(t-\varphi)$ associe 1, $\Omega^{\cdot}[D]$ désignant le $C\{x\}[D]$-module des polynômes à une indéterminée $D=D_t$ à coefficients dans $\Omega^{\cdot} = \Omega^{\cdot}_{X,0}$ et la différentielle $\underline{d}$ étant donnée par : $\underline{d}(\underline{\omega}) = d\underline{\omega} - d\varphi \wedge \underline{\omega}\, D$, où $d(\Sigma\, \omega_i\, D^i) = \Sigma\, d\omega_i\, D^i$.

L'action de D_t sur $H^n(\Omega^\cdot[D])$ est triviale ; celle de t est définie naturellement par $t\omega = \varphi\,\omega$, si $\omega \in \Omega^\cdot$ et par $[D_t, t] = I_d$ (on a bien $t\,\underline{d} = \underline{d}\,t$). On note $G = H^n(\Omega^\cdot[D])$.

. Pour $n \geq 2$, D est un isomorphisme de G.

. G est naturellement muni d'une bonne filtration de $\mathcal{D}_{Y,0}$-module ; $G^{(m)} = \{[\omega_0 + \omega_1 D + \ldots + \omega_n D^m] \ ; \ \omega_i \in \Omega^n_{X,0}\}$.

. $G^{(0)}$ est isomorphe à $\dfrac{\Omega}{d\varphi \wedge d\,\Omega^{n-2}}$.

I.3.2. Cas particulier d'une singularité quasi-homogène :

Supposons que φ soit un polynôme quasi-homogène de degré 1 par rapport à $\alpha = (\alpha_1, \ldots, \alpha_n)$ ($\alpha_i \in \mathbb{Q}^+$), c'est à dire que φ s'écrive comme combinaison linéaire de monômes de la forme $x^k = x_1^{k_1} \ldots x_n^{k_n}$ avec $\sum_{i=1}^{n} \alpha_i k_i = 1$. On a alors les résultats suivants :

1) $G^{(o)}$ est un $\mathbb{C}\{y\}$-module libre de rang μ dont une base peut être formée par tout système de formes monomiales engendrant Ω^n modulo $d\varphi \wedge \Omega^{n-1}$, c'est à dire

$$\frac{\mathbb{C}\{x_1, \ldots, x_n\}}{(\varphi'_{x_1}, \ldots, \varphi'_{x_n})} .$$

2) L'élément de $G^{(0)}$, $\omega = x^k\, dx_1 \wedge \ldots \wedge dx_n$ vérifie l'égalité $(D_t \cdot t - |\alpha| - \delta)\omega = 0$, où $\delta = \sum_{i=1}^{n} \alpha_i k_i$ et $|\alpha| = \sum_{i=1}^{n} \alpha_i$.

3) Les degrés δ des formes de base intervenant en 1) ainsi que le nombre μ_δ d'éléments de la base de degré δ sont donnés uniquement par le type de quasi-homogénéité α .

4) A la base décrite précédemment correspond la présentation suivante du germe du système de Gauss-Manin de φ :

$$g_0 = \bigoplus_{\delta} \left(\frac{\mathcal{D}}{\mathcal{D}(D_t . t - |\alpha| - \delta)} \right)^{\mu_\delta}$$

I.3.3. Résultats sur le système de Gauss-Manin.

En dehors de l'origine, φ est une submersion sur $Y^* = Y - \{0\}$ et donc d'après [2] , pour tout t de Y^*, la fibre de g en t est isomorphe à $H^{n-1}(\varphi^{-1}(t)) \underset{\mathbb{C}}{\otimes} \mathcal{O}_{Y,t}$, cet isomorphisme étant donné par :

$$[\omega] \otimes a \longmapsto \left[\frac{a\omega \wedge d\varphi}{t - \varphi}\right] .$$

Comme $\dim_{\mathbb{C}} H^{n-1}(\varphi^{-1}(t)) = \mu < \infty$, on déduit de ce dernier résultat que $g|_{Y^*}$ est une connexion (c'est à dire un $\mathcal{D}_{Y^*}$-Module cohérent, qui est un $\mathcal{O}_{Y^*}$-Module localement libre de type fini).

I.3.4. g_0 vu comme germe de système microdifférentiel :

En dehors de l'origine, g étant une connexion, son microlocalisé est nul. D'autre part g_0 est un système différentiel à singularité régulière et l'opérateur D est inversible ; une présentation de g_0 est alors donnée par :

$$g_0 = \bigoplus_{\text{finie}} \frac{\mathcal{D}_{Y,0}}{\mathcal{D}_{Y,0}(D_t . t - \alpha)^m} \quad (-\alpha \notin \mathbb{N}).$$

On en déduit également que g_0 est égal à son microlocalisé et qu'une présentation de g_0 comme système micro-différentiel est donnée par :

$$g_0 = \bigoplus_{\text{finie}} \frac{\mathcal{E}_{Y,0}}{\mathcal{E}_{Y,0}\ (D_t . t - \alpha)^m} \quad (-\alpha \notin \mathbb{N}),$$

où $\mathcal{E}_{Y,0}$ désigne l'anneau des germes d'opérateurs microdifférentiels à l'origine.

II. HOMOLOGIES EVANESCENTES ET COEVANESCENTES, MONODROMIE ET VARIATION.

II.1. Rappels (on pourra se reporter à [3]).

II.1.1. Forme d'intersection :

Soit X une variété analytique réelle de dimension n. Si ϕ désigne une famille de supports sur X, on appelle chaîne à support dans ϕ une combinaison linéaire localement finie de chaînes singulières $\gamma = \Sigma \; n_i \gamma_i$ dont le support $\cup$ Sup γ_i est inclus dans ϕ . On note $C_*^{\phi}(X)$ le groupe des chaînes de X à support dans ϕ et on note son homologie $H_*^{\phi}(X)$.
Pour toute famille de support ϕ , on a l'isomorphisme de Poincaré $H_p^{\phi}(X) \cong H_{\phi}^{n-p}(X)$. Pour ϕ = F(X) (famille des fermés de X), cet isomorphisme se combine à la dualité de De-Rham (donnée par la forme bilinéaire "intégration") pour fournir la "dualité de Poincaré", donnée par la forme bilinéaire "d'intersection" :

$$\begin{array}{ccc} H_{n-p}^{F(X)}(X) \otimes H_p(X) & \longrightarrow & \mathbb{C} \\ (h,h') & \longmapsto & < h|h'> \end{array}$$

$< h|h'>$ est appelé l'indice d'intersection des classes d'homologie h et h'. Si h et h' sont les classes fondamentales de deux sous-variétés orientées de dimension p et n-p, se coupant transversalement, l'indice d'intersection est égal au nombre "algèbrique" des points d'intersection de ces deux sous-variétés.

II.1.2. Suite exacte de Leray :

X désigne maintenant une variété analytique complexe de dimension n, Y une sous-variété fermée de X de codimension complexe égale à 1, ϕ une famille de supports dans X ; $\phi_{|Y} = \{A \subset Y \; ; \; A \in \phi\}$ est une famille de supports dans Y, et il en est de même de $\phi|_{X-Y}$.

On a alors la suite exacte d'homologie de Leray :

$$\longrightarrow H_{n-p-1}^{\phi|Y}(Y) \xrightarrow{\delta} H_{n-p}^{\phi|X-Y}(X-Y) \xrightarrow{i} H_{n-p}^{\phi}(X) \xrightarrow{Tr} H_{n-p-2}^{\phi|Y}(Y) \xrightarrow{\delta}$$

δ désignant le morphisme cobord de Leray qui s'interprète comme suit : soit $\bar{V}$ un voisinage tubulaire de Y muni d'une rétraction $\mu : \bar{V} \longrightarrow Y$ qui en fait un espace fibré de base Y et ayant pour fibre D le disque unité du plan complexe, le cobord de Leray est défini en associant à tout élément de chaîne $[\sigma]$ dans Y l'élément de chaîne $[\partial D \times \sigma]$ dans X-Y ; une telle application anticommute au bord et induit donc en homologie un morphisme noté δ.

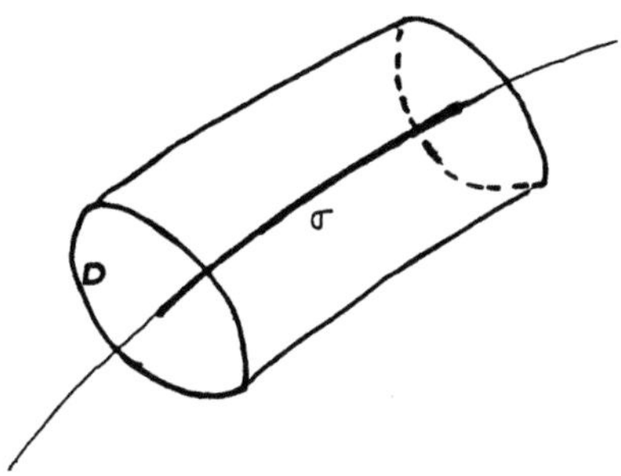

Interprétation géométrique du morphisme "trace" :

$$H_{n-p}^{\phi}(X) \xrightarrow{Tr} H_{n-p-2}^{\phi|Y}(Y) :$$

Si h est la classe fondamentale d'une sous-variété orientée $S \subset X$ de dimension n-p, transverse à Y, Tr(h) est la classe fondamentale de la sous-variété orientée $S \cap Y \subset Y$.

II.2. Application à notre situation :

Nous reprenons les notations de 0.

II.2.1. Pour $n \geq 1$, on a $H_p(X) = H_p^{F(x)}(X) = 0$ pour p différent de zéro et de 2n. On déduit donc de la suite exacte de Leray les isomorphismes :

$$\begin{array}{ccccccc} 0 & \longrightarrow & H_{n-1}(\varphi^{-1}(t)) & \xrightarrow{\delta} & H_n(X - \varphi^{-1}(t)) & \longrightarrow & 0 \\ & & \downarrow j & & \downarrow j & & \\ 0 & \longrightarrow & H_{n-1}^{F(\varphi^{-1}(t))}(\varphi^{-1}(t)) & \xrightarrow{\delta} & H_n^{F(X)|X-\varphi^{-1}(t)}(X - \varphi^{-1}(t)) & \longrightarrow & 0 \end{array},$$

où j désigne le morphisme induit par l'inclusion des supports.

Les homologies intervenant dans la première ligne de ce diagramme : $H_{n-1}(\varphi^{-1}(t))$, $H_n(X - \varphi^{-1}(t))$ sont dites homologies évanescentes.

Les homologies intervenant dans la deuxième ligne : $\dot{H}_{n-1}^{F(\varphi^{-1}(t))}(\varphi^{-1}(t))$, $H_n^{F(X)|X-\varphi^{-1}(t)}(X - \varphi^{-1}(t))$ sont dites coévanescentes.

II.2.2. D'autre part on a la suite exacte d'homologie :

$$H_n(\varphi^{-1}(t)) \longrightarrow 0 = H_n(X) \longrightarrow H_n(X,\varphi^{-1}(t)) \xrightarrow{\partial} H_{n-1}(\varphi^{-1}(t)) \longrightarrow 0 = H_{n-1}(x)$$

On a donc l'isomorphisme : $H_n(X,\varphi^{-1}(t)) \underset{\cong}{\xrightarrow{\partial}} H_{n-1}(\varphi^{-1}(t))$.

Or $H_{n-1}^{F(\varphi^{-1}(t))}(\varphi^{-1}(t))$ s'identifie par la forme bilinéaire d'intersection au dual de $H_{n-1}(\varphi^{-1}(t))$ (voir II.1.1). De plus " δ est transposé de ∂", c'est à dire que si $[\tau] \in H_n(X,\varphi^{-1}(t))$ et $[\sigma] \in H_{n-1}^{F(\varphi^{-1}(t))}(\varphi^{-1}(t))$, on a

$(-1)^{n} < \partial\tau,\sigma > \; = \; < \tau,\delta\sigma >$ (voir [3]).

On en déduit que $H_n^{F(X)|X-\varphi^{-1}(t)}(X-\varphi^{-1}(t))$ s'identifie au dual de $H_n(X,\varphi^{-1}(t))$ par la forme bilinéaire d'intersection. On a donc :

$$\begin{array}{ccccccc}
0 & \longrightarrow & H_{n-1}^{F(\varphi^{-1}(t))}(\varphi^{-1}(t)) & \xrightarrow{\delta} & H_n^{F(X)|X-\varphi^{-1}(t)}(X-\varphi^{-1}(t)) & \longrightarrow & 0 \\
 & & \vdots\ \text{dualité par intersection} & \text{(transposition)} & \vdots\ \text{dualité par intersection} & & \\
0 & \longleftarrow & H_{n-1}(\varphi^{-1}(t)) & \xleftarrow{\delta} & H_n(X,\varphi^{-1}(t)) & \longleftarrow & 0 \ .
\end{array}$$

II.2.3. X étant un retracte par déformation de B_ε, on a les égalités :

$$H_n(X - \varphi^{-1}(t)) = H_n(B_\varepsilon - \varphi^{-1}(t))$$

$$H_n^{F(X)|X-\varphi^{-1}(t))}(X-\varphi^{-1}(t)) = H_n^{F(B_\varepsilon)|B_\varepsilon-\varphi^{-1}(t)}(B_\varepsilon-\varphi^{-1}(t))$$

$$H_n(X,\varphi^{-1}(t)) = H_n(B_\varepsilon,\varphi^{-1}(t)).$$

Et donc, on a finalement le diagramme suivant :

$$\begin{array}{ccc}
H_{n-1}(\varphi^{-1}(t)) & \xrightarrow[\text{(iso)}]{\delta} & H_n(X-\varphi^{-1}(t)) = H_n(B_\varepsilon-\varphi^{-1}(t)) \\
\downarrow j & & \downarrow j \\
H_{n-1}^{F(\varphi^{-1}(t))}(\varphi^{-1}(t)) & \xrightarrow[\text{(iso)}]{\delta} & H_n^{F(X)|X-\varphi^{-1}(t)}(X-\varphi^{-1}(t)) = H_n^{F(B_\varepsilon)|B_\varepsilon-\varphi^{-1}(t)}(B_\varepsilon-\varphi^{-1}(t)) \\
\vdots\ \text{dualité par intersection} & & \vdots\ \text{dualité par intersection} \\
H_{n-1}(\varphi^{-1}(t) & \xleftarrow[\text{(iso)}]{\partial} & H_n(X,\varphi^{-1}(t)) = H_n(B_\varepsilon,\varphi^{-1}(t)).
\end{array}$$

Tous ces espaces d'homologie peuvent être considérés comme les fibres de faisceaux localement constants sur Y^*, correspondant à l'idée de "classes d'homologie dépendant continûment de t" (voir par exemple [5]).

II.3. Morphisme de variation :

Gardons les notations de I. En restriction au bord ∂X, la fibration de Milnor est triviale ; en effet, $\varphi : \partial X^* \longrightarrow Y$ est propre, surjective et $d\varphi$ est surjective; c'est donc une fibration localement triviale, à base simplement connexe, donc triviale.

Si γ est un générateur de $\pi_1(Y^*,t)$ $(t\neq 0)$, on peut lui associer un opérateur de monodromie H qui coïncide avec l'identité sur ∂X.

On a alors le diagramme suivant :

$$\begin{array}{ccccccccc}
0 & \longrightarrow & C_*(\partial X-\varphi^{-1}(t)) & \longrightarrow & C_*(X-\varphi^{-1}(t)) & \longrightarrow & C_*(X-\varphi^{-1}(t),\partial X-\varphi^{-1}(t)) & \longrightarrow & 0 \\
 & & \downarrow {\scriptstyle 0=H-\mathbb{1}} & & \downarrow {\scriptstyle H-\mathbb{1}} & \swarrow {\scriptstyle \mathrm{Var}} & & & \\
0 & \longrightarrow & C_*(\partial X-\varphi^{-1}(t)) & \longrightarrow & C_*(X-\varphi^{-1}(t)) & \longrightarrow & C_*(X-\varphi^{-1}(t),\partial X-\varphi^{-1}(t)) & \longrightarrow & 0
\end{array}$$

μ appartenant à $C_n(X-\varphi^{-1}(t),\ \partial X-\varphi^{-1}(t))$, "Var μ" est l'image par $H-\mathbb{1}$ d'un représentant de μ dans $C_n(X-\varphi^{-1}(t))$. On vérifie alors que "Var" est un morphisme de complexes ce qui permet de définir le morphisme

$\mathrm{Var} : H_n(X-\varphi^{-1}(t),\ \partial X-\varphi^{-1}(t)) \longrightarrow H_n(X-\varphi^{-1}(t))$.

De plus φ étant à point critique isolé, on a un isomorphisme canonique : $H^{F(X)|X-\varphi^{-1}(t)}(X-\varphi^{-1}(t)) \cong H_n(X-\varphi^{-1}(t),\ \partial X-\varphi^{-1}(t))$, ce qui permet de définir le morphisme de variation :

$$\mathrm{Var} : H_n^{F(X)|X-\varphi^{-1}(t)}(X-\varphi^{-1}(t)) = H_n^{F(B_\varepsilon)|B_\varepsilon-\varphi^{-1}(t)}(B_\varepsilon-\varphi^{-1}(t))$$
$$\longrightarrow H_n(X-\varphi^{-1}(t)) = H_n(B_\varepsilon-\varphi^{-1}(t)).$$

<u>II.3.1. Théorème</u> :

Le morphisme de variation est un isomorphisme.

Preuve : voir [6] théorème 2.1.9 p. 40.

<u>II.3.2. Remarque</u> :

On définit de même un isomorphisme :

$\mathrm{Var} : H_{n-1}^{F(\varphi^{-1}(t))}(\varphi^{-1}(t)) \longrightarrow H_{n-1}(\varphi^{-1}(t))$.

III. SOLUTIONS DU SYSTEME DE GAUSS-MANIN DE φ .

III.1. Solutions holomorphes :

Soit $X^* = X-\varphi^{-1}(0)$, $Y^* = Y-\{0\}$. On désigne par $H_{n-1}(\frac{X^*}{Y^*})$ le "faisceau d'homologie évanescente" dans $\mathbb{C}$. C'est le faisceau associé au préfaisceau sur $Y^* : U \longrightarrow H_{n+1}(X^*, \varphi^{-1}(Y^*-U))$; ce faisceau est localement constant et la fibre au-dessus d'un point t de Y^* est isomorphe à $H_{n-1}(\varphi^{-1}(t))$.

Une section de ce faisceau est appelée "classe d'homologie de degré n-1 sur $\varphi^{-1}(t)$ dépendant continûment de t".

III.1.1. Théorème :

Pour tout ouvert U simplement connexe de Y^*, on a l'isomorphisme :

$$\begin{aligned} H_{n-1}(\frac{X^*}{Y^*})(U) &\longrightarrow Hom_{\mathcal{D}(U)}(g(U), \mathcal{O}_Y(U)) \\ h &\longmapsto \frac{1}{2i\pi}\int_{\delta h(t)} \bullet \end{aligned} ,$$

qui identifie "l'homologie évanescente" à l'espace des solutions analytiques dans U du système de Gauss-Manin.

Démonstration :

1) Vérifions d'abord que le morphisme $H_{n-1}(\frac{X^*}{Y^*})(U) \rightarrow Hom_{\mathcal{D}(U)}(g(U), \mathcal{O}_Y(U))$ est bien défini. En effet, c'est une conséquence immédiate du théorème de Stokes que pour toute section h de $H_{n-1}(\frac{X^*}{Y^*})(U)$ et pour tout élément $[\omega]$ de g(U), $\frac{1}{2i\pi}\int_{\delta h(t)}\omega$ ne dépend ni du représentant h, ni du représentant de ω ; d'où le résultat.

2) Pour tout $[\omega]$ de g(U), l'intégrale $\frac{1}{2i\pi}\int_{\delta h(t)}\omega$ est analytique, car pour t' voisin de t, la classe d'homologie $\delta h(t')$ contient un cycle indépendant de t', ce qui permet de dériver sous le signe somme.

3) Cette dernière remarque entraîne également que notre morphisme définit bien un morphisme de $\mathscr{D}_Y(U)$-modules

4) Il reste à montrer que l'on a un isomorphisme. g étant une connexion en dehors de l'origine, admet des sections horizontales ; on désigne par $\underline{\underline{g}}(U)$ l'espace de ses sections horizontales sur U. Pour démontrer le résultat, il suffit d'après [2] (corollaire 7.1.1) de montrer que ce morphisme induit un isomorphisme d'espaces vectoriels :

$$H_{n-1}\left(\frac{X^*}{Y^*}\right)(U) \longrightarrow \mathrm{Hom}_{\mathbb{C}}(\underline{\underline{g}}(U),\mathbb{C}) \quad .$$

Il suffit donc de montrer que l'application :

$$\begin{array}{ccc} H_{n-1}(\varphi^{-1}(t)) & \longrightarrow & \mathrm{Hom}_{\mathbb{C}}(\underline{\underline{g}}(t),\mathbb{C}) \\ h(t) & \longmapsto & \frac{1}{2i\pi} \int_{\delta h(t)} \cdot \end{array}$$

est un isomorphisme d'espaces vectoriels. Or nous savons (I.3) que $g_t \cong H^{n-1}(\varphi^{-1}(t)) \underset{\mathbb{C}}{\otimes} \mathcal{O}_{\mathbb{C},t}$, cet isomorphisme étant donné par l'application $[\omega] \otimes a \longmapsto \frac{1}{2i\pi} \left[\frac{a\omega \wedge d\varphi}{t-\varphi}\right]$.

Donc g_t étant égal à $\underline{\underline{g}}(t) \underset{\mathbb{C}}{\otimes} \mathcal{O}_{\mathbb{C},t}$, on a l'isomorphisme canonique $\underline{\underline{g}}(t) \underset{\mathbb{C}}{\otimes} \mathcal{O}_{\mathbb{C},t} \cong H^{n-1}(\varphi^{-1}(t)) \underset{\mathbb{C}}{\otimes} \mathcal{O}_{\mathbb{C},t}$; d'où en tensorisant par $\frac{\mathcal{O}_{\mathbb{C},t}}{(t)}$, l'isomorphisme :

$$\begin{array}{ccc} H^{n-1}(\varphi^{-1}(t)) & \overset{\sim}{=} & \underline{\underline{g}}(t) \\ [\omega] & \longmapsto & \left[\frac{1}{2i\pi} \frac{\omega \wedge d\varphi}{t-\varphi}\right] \end{array} ,$$

l'application inverse étant le morphisme résidu de Leray. Et puisque $\dim_{\mathbb{C}} H_{n-1}(\varphi^{-1}(t)) < \infty$, on obtient en utilisant la dualité de De-Rham (donnée par la forme bilinéaire d'intégration) l'isomorphisme :

$$H_{n-1}(\varphi^{-1}(t)) \longrightarrow \mathrm{Hom}_{\mathbb{C}}(\underline{\underline{g}}(t),\mathbb{C})$$

$$h(t) \longmapsto \int_{h(t)} \mathrm{Res}_{\bullet} = \frac{1}{2i\pi}\int_{\delta h(t)} .$$

D'où le résultat (Pour la dernière égalité, on pourra se reporter à [3]).

III.1.2 Remarque :

L'application $\varphi : X^* \longrightarrow Y^*$ étant une fibration localement triviale, les solutions holomorphes sur tout ouvert simplement connexe de Y^* définies ci-dessus se prolongent en fait en solutions analytiques multiformes sur Y^* (Voir [5] chap. III).

III.2. Solutions microfonctions :

Soit $B_\varepsilon^* = B_\varepsilon - \varphi^{-1}(0)$, on définit de façon analogue à III.1. le faisceau d'homologie à support fermé de degré n-1 de B_ε^* sur Y^* que l'on note $H^F_{n-1}(\frac{B_\varepsilon^*}{Y^*})$. Ce faisceau est localement constant et la fibre au-dessus d'un point t de Y^* est isomorphe à $H_{n-1}^{F(\varphi^{-1}(t))}(\varphi^{-1}(t)$.

Posons $Y^+ = \{t \in Y \; ; \; \mathrm{Im} t > 0\}$; la fibre à l'origine $(H^F_{n-1}(\frac{B_\varepsilon^*}{Y^*})|_{Y^+})_0$ est définie par $(H^F_{n-1}(\frac{B_\varepsilon^*}{Y^*})|_{Y^+})_0 = \lim\limits_{0 \in U} \text{ ind } H^F_{n-1}(\frac{B_\varepsilon^*}{Y^*})(U \cap Y^+)$.

Soit h un élément de $H^F_{n-1}(\frac{B_\varepsilon^*}{Y^*})(U \cap Y^+)$.

Lemme : $\delta h(t)$ peut être représenté par un cycle relatif $\gamma(t)$ sur $B_\varepsilon^* - \varphi^{-1}(t)$ dépendant continûment de t et dont le bord dans $\partial B_\varepsilon^* - \varphi^{-1}(t)$ reste fixe quand t varie dans Y^*.

Démonstration : Pour tout t de Y^*, $\partial B_\varepsilon^* - \varphi^{-1}(t)$ se retracte par déformation sur $\partial B_\varepsilon^* - \varphi^{-1}(Y)$. On en déduit l'isomorphisme :

$$H_*(\partial B_\varepsilon^* - \varphi^{-1}(t)) \cong H_*(\partial B_\varepsilon^* - \varphi^{-1}(Y)).$$

De sorte que toute classe d'homologie $\sigma(t)$ de $H_*(\partial B^*_\varepsilon - \varphi^{-1}(t))$ dépendant continûment de t peut être représentée par un cycle constant σ de $C_*(\partial B^*_\varepsilon - \varphi^{-1}(Y))$, qui évite donc $\varphi^{-1}(t)$ pour tout t de Y^*.

Or, l'homologie sur $B^*_\varepsilon - \varphi^{-1}(t)$ à support fermé est canoniquement isomorphe à l'homologie sur $B^*_\varepsilon - \varphi^{-1}(t)$ modulo $\partial B^*_\varepsilon - \varphi^{-1}(t)$.

Donc $\delta h(t)$ s'identifie à une classe d'homologie de $B^*_\varepsilon - \varphi^{-1}(t)$ à bord dans $\partial B^*_\varepsilon - \varphi^{-1}(t)$. Soit $\Gamma(t)$ un représentant de $\delta h(t)$ dépendant continûment de t ; $\partial\Gamma(t)$ peut s'écrire $\partial\Gamma(t) = \sigma + \partial\tau(t)$, où σ est un cycle de $\partial B^*_\varepsilon - \varphi^{-1}(Y)$ et $\tau(t) \subset \partial B^*_\varepsilon - \varphi^{-1}(t)$ dépend continûment de t. Par suite le cycle relatif $\gamma(t) = \Gamma(t) - \tau(t)$ convient, ce qui achève la démonstration du lemme.

Comme ce cycle relatif $\gamma(t)$ dépend continûment de t, on aura $[\gamma(t)] = [\gamma(t_0)]$ (comme classes d'homologie dans $H_n^{F(B_\varepsilon)|B_\varepsilon - \varphi^{-1}(t)}(B_\varepsilon - \varphi^{-1}(t))$) pour tout t dans un voisinage assez petit de t_0. On en déduit que pour $[\frac{\omega}{t-\varphi}]$ élément de g_0, on a :

$$\int_{\gamma(t)} \frac{\omega}{t-\varphi} = \int_{\gamma(t_0)} \frac{\omega}{t-\varphi} + \int_{\sigma(t)} \frac{\omega}{t-\varphi} ,$$

où $\sigma(t)$ est un cycle dans $\partial B_\varepsilon - \varphi^{-1}(t)$. $\sigma(t)$ est donc homologue à un cycle fixe λ évitant $\varphi^{-1}(t)$ pour tout t de Y^* (voir la démonstration du lemme), d'où

$$\int_{\gamma(t)} \frac{\omega}{t-\varphi} = \int_{\gamma(t_0)} \frac{\omega}{t-\varphi} + \int_{\lambda} \frac{\omega}{t-\varphi} .$$

En dérivant sous le signe somme le membre de droite, on déduit que $\int_{\gamma(t)} \frac{\omega}{t-\varphi}$ est analytique pour $\mathrm{Im}\,t > 0$ et définit un germe à l'origine de microfonction que l'on notera $\int_{\delta h(t)} \frac{\omega}{t-\varphi}$.

Le bord de $\gamma(t)$ étant fixe, d'après le théorème de Stokes, cette microfonction ne dépend pas du représentant de $[\frac{\omega}{t-\varphi}]$ dans g_0.

Nous allons voir qu'elle ne dépend pas non plus du représentant $\gamma(t)$ de la classe coévanouissante $\delta h(t)$ et nous obtiendrons le théorème :

III.2.1. Théorème :

On a l'isomorphisme

$$\begin{array}{ccc} (H^F_{n-1}(\frac{B^*_\varepsilon}{Y^*})|Y^+)_\sigma & \xrightarrow{\sim} & \mathrm{Hom}_{\mathscr{E}_{X,0}}(g_0, \mathscr{C}_{\mathbb{R},0}) \\ h & \longmapsto & \frac{1}{2i\pi}\int_{\delta h(t)} \bullet \end{array},$$

qui identifie l'homologie coévanescente à l'espace des solutions microfonctions du système de Gauss-Manin.

Démonstration :

1) Montrons tout d'abord que l'application ci-dessus est bien définie ; pour cela, il suffit de montrer que la microfonction

$\left[\frac{1}{2i\pi}\int_{\gamma(t)} \frac{\omega}{t-\varphi}\right]$, où $\gamma(t)$ est un cycle relatif à bord fixe représentant $\delta h(t)$, ne dépend que de la classe de $\gamma(t)$. Soit donc $\gamma'(t)$ un autre cycle relatif de $B^*_\varepsilon - \varphi^{-1}(t)$ à bord fixe dans $\partial B^*_\varepsilon - \varphi^{-1}(t)$ représentant la même classe d'homologie que $\gamma(t)$. On a :

$$\int_{\gamma(t)} \frac{\omega}{t-\varphi} = \int_{\gamma'(t)} \frac{\omega}{t-\varphi} + \int_{\sigma(t)} \frac{\omega}{t-\varphi},$$

où $\sigma(t)$ appartient à $C_n(\partial B^*_\varepsilon - \varphi^{-1}(t))$.

Mais $\gamma(t)$, $\gamma'(t)$ évitent $\varphi^{-1}(0)$, donc $\varphi^{-1}(D)$, où D est un petit disque centré à l'origine. D'autre part, $\partial\gamma(t)$ et $\partial\gamma'(t)$ sont des cycles constants on les note $\partial\gamma$ et $\partial\gamma'$; ils peuvent donc être considérés comme des cycles dans $\partial B_\varepsilon - \varphi^{-1}(D)$. Or $\partial B_\varepsilon - \varphi^{-1}(D)$ est un rétracte de déformation de $\partial B_\varepsilon - \varphi^{-1}(t)$, soit :

$$\partial B_\varepsilon - \varphi^{-1}(D) \underset{r}{\overset{i}{\rightleftarrows}} \partial B_\varepsilon - \varphi^{-1}(t) \quad (r\circ i = \mathrm{Id},\ i\circ r \sim \mathrm{Id}).$$

Soit i^* le morphisme induit par i en homologie : c'est donc un isomorphisme. Comme $i_*\partial\gamma$ est homologue à $i_* \partial\gamma'$ dans $\partial B_\varepsilon - \varphi^{-1}(t)$, on en déduit que $\partial\gamma$ est homologue à $\partial\gamma'$ dans $\partial B_\varepsilon - \varphi^{-1}(D)$. On a donc :

$\partial\sigma(t) = \partial\Theta$, où Θ appartient à $C_n(\partial B_\varepsilon - \varphi^{-1}(D))$.

Par suite $\sigma(t) - \Theta$ définit une classe d'homologie dépendant continûment de t dans $H_n(\partial B_\varepsilon - \varphi^{-1}(t))$ qui est isomorphe à $H_n(\partial B_\varepsilon - \varphi^{-1}(D))$ et peut donc être représenté par un cycle τ constant dans $\partial B_\varepsilon - \varphi^{-1}(D)$.

On a donc $\displaystyle\int_{\gamma(t)} \frac{\omega}{t-\varphi} = \int_{\gamma'(t)} \frac{\omega}{t-\varphi} + \int_{\tau+\Theta} \frac{\omega}{t-\varphi}$.

Or $\displaystyle\int_{\tau+\Theta} \frac{\omega}{t-\varphi}$ définit une fonction analytique de t dans D, on en déduit que les intégrales sur $\gamma(t)$ et $\gamma'(t)$ définissent la même microfonction.

2) Cette application définit bien un morphisme de $\mathscr{E}_{Y,0}$-module.

Reprenons en effet l'égalité au voisinage de t_0

$$\int_{\gamma(t)} \frac{\omega}{t-\varphi} = \int_{\gamma(t_0)} \frac{\omega}{t-\varphi} + \int_{\lambda} \frac{\omega}{t-\varphi} ,$$

λ étant un cycle constant : $\displaystyle\int_\lambda \frac{\omega}{t-\varphi}$ représente la microfonction nulle et on peut alors dériver sous le signe somme. D'où le résultat.

3) Pour montrer que notre application est un isomorphisme, on établira un isomorphisme entre $\mathrm{Hom}_{\mathscr{D}_{Y,0}}(g_0, \mathscr{A}_0)$ et $\mathrm{Hom}_{\mathscr{E}_{Y,0}}(g_0, \mathscr{C}_{\mathbb{R},0})$, où $\mathscr{A}_0$ désigne l'espace des germes à l'origine des fonctions analytiques multiformes sur Y^* et on se servira du résultat obtenu sur les solutions analytiques de g ainsi que de l'isomorphisme de variation défini en II.3.

III.2.2 $\mathrm{Dim}_{\mathbb{C}}(\mathrm{Hom}_{\mathscr{D}_{Y,0}}(g_0, \mathscr{A}_0)) = \mu$.

En effet on a vu en III.1. que pour tout ouvert U de Y^* simplement connexe, $\mathrm{Hom}_{\mathscr{D}_{Y(U)}}(g(U), \mathscr{O}_Y(U)) \cong H_{n-1}(\frac{X^*}{Y^*})(U)$. Or $\dim_{\mathbb{C}} H_{n-1}(\varphi^{-1}(t)) = \mu$ pour tout t de Y^*, d'où : $\dim_{\mathbb{C}}(\mathrm{Hom}_{\mathscr{D}_{Y(U)}}(g(U), \mathscr{O}_Y(U)) = \mu$ et le résultat.

III.2.3. $\mathrm{Dim}_{\mathbb{C}}(\mathrm{Hom}_{{}_k\mathscr{E}_{Y,0}}(g_0,\mathscr{C}_{\mathbb{R},0})) = \mu$.

On sait que $g_0 = \bigoplus_{i=1}^{k} \dfrac{\mathscr{D}_{Y,0}}{\mathscr{D}_{Y,0}(D.t-\alpha_i)^{m_i}}$ $(-\alpha_i \notin \mathbb{N})$, d'où d'après le résultat

précédent (III.2.2), $\sum_{i=1}^{k} m_i = \mu$. Pour montrer le résultat, il suffira donc

d'établir que l'espace des solutions microfonctions de

$\dfrac{\mathscr{E}_{Y,0}}{\mathscr{E}_{Y,0}(D.t-\alpha)^m}$ est de dimension m.

Soit à résoudre le système $(D.t-\alpha)^m u=0$, pour cela posons

$u_1 = u$, $u_2 = (D.t-\alpha)\, u_1,\ldots,u_m = (D.t-\alpha)u_{m-1}$. Notre système équivaut donc à :

$$(D.t-A)U = 0 \text{ où } A = \begin{pmatrix} \alpha & 1 & & & 0 \\ & \alpha & 1 & & \\ & & \alpha & 1 & \\ & & & \alpha & 1 \\ 0 & & & & \alpha \end{pmatrix} \text{ et } U = \begin{pmatrix} u_1 \\ u_2 \\ \vdots \\ u_m \end{pmatrix} .$$

Généralisons les opérateurs de "dérivation d'ordre complexe" définis par exemple dans [4] .

Soit $\Lambda = \begin{pmatrix} \lambda & 1 & & 0 \\ & \lambda & 1 & \\ 0 & & \lambda & 1 \\ & & & \lambda \end{pmatrix}$ une matrice de Jordan.

i) Si $\lambda \notin \{-1,-2,\ldots\}$, on pose $\delta^{(\Lambda)} = \left[\dfrac{\Gamma(\Lambda+Id)}{2i\pi}\,(-t)^{-\Lambda-Id}\right]$,

où $\Gamma(\Lambda)$ désigne le prolongé de la fonction méromorphe définie, pour $\mathrm{Re}\lambda > 0$, par $\Gamma(\Lambda) = \int_0^{\infty} e^{-t}\, e^{(\Lambda-Id)\mathrm{Log}t}\, dt$.

(La formule $\Gamma(\Lambda+Id) = \Lambda\Gamma(\Lambda)$ étant encore vérifiée).

ii) Si $\lambda \in \{-1,-2,\ldots,\}$, on pose $\delta^{(\Lambda)} = \left[\dfrac{-1}{2i\pi\,(-\lambda-1)!}\, t^{-\Lambda-Id}\,\mathrm{Log}t\right]$.

On peut alors définir un opérateur $D^{(\Lambda)}$ sur les microfonctions vectorielles

$$D^{(\Lambda)} : (\mathscr{C}_{\mathbb{R}})^m \longrightarrow (\mathscr{C}_{\mathbb{R}})^m$$
$$f \longrightarrow \delta^{(\Lambda)} * f$$

Et l'on peut montrer que cet opérateur vérifie les propriétés :

$[D^{(\Lambda)}, t] = \Lambda\, D^{(\Lambda-Id)}$, $D^{(\Lambda)}\, D^{(-\Lambda)} = D^{(-\Lambda)}\, D^{(\Lambda)} = Id$,

$DD^{(\Lambda)} = D^{(\Lambda)}D = D^{(\Lambda+Id)}$.

On en déduit que $D^{(\Lambda)}$ est un isomorphisme de $\mathscr{E}_{Y,0}$-modules de $(\mathscr{C}_{\mathbb{R}})^m$ sur lui-même.

D'autre part remarquons que $(D.t-A)\, D^{(-A)} = D^{(-A+Id)}.t$; cherchons alors les solutions de $(D.t-A)\, U=0$ sous la forme $U = D^{(-A)}.V$; il vient $t.V = 0$, d'où :

$$U = .D^{(-A)} \begin{pmatrix} a_1 \\ a_m \end{pmatrix} \delta \quad \text{(les } a_i \text{ étant des constantes).}$$

On en déduit donc bien que l'espace des solutions microfonctions est de dimension m.

III.2.4. De III.2.3 on déduit que les solutions microfonctions de g_o (au sens classique) sont de la forme $u = \left[\sum_{\substack{j \in \mathbb{N} \\ k \in \mathbb{N}}} \alpha_{j,k}\, t^{\alpha_j} (\mathrm{Log}t)^{\beta_k} \right]$ où $\alpha_j \in \mathbb{C}$ et $\beta_k \in \mathbb{N}$. Donc ces solutions peuvent être représentées par des fonctions analytiques multiformes de classe de Nilsson dans Y^* (voir [5]) ; de telles microfonctions seront appelées "microfonctions de classe de Nilsson".

On sait définir un opérateur de monodromie sur les fonctions de classe de Nilsson (et plus généralement sur les fonctions analytiques multiformes de détermination finie) ; on en déduit alors un opérateur de monodromie sur les microfonctions de classe de Nilsson défini par $M[f] = [Mf]$ (il est clair que le résultat ne dépend pas du représentant choisi pour la microfonction). De même on peut définir un opérateur de variation Var : $[f] \longrightarrow \mathrm{Var}[f] = Mf-f$

de l espace des microfonctions de classe de Nilsson dans l'espace des fonctions analytiques multiformes.

III.2.5. Isomorphisme de variation de $\mathrm{Hom}_{\mathscr{E}_{Y,0}}(g_0,\mathscr{C}_{\mathbb{R},0})$ sur $\mathrm{Hom}_{\mathscr{D}_{Y,0}}(g_0,\mathscr{A}_0)$.

Les seules propriétés de g_0 utilisées pour ce paragraphe seront que g_0 est un système différentiel à singularité régulière où l'opérateur D est inversible.

Considérons d'abord le cas particulier $g_0 = \dfrac{\mathscr{D}_{Y,0}}{\mathscr{D}_{Y,0}(D.t-\alpha)^m}$ $(-\alpha \notin \mathbb{N})$.

Au sens classique, une base de solutions analytiques multiformes est donnée par les m fonctions :

$$t^{\alpha-1},\quad t^{\alpha-1}\,\mathrm{Log}(t),\ldots,t^{\alpha-1}\,\mathrm{Log}^{m-1}(t) \qquad \text{(voir [2] 7.2.2)}$$

Toujours au sens classique, une base de solutions microfonctions est donnée si $\alpha \notin \{1,2,\ldots\}$ par les m microfonctions

$[t^{\alpha-1}]$, $[t^{\alpha-1}\,\mathrm{Log}t],\ldots,[t^{\alpha-1}\,\mathrm{Log}^{m-1}t]$ et si $\alpha \in \{1,2,\ldots\}$ par les m microfonctions $[t^{\alpha-1}\,\mathrm{Log}t]$ $,\ldots,[t^{\alpha-1}\,\mathrm{Log}^{m}t]$.

Il est alors facile de vérifier que Var, opérateur défini en III.2.4, transforme une base de solutions microfonctions en une base de solutions analytiques multiformes :

Si $\alpha \notin \{1,2,\ldots\}$ Var $[t^{\alpha-1}] = (e^{2i\pi\alpha} - 1)\, t^{\alpha-1}$, etc...

Si $\alpha \in \{1,2,\ldots\}$ Var $[t^{\alpha-1}\,\mathrm{Log}t] = 2i\pi\ t^{\alpha-1}$, etc...

On en déduit alors dans le langage des $\mathscr{D}$-modules un isomorphisme dit de variation de $\mathrm{Hom}_{\mathscr{E}_{Y,0}}(g_0,\mathscr{C}_{\mathbb{R},0})$ sur $\mathrm{Hom}_{\mathscr{D}_{Y,0}}(g_0,\mathscr{A}_0)$. Le cas général s'en déduit facilement :

Proposition : Soit g_0 un système différentiel à singularité régulière où l'opérateur D est inversible. Le morphisme de variation :

Var : $\mathrm{Hom}_{\mathscr{E}_{Y,0}}(g_0,\mathscr{C}_{\mathbb{R},0}) \longrightarrow \mathrm{Hom}_{\mathscr{D}_{Y,0}}(g_0,\mathscr{A}_0)$ est un isomorphisme de $\mathbb{C}$-espaces vectoriels.

III.2.6. On a alors les quatre morphismes d'espaces vectoriels dont trois sont déjà des isomorphismes :

$$\begin{array}{ccc}
(H^F_{n-1}(\frac{B^*_\varepsilon}{Y^*})|_{Y^+})_0 & \xrightarrow[\approx]{\text{Var}} & H_{n-1}(\frac{X^*}{Y^*})_0 \\
\downarrow & & \approx\downarrow \\
\mathrm{Hom}_{\mathscr{E}_{Y,0}}(g_0, \mathscr{C}_{\mathbb{R},0}) & \xrightarrow[\approx]{\text{Var}} & \mathrm{Hom}_{\mathscr{D}_{Y,0}}(g_0, \mathscr{A}_0).
\end{array}$$

Les flèches verticales sont celles définies en III.1 et III.2 ; le morphisme Var en homologie (II.3) est défini à partir du même générateur de $\pi_1(Y^*)$ que le morphisme Var entre les solutions (III.2.5). Ce diagramme est commutatif. En effet reprenons les notations du théorème III.2.1 : on peut montrer que $\delta h(t)$ peut aussi être représenté par un cycle relatif $\gamma'(t)$ sur $X^*\text{-}\varphi^{-1}(t)$, dont le bord dans $\partial X^*\text{-}\varphi^{-1}(t)$ reste fixe quand t varie, et que pour tout élément $[\frac{\omega}{t-\varphi}]$ de g_0 ; $\int_{\gamma(t)} \frac{\omega}{t-\varphi}$ et $\int_{\gamma'(t)} \frac{\omega}{t-\varphi}$ définissent la même microfonction. Il suffit alors de remarquer que Var $\gamma'(t)$ est un représentant de Var $\delta h(t) = \delta \mathrm{Var}\, h(t)$. On a alors bien :

$$\mathrm{Var} \int_{\gamma(t)} \frac{\omega}{t-\varphi} = \mathrm{Var} \int_{\gamma'(t)} \frac{\omega}{t-\varphi} = \int_{\mathrm{Var}\,\gamma'(t)} \frac{\omega}{t-\varphi} = \int_{\delta \mathrm{Var}\, h(t)} \frac{\omega}{t-\varphi}$$

d'où le résultat ; ce qui achève la démonstration du théorème III.2.1.

III.2.7. Indépendance de la taille de la boule B_ε :

Soit $\varepsilon' < \varepsilon$; le morphisme de restriction $(B_{\varepsilon'} \subset B_\varepsilon)$ induit une application :

$$H^F_{n-1}(\frac{B^*_\varepsilon}{Y^*}) \xrightarrow{r} H^F_{n-1}(\frac{B^*_{\varepsilon'}}{Y^*}).$$

Proposition :

Le diagramme suivant commute

$$\begin{array}{ccc} (H^F_{n-1}(\frac{B^*_\varepsilon}{Y^*})_{|Y^+})_o & \longrightarrow & (H^F_{n-1}(\frac{B_{\varepsilon'}}{Y^*})_{|Y^+})_o \\ & \searrow \cong \quad \cong \swarrow & \\ & \mathrm{Hom}_{\mathscr{E}_{X,0}}(g_o, \mathscr{C}_{\mathbb{R},0}) & \end{array}$$

Soit h un élément de $H^F_{n-1}(\frac{B^*_\varepsilon}{Y^*})$; en restriction à la couronne $B_\varepsilon - B_{\varepsilon'}$, la fibration de Milnor s'étend en une fibration triviale sur tout Y ; on peut alors démontrer de façon analogue au lemme du théorème III.2.1 :

Lemme : $\delta h(t)$ peut être représenté par un cycle $\gamma(t)$ de $B_\varepsilon - \varphi^{-1}(t)$, constant sur $B_\varepsilon - B'_\varepsilon$ et dépendant continûment de t.

$\gamma(t) \cap B_{\varepsilon'}$ est alors un "bon" représentant de $\delta(rh)$ et il est clair que le morphisme $\int_{\gamma(t)} \bullet - \int_{\gamma(t)\cap B_{\varepsilon'}} \bullet$ de $\mathrm{Hom}_{\mathscr{E}_{Y,0}}(g_o, \mathscr{C}_{\mathbb{R},0})$ est nul d'après le lemme. D'où la proposition.

III.3. Solutions génériques de g_o :

On rappelle qu'une solution u de $\mathrm{Hom}_{\mathscr{D}_{Y,0}}(g_o, \mathscr{A}_o)$ (resp. de $\mathrm{Hom}_{\mathscr{E}_{Y,0}}(g_o, \mathscr{C}_{\mathbb{R},0})$) est générique si le morphisme u est injectif.

On dira qu'une classe d'homologie h(t) de $H_{n-1}(\varphi^{-1}(t))$ dépendant continûment de t (resp. de $H^{F(\varphi^{-1}(t))}_{n-1}(\varphi^{-1}(t))$) est générique si la solution analytique multiforme qu'elle définit est générique.

III.3.1. Proposition :

Le "germe à l'origine" h de $H_{n-1}(\frac{X_*}{Y_*})_o$ (resp. de $(H^F_{n-1}(\frac{B^*_\varepsilon}{Y^*})_{|Y^+})_o$) est générique si, et seulement si, le sous-ensemble $\{M^r.h \; ; \; r \in \mathbb{Z}\}$, où M désigne l'opérateur de monodromie, engendre l'espace $H_{n-1}(\frac{X^*}{Y_*})_o$ (resp. $H^F_{n-1}(\frac{B^*_\varepsilon}{Y^*})_{|Y^+})_o$) ; ce qui revient à dire que par action itérée de la monodromie sur h, on arrive à définir μ solutions analytiques multiformes (resp. microfonctions) linéairement indépendantes.

Preuve :

i) Supposons que $\{M^r.h \; ; \; r \in \mathbb{Z}\}$ engendre l'espace des solutions de g_0 (analytiques multiformes ou microfonctions). Soit ω un élément de g_0 tel que $\int_h \omega = 0$; alors :

$$\forall r \in \mathbb{Z} \quad M^r \int_h \omega = \int_{M^r h} \omega = 0.$$

Donc pour toute classe d'homologie h, $\int_h \omega = 0$; d'où nécessairement $\omega = 0$; par suite h est générique.

ii) Supposons que h soit générique et que l'espace $\mathscr{F}$ des solutions engendrées par $\{M^r.h \; ; \; r \in \mathbb{Z}\}$ (analytiques multiformes) ne soit pas égal à l'espace des solutions. Alors il existe une section horizontale non nulle ω , $\omega \in \underline{\underline{g}}_0$, telle que ; $\forall r \in \mathbb{Z} \quad \int_{M^r h} \omega = 0$.

Donc en particulier $\int_h \omega = 0$, ce qui est impossible car h est générique.

Dans le cas des solutions microfonctions, on conclut à l'aide de l'isomorphisme de variation (une solution microfonction u est générique si, et seulement si, la solution analytique multiforme Var(u) est générique).

III.3.2. Corollaire :

g_0 admet des solutions génériques (analytiques multiformes ou microfonctions) si, et seulement si, le polynome minimal de la monodromie est égal au polynôme caractéristique.

Démonstration : facile.

Remarque : Cette condition se traduit bien quand on connaît une présentation de g_0 (exemple : φ polynôme quasi-homogène).

IV - QUELQUES APPLICATIONS ET CONSEQUENCES.

IV.1. Applications aux intégrales de phases :

Soit $\varphi : \mathbb{R}^n,0 \longrightarrow \mathbb{R},0$ un germe à l'origine de fonction analytique réelle tel que l'origine soit point critique isolé de la complexifiée de φ et $a \in \mathbb{C}\{x_1,\dots,x_n\}$ un germe à l'origine de fonction analytique.

$B_{\mathbb{R}}$ étant une boule de $\mathbb{R}^n$ centrée à l'origine de rayon assez petit, $\left[\int_{B_{\mathbb{R}}} a(x)\, f(t-\varphi(x))dx\right]$ définit une microfonction du côté Imt > 0 indépendante du représentant f choisi pour représenter la microfonction $\delta = \left[-\frac{1}{2i\pi t}\right]$, car pour Imt > 0 et x réel, $t-\varphi(x)$ est non nul.

La boule $B_{\mathbb{R}}$ évite $\varphi^{-1}(t)$ et définit donc une "classe d'homologie coévanescente" (dans $H_n^{F(B)|B-\varphi^{-1}(t)}(B-\varphi^{-1}(t))$ où B est la boule complexe de même rayon que $B_{\mathbb{R}}$). Par suite la microfonction que l'on a définie est une solution du système de Gauss-Manin de φ ; c'est donc une microfonction à support l'origine et plus précisement de classe de Nilsson ; d'autre part son germe à l'origine ne dépend pas du choix de la boule $B_{\mathbb{R}}$, voir III.2.7.

IV.1.1. Notation :

On la note $\int_{\mathbb{R}^n} a(x)\,\delta(t-\varphi(x))dx$.

Pour montrer que cette microfonction est à support l'origine, on peut également remarquer que le faisceau d'homologie à support fermé dépendant continûment de t et évitant $\varphi^{-1}(t)$ est localement constant dans Y^* ; donc la section $B_{\mathbb{R}}$ définie sur Y^+ se prolonge sur tout ouvert simplement connexe de Y^*. Nous allons montrer comment construire explicitement cette section au voisinage de $Y^* \cap \mathbb{R}$ au moyen d'un "détournement" de la boule réelle d'intégration :

IV.1.2. Considérons un champ de vecteurs v(x) sur $\mathbb{R}^n$ vérifiant la propriété suivante de "transversalité" :

$\forall x \in \varphi^{-1}(t_o)\quad D_x\varphi(x).\, v(x) < 0.$

Ce champ de vecteurs nous servira à définir le "détournement" de $\mathbb{R}^n$:

$$\begin{array}{cccc} \sigma_\varepsilon : \mathbb{R}^n & \longrightarrow & \mathbb{C}^n \\ x & \longmapsto & x+i\varepsilon v(x). \end{array}$$

Il existe alors ε_0 assez petit et un voisinage V_{t_0} de t_0 tels que :

1) $\forall\varepsilon \in]0,\varepsilon_0]$, $\forall z\in \varphi^{-1}(V_{t_0}) \cap B \cap \sigma_\varepsilon(\mathbb{R}^n)$ $\quad \operatorname{Im} \varphi(z) < 0$

2) $\forall t \in V_{t_0}$, $\sigma_{\varepsilon_0}(\mathbb{R}^n) \cap B$ évite $\varphi^{-1}(t)$

3) $\forall \varepsilon \in [0,\varepsilon_0]$ $\sigma_\varepsilon(\mathbb{R}^n)$ est transverse au bord de B.

De la propriété 3 on déduit que $\sigma_{\varepsilon_0}(\mathbb{R}^n) \cap B$ définit un cycle à support fermé dans B ; d'après la propriété 2 la classe de ce cycle définit en fait un élément de $H_n^{F(B)|(B-\varphi^{-1}(t))}(B-\varphi^{-1}(t))$ pour t élément de V_{t_0}.

Soit $t \in V_{t_0} \cap \{\operatorname{Im} t > 0\}$ et $\varepsilon\in [0,\varepsilon_0]$; φ étant à valeurs réelles sur les réels, de la propriété 1, on déduit :

$$x \in \sigma_\varepsilon(\mathbb{R}^n) \cap B \quad \Rightarrow \quad t-\varphi(x+i\varepsilon v(x))\neq 0.$$

On en déduit par un argument d'isotopie (conséquence de 3) que $\sigma_{\varepsilon_0}(\mathbb{R}^n)\cap B$ est homologue à $\sigma_0(\mathbb{R}^n) \cap B = B_{\mathbb{R}}$ dans $B-\varphi^{-1}(t)$. $\sigma_{\varepsilon_0}(\mathbb{R}^n) \cap B$ est donc bien le prolongement cherché au voisinage de t_0 de la classe d'homologie $B_{\mathbb{R}}$.

Avant de donner deux exemples, rappelons la "méthode de Saclay" pour dessiner dans $\mathbb{C}^n$ (on pourra se reporter à [5]).

On identifie $\mathbb{C}^n$ au fibré tangent à $\mathbb{R}^n$ et chaque ensemble de $\mathbb{C}^n$ est donc identifié à un sous-ensemble de $T\mathbb{R}^n$; un point $z = x+iy$ de $\mathbb{C}^n$ sera représenté par une flèche dont le talon est le point de $\mathbb{R}^n$ de coordonnée x et la flèche le vecteur de coordonnée y.

<u>IV.1.3 Exemple</u> :

On considère $\varphi : \mathbb{R}^2 \longrightarrow \mathbb{R}, (x_1,x_2) \longmapsto x_1^2+x_2^2$.

Posons alors : $Y_{\mathbb{R}} = \{(t,x_1,x_2) \in \mathbb{R}^3;\ t-x_1^2-x_2^2 = 0\}$.

$Y_{\mathbb{C}} = \{(t,z_1,z_2) \in \mathbb{C}^3 ;\ t-z_1^2-z_2^2 = 0\}$.

On peut vérifier que les points complexes de $Y_{\mathbb{C}}$ sont à l'extérieur du paraboloïde $Y_{\mathbb{R}}$; ceux de base : $(t,x_1,x_2) \in \mathbb{R}^3$ extérieurs au paraboloïde, sont constitués par des flèches dont l'extrémité décrit une ellipse qui, au voisinage du paraboloïde $Y_{\mathbb{R}}$, lui est presque parallèle.

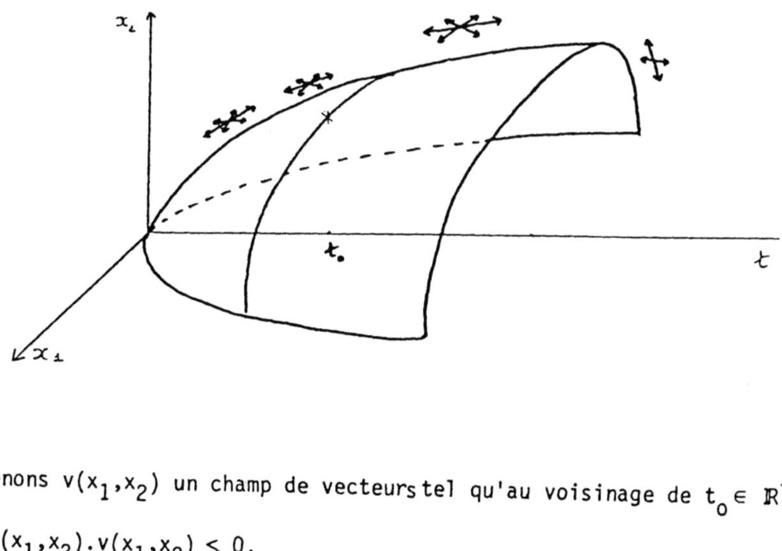

Prenons $v(x_1,x_2)$ un champ de vecteurs tel qu'au voisinage de $t_0 \in \mathbb{R}^{+,*}$ $D\varphi(x_1,x_2).v(x_1,x_2) < 0$.

Dessinons alors $\sigma_\varepsilon(\mathbb{R}^n) \cap B_{\mathbb{C}}$ (notation de IV.1.2.) et donnons une idée de la représentation des points $(t, (x_1,x_2)+i\varepsilon\ v(x_1,x_2))$, où $\mathrm{Im}\, t > 0$ au voisinage de t_0 :

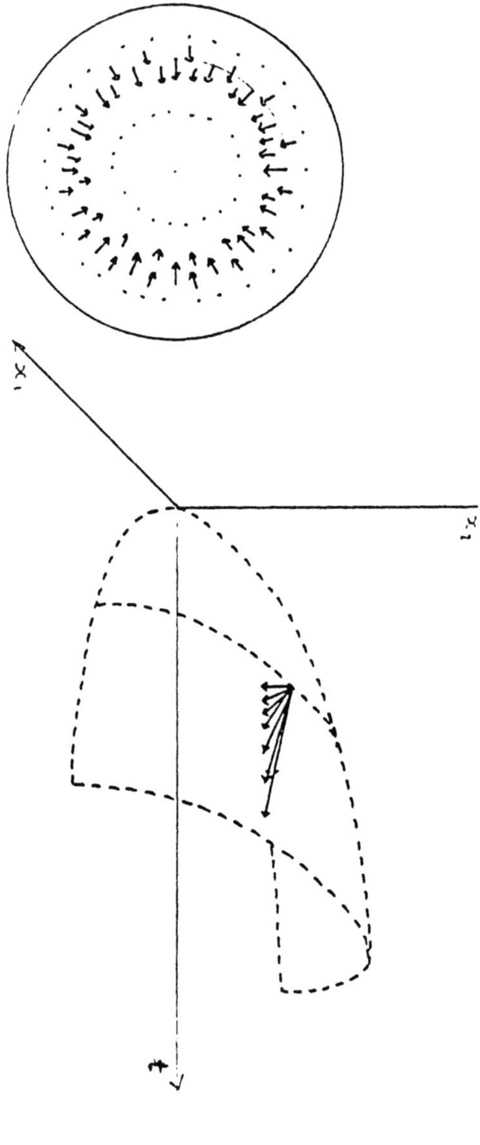

En traits pleins : quelques points $(t,\sigma_\varepsilon(x_1,x_2))$.

Il est alors clair en comparant avec le premier dessin que les points $(t,\sigma_\varepsilon(x_1,x_2))$ et $\mathrm{Im}t > 0$ au voisinage de t_0 évitent l'hypersurface $Y_{\mathbb{C}}$.

IV.1.4. Exemple : On considère $\varphi : \mathbb{R}^2 \to \mathbb{R}\ (x_1,x_2) \mapsto x_1^2-x_2^2$.

Posons alors :

$$Y_{\mathbb{R}} = \{(t,x_1,x_2) \in \mathbb{R}^3 \ ; \ t-x_1^2+x_2^2 = 0\}$$

$$Y_{\mathbb{C}} = \{(t,z_1,z_2) \in \mathbb{C}^3 \ ; \ t-z_1^2+z_2^2 = 0\} .$$

On peut vérifier que les points complexes de $Y_{\mathbb{C}}$ de base $(t,x_1,x_2) \in \mathbb{R}^3$ sont constitués par des flèches dont l'extrémité décrit une hyperbole qui, au voisinage de $Y_{\mathbb{R}}$, lui est presque parallèle.

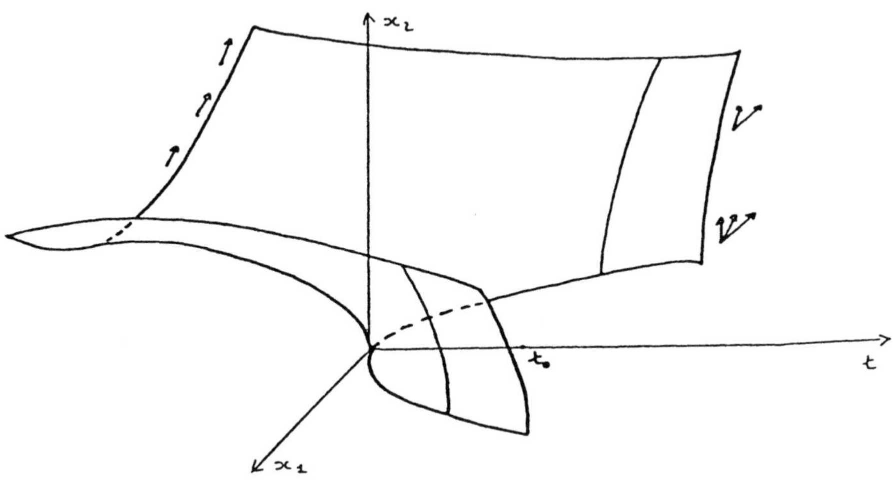

Prenons $v(x_1,x_2)$ un champ de vecteurs tel qu'au voisinage de $t_0 \in \mathbb{R}^*$, $D\varphi(x_1,x_2).v(x_1,x_2) < 0$.

Dessinons alors $\sigma_\varepsilon(\mathbb{R}^n) \cap B_{\mathbb{C}}$:

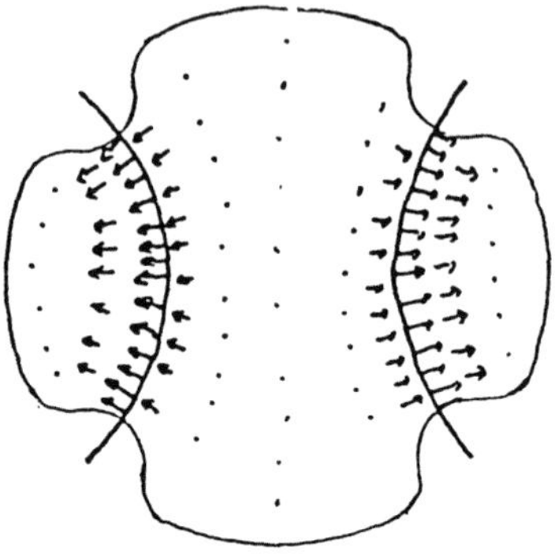

On peut "voir", comme en IV.1.3., que $\sigma_\varepsilon(\mathbb{R}^n) \cap B_{\mathbb{C}}$ évite au voisinage de t_o l'hypersurface $Y_{\mathbb{C}}$.

IV.2. Une démonstration des formules de Picard-Lefschetz :

Dans ce paragraphe, φ désigne le germe :

$$\begin{array}{rcl} \varphi \; : \mathbb{C}^n,0 & \longrightarrow & \mathbb{C},0 \\ (x_1,\ldots,x_n) & \longmapsto & x_1^2 + \ldots + x_n^2 . \end{array}$$

Reprenons les notations et définitions de I.3.2. : φ est quasi-homogène de degré 1 par rapport à $\alpha = (\frac{1}{2},\ldots,\frac{1}{2})$. On sait alors que

$$g_o \cong \frac{\mathscr{D}}{\mathscr{D}(D_t . t - \frac{n}{2})} .$$

Remarquons également que le nombre de Milnor de φ et $\mu = 1$.

IV.2.1. Une solution analytique :

$\varphi^{-1}(t)$ définit une classe dépendant continûment de t de $H_{n-1}(\varphi^{-1}(t))$.
Les solutions de g_o analytiques sur un ouvert simplement connexe de Y^* sont donc proportionelles à $\displaystyle\int_{\delta(\varphi^{-1}(t))}$.

Des résultats de I.3.2., on déduit que :

$u_n(t) = -\frac{1}{2i\pi} \int_{\delta(\varphi^{-1}(t))} \frac{dx}{t-\varphi(x)}$ est proportionnel à $t^{\frac{n}{2}-1}$; la constante de proportionnalité est donc :

$$c_n = -\frac{1}{2i\pi} \int_{\delta\varphi^{-1}(1)} \frac{dx}{t-\varphi} = -\int_{\varphi^{-1}(1)} \left.\frac{dx}{d(t-\varphi)}\right|_{\varphi^{-1}(1)} \quad \text{(Th. des résidus de Leray)}$$

$$\text{Soit } c_n = \int_{\mathbb{R}^2=1} \frac{dx_1\wedge\ldots\wedge dx_n}{d(R^2-1)} = \frac{n}{2} \frac{\pi^{n/2}}{\Gamma(1+\frac{n}{2})} \quad \text{(surface de la sphère)}$$

$$\text{On a donc : } u_n(t) = -\frac{1}{2i\pi} \int_{\delta(\varphi^{-1}(t))} \frac{dx}{t-\varphi(x)} = \frac{n}{2} \frac{\pi^{n/2}}{\Gamma(1+\frac{n}{2})} t^{\frac{n}{2}-1}.$$

IV.2.2. Une solution microfonction :

Nous avons vu en IV.1. qu'une solution microfonction de g_o est donnée par :

$v_n(t) = \int_{\mathbb{R}^n} \delta(t-\varphi(x))\, dx.$

D'après [4] , on peut écrire :

$\delta(t-\varphi) = \delta(t-x_1^2)*\ldots*\delta(t-x_n^2).$

Et l'on a : $v_n(t) = v_1(t)^{*n}$ où $v_1(t) = \int_{\mathbb{R}} \delta(t-x^2).$

Un représentant de $v_1(t)$ est donné par $-\frac{1}{2i\pi} \int_\gamma \frac{dx}{t-x^2}$, où γ est le segment représenté sur la figure ci-dessous. Or, l'intégrale de $\frac{1}{t-x^2}$ sur le demi-cercle γ' (voir figure) étant analytique au voisinage de l'origine, on a :

$$v_1(t) = \left[-\frac{1}{2i\pi} \int_{\gamma+\gamma'} \frac{dx}{t-x^2}\right].$$

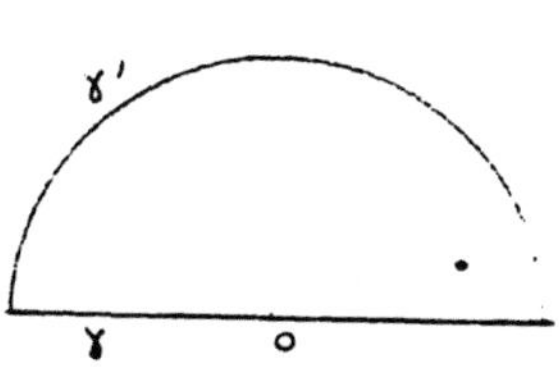

Et il vient d'après le théorème des résidus :

$$v_1(t) = \left[\frac{1}{2\sqrt{t}}\right] = -\sqrt{\pi}\ \delta^{(-1/2)}.$$

D'où $v_n(t) = (-1)^n\ \pi^{n/2}\ \delta^{(-n/2)}$.

IV.2.3. Formule de Picard-Lefschetz :

Pour tout h(t) de $H_n^{F(B_\varepsilon)|B^*_\varepsilon-\varphi^{-1}(t)}(B_\varepsilon-\varphi^{-1}(t))$, on a, puisque $\mu = 1$:

$$\mathrm{Var}\, h(t) = N\,\delta\, e(t),$$

où e(t) désigne un générateur de $H_{n-1}(\varphi^{-1}(t))$ et $N = (-1)^{\frac{(n+1)(n+2)}{2}} < \tilde{e}(t)|h(t) >$

$\tilde{e}(t)$ étant défini par $\partial\tilde{e}(t) = e(t)$.

Pour une première démonstration, on pourra se reporter à [3] . Pour redémontrer cette formule, avec les notations de IV.2.1. et IV.2.2, il est équivalent de montrer que $\mathrm{Var}(v_n(t)) = (-1)^{n+1}\, u_n(t)$. En effet si h(t) est la classe d'homologie du détournement de $\mathbb{R}^n$ représenté dans l'exemple IV.1.3., on a :

$$< \tilde{e}(t), h(t) > \; = (-1)^{\frac{n(n+1)}{2}} .$$

Si n est pair :

$$v_n(t) = \left[\frac{-\pi^{n/2}}{2i\pi\ (\frac{n}{2}-1)!}\ t^{n/2\ -1}\ \mathrm{Log}\ t \right].$$

Donc $\mathrm{Var}(v_n(t)) = -\dfrac{\pi^{n/2}}{\Gamma(\frac{n}{2})}\ t^{\frac{n}{2}-1} = -u_n(t)$.

Si n est impair :

$$v_n(t) = \left[-\ \frac{\Gamma(1-n/2)\pi^{n/2}}{2i\pi}\ (-t)^{\frac{n}{2}-1} \right].$$

$$\text{Donc } \mathrm{Var}\ (v_n(t)) = \frac{\Gamma(1-\frac{n}{2})\pi^{n/2}}{i\pi}\ (-t)^{\frac{n}{2}-1}$$

$$= u_n(t).$$

D'où le résultat.

BIBLIOGRAPHIE

[1] J.MILNOR : *Singular points of complex hypersurfaces.*
Annals of Math.Studies (1968)

[2] F.PHAM : *Singularités des systèmes différentiels de Gauss-Manin.*
Cours de D.E.A., Nice (1977-78).

[3] F.PHAM : *Introduction à l'étude topologique des singularités de Landau.*
Memorial des Sciences Mathématiques, Gauthier-Villars,(1967).

[4] F.PHAM : *Caustiques, phase stationnaire et microfonctions.*
Acta Scientiarum Vietnamicarum, Tome 2 n° 2, (1977).

[5] F.PHAM : *Intégrales singulières et microfonctions.*
Acta Scientiarum Vietnamicarum.

[6] S.M.HUSSEIN ZADE : *The monodromy groups of isolated singularities of hypersurfaces.*
Russian Math. Surveys, 32.2 (1977).

MIX
Papier aus verantwortungsvollen Quellen
Paper from responsible sources
FSC® C105338

If you have any concerns about our products,
you can contact us on
ProductSafety@springernature.com

In case Publisher is established outside the EU,
the EU authorized representative is:
Springer Nature Customer Service Center GmbH
Europaplatz 3, 69115 Heidelberg, Germany

Printed by Libri Plureos GmbH
in Hamburg, Germany